电子贺卡制作

本章主要通[...]nate CC工具
箱中的工具绘制[...]综合项目
"中秋贺卡"介绍[...]

U0174781

001 都市街道

002 春天来了

003 特效文字

004 综合项目
中秋贺卡

广告制作

本章主要通过4个导入案例来讲解Animate CC中逐帧动画、补动画、遮罩动画和引导动画的制作方法及技巧，并通过"防治环境污染公益广告"综合项目介绍制作公益广告类Animate CC作品的相关技能。

001 新年快乐

002 动态山水画

003 闪闪的红星

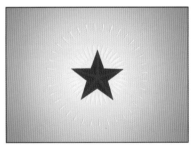

004 蝴蝶飞

005 综合项目
防治环境污染公益广告

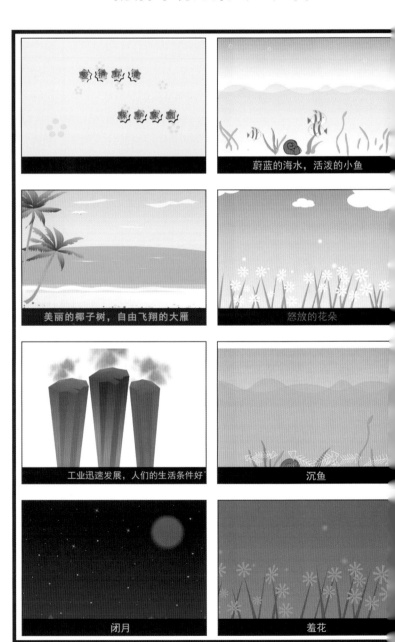

蔚蓝的海水，活泼的小鱼

美丽的椰子树，自由飞翔的大雁

怒放的花朵

工业迅速发展，人们的生活条件好

沉鱼

闭月

羞花

MV制作

本章主要通过3个导入案例来讲解动画角色的绘制技巧、角色运动的制作技巧、声音的编辑处理技巧，并通过"两只老虎"综合项目介绍制作MV类Animate CC作品的相关技能。

001 小青蛙

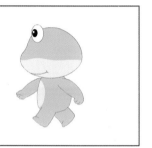

002 走路的小青蛙

003 宝宝动感相册

004 综合项目
两只老虎

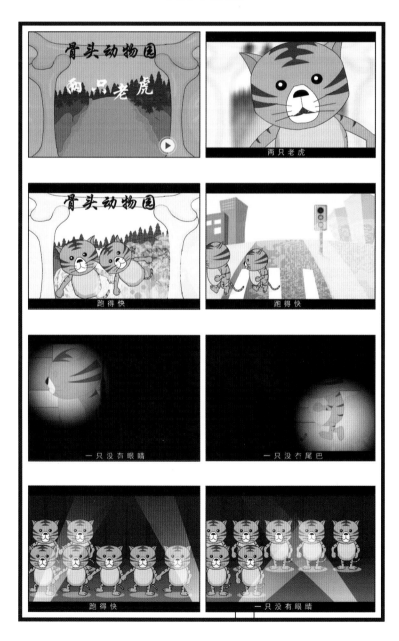

游戏制作

本章主要通过"猫鼠游戏""飘雪动画""猴子看香蕉""花瓣动画"4个导入案例来讲解使用ActionScript 3.0动作脚本制作交互动画的方法与技巧，并通过"打飞机游戏"综合项目介绍制作游戏类Animate CC作品的相关技能。

001 猫鼠游戏

003 猴子看香蕉

002 飘雪动画

004 花瓣动画

005 综合项目

打飞机游戏
AIRCRAFT GAMES

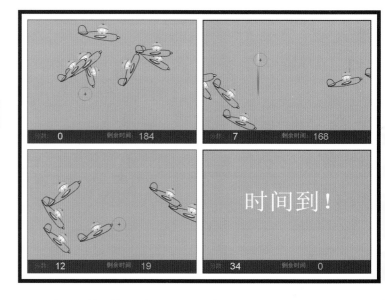

网站制作

本章主要通过4个导入案例介绍ActionScript 3.0动作脚本在网页设计中的应用，使用Animate CC组件的方法和技巧，在Animate CC中视频的使用，并通过"旅行者网站"综合项目介绍网站中常用的动作脚本和网站动画的创建方法与技巧。

1 预载动画

2 导航动画

3 会员注册表

4 洗衣机广告视频

005 综合项目
旅行者网站

电子杂志制作

本章主要通过一个《生活秀》电子杂志项目，介绍电子杂志的基本概念、应用领域与趋势、动画制作方法，以及一些电子杂志常用动画脚本的应用。

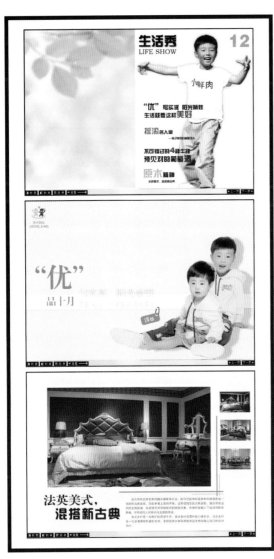

001 综合项目

《生活秀》电子杂志
"LIFE SHOW" E-MAGAZINE

"十四五"职业教育国家规划教材

"十二五"职业教育国家规划教材
经全国职业教育教材审定委员会审定

高等职业教育计算机系列教材

Animate CC
平面动画设计与制作案例教程

田启明　主　编

刘向华　张得佳　李　娟　副主编

陈　瑜　徐兴雷　李　靖　池万乐　参　编
郑金铭　刘传亲　穆妮热·凯合尔曼

电子工业出版社

Publishing House of Electronics Industry

北京·BEIJING

内 容 简 介

本书由浅入深、循序渐进地介绍了使用 Animate CC 制作动画的方法和技巧。全书共 7 章,内容涵盖 Animate CC 动画制作的基本原理、基本流程、组成元素、绘制图形、动画技术、媒体文件应用、脚本制作交互动画、元件、组件、滤镜、透视、骨骼、分镜头脚本、动作的预备与缓冲、影视语言在 Animate CC 中的应用、电子杂志翻页组件、网站的结构设计等知识点。本书精选的 19 个导入案例和 6 个综合项目涵盖了国内市场 Animate CC 动画技术的各种典型应用类型:电子贺卡制作、广告制作、MV 制作、游戏制作、网站制作和电子杂志制作等。本书由高校一线教师与企业动漫设计师合作编写,是一本多校合作、校企合作完成的具有“工学结合”特色的教材。

本书可作为高等职业院校、应用型本科院校和中等职业院校的计算机应用技术专业、数字媒体技术专业及其他相关专业学习平面动画制作课程的配套教材,也可作为各类动画制作培训班的教材及广大动画爱好者的学习参考书。

图书在版编目(CIP)数据

Animate CC 平面动画设计与制作案例教程 / 田启明主编. —北京:电子工业出版社,2023.7

ISBN 978-7-121-44858-4

Ⅰ. ①A… Ⅱ. ①田… Ⅲ. ①动画制作软件－高等学校－教材 Ⅳ. ①TP391.414

中国国家版本馆 CIP 数据核字(2023)第 005420 号

责任编辑:徐建军 文字编辑:王 炜
印 刷:三河市双峰印刷装订有限公司
装 订:三河市双峰印刷装订有限公司
出版发行:电子工业出版社
 北京市海淀区万寿路 173 信箱 邮编:100036
开 本:787×1 092 1/16 印张:18.5 字数:497.3 千字 彩插:3
版 次:2023 年 7 月第 1 版
印 次:2025 年 1 月第 5 次印刷
印 数:1800 册 定价:59.00 元

凡所购买电子工业出版社图书有缺损问题,请向购买书店调换。若书店售缺,请与本社发行部联系,联系及邮购电话:(010)88254888,88258888。

质量投诉请发邮件至 zlts@phei.com.cn,盗版侵权举报请发邮件至 dbqq@phei.com.cn。

本书咨询联系方式:(010)88254570,xujj@phei.com.cn。

Animate CC 是一款非常流行的平面动画制作软件，被广泛应用于电子贺卡制作、广告制作、MV 制作、游戏制作、网站制作、电子杂志制作等领域。本书分为 7 章，通过 19 个导入案例和 6 个综合项目由浅入深、循序渐进地介绍了使用 Animate CC 制作动画的方法和技巧。

第 1 章是 Animate CC 入门。通过制作一个"运动的小车"导入案例，介绍使用 Animate CC 制作动画的特点、基本原理、基本流程、组成元素、Animate CC 界面，以及帧的操作等相关知识。

第 2 章是电子贺卡制作。先通过"都市街道""春天来了""特效文字"3 个导入案例来讲解各种绘图工具的使用方法、元件的建立与编辑方法、图层的基本操作方法和场景的应用方法。然后通过"中秋贺卡"综合项目介绍制作电子贺卡类 Animate CC 作品的相关知识技能。

第 3 章是广告制作。先通过"新年快乐""动态山水画""闪闪的红星""蝴蝶飞"4 个导入案例来讲解 Animate CC 中逐帧动画、补间动画、遮罩动画和引导动画的制作方法及技巧。然后通过"防治环境污染公益广告"综合项目介绍制作公益广告类 Animate CC 作品的相关知识技能。

第 4 章是 MV 制作。先通过"小青蛙""走路的小青蛙""宝宝动感相册"3 个导入案例来讲解动画角色的绘制技巧、角色运动的制作技巧、声音的编辑处理技巧。然后通过"《两只老虎》MV"综合项目介绍制作 MV 类 Animate CC 作品的相关知识技能。

第 5 章是游戏制作。先通过"猫鼠游戏""飘雪动画""猴子看香蕉""花瓣动画"4 个导入案例来讲解使用 ActionScript 3.0 动作脚本制作交互动画的方法与技巧。然后通过"打飞机游戏"综合项目介绍制作游戏类 Animate CC 作品的相关知识技能。

第 6 章是网站制作。先通过"预载动画""网站导航""会员注册表""洗衣机广告视频"4 个导入案例来讲解常用组件的创建和使用方法、网站相关函数的使用方法、视频导入和编辑的方法与技巧。然后通过"旅行者网站"综合项目介绍制作网站类 Animate CC 作品的相关知识技能。

第 7 章是电子杂志制作。主要通过"《生活秀》电子杂志"综合项目介绍电子杂志制作的流程，电子杂志中常用的动画效果、杂志模板和杂志图标制作技巧、杂志合成等知识技能。

本书主要有如下特色。

（1）融入思政元素，提升育人成效。每个项目精心设计思政目标，"闪闪的红星""中秋贺卡"等项目案例自然融入二十大精神等思政元素，让学生通过学习项目和案例，提升爱党爱国、文化自信、精益求精等思政素养。

（2）内容的选取符合国内动漫市场前沿的应用需求和技术趋势。本书精选的导入案例和综合项目对应于电子贺卡、广告制作、MV 制作、游戏制作、网站制作、电子杂志制作等国内市场 Animate CC 动画技术的主流应用方向，所有导入案例和综合项目的操作步骤均采用 Animate CC 2018 完成。本书还特别介绍了一些新功能，例如，角色动画中"骨骼工具"的运用、电子杂志中影片剪辑的混合模式的使用及电子杂志组件的使用等。

（3）本书是一本多校合作、校企合作完成的具有"工学结合"特色的教材。本书的编写成员不仅有来自多个学校一线教学岗位的专职教师，还有来自企业的 Animate 动漫设计师。本书选取的导入案例和综合项目都由编写成员多次讨论而定，部分项目为企业引进项目。

（4）本书采用"导入案例+综合项目"驱动式的组织形式去覆盖 Animate CC 动画设计与制作的常用知识技能，导入案例采用"案例效果—重点与难点—操作步骤—技术拓展"的形式来组织，综合项目采用"项目概述—项目效果—重点与难点—操作步骤—技术拓展"的形式来组织。导入案例和综合项目的内容遵循"从易到难""从直观到抽象"的顺序来安排，符合高职类学生从具体到抽象的认知规律。

（5）数字化资源丰富。为了方便读者学习，本书为项目和案例配备了 101 个实践操作步骤的微视频；为了方便教师教学，本书提供了各章的多媒体课件、25 个源文件和 102 个素材。

本书的编写成员有来自国家示范性高职院校——温州职业技术学院的田启明、刘向华、张得佳、徐兴雷、李靖和池万乐，内蒙古化工职业学院的李娟，温州科技职业学院的郑金铭，永嘉县职业中学的刘传亲，阿克苏职业技术学院的穆妮热·凯合尔曼，以及工作于企业一线的动漫设计师陈瑜等。田启明负责本书的整体策划和写作框架的制定，并负责编写第 2 章；张得佳负责编写第 1、7 章及 3.6 节和 3.7 节；刘向华负责编写前言及 4.1、4.6、6.1 节和 6.2、6.4~6.7 节；李靖负责编写 3.1~3.5 节；徐兴雷负责编写第 5 章；陈瑜、李娟、郑金铭、刘传亲和穆妮热·凯合尔曼负责编写 4.2~4.5 节；池万乐负责编写 6.3 节。

本书是国家级精品课程配套教材，读者可以登录华信教育资源网注册，免费下载本书的导入案例和综合项目素材文件、源文件、教学课件和操作视频，也可以扫描二维码下载本书课件和案例素材，如果有问题可在网站留言板留言或与电子工业出版社联系（E-mail: hxedu@phei.com.cn）。

本书课件

案例素材

"导入案例＋综合项目"教学法正处于经验积累和改进过程中，虽然编者在探索教材建设方面做了许多努力，也对书稿进行了多次审校，但由于编写时间及水平有限，书中难免存在一些疏漏和不足之处，希望同行专家和读者能够给予批评与指正。

编　者

目　录

第1章

Animate CC 入门

教学目标：

知识目标：了解动画制作的基本原理和步骤，掌握常用的动画元素及动画种类，熟悉 Animate CC 的界面及制作流程。

能力目标：能基于 Animate CC 完成动画项目从创建、制作到保存并输出的完整过程，能根据项目要求进行"文档属性"和"舞台"的设置。

思政目标：通过本章案例的讲解，增强文化自信、岗位认同，强化积极进取、终身学习的意识。

教学重点与难点：

熟悉 Animate CC 的界面，掌握动画制作的一些基本步骤和设置方法。

1.1 概述

1.1.1 本章导读

本章主要介绍使用 Animate CC 制作动画的特点、界面、基本原理、制作流程，以及动画组成要素和常用的动画种类，并通过一个"运动的小车"导入案例让读者初步学习动画的基本制作方法。通过本章的学习，读者可以对 Animate CC 的主要操作界面有一个初步的认识，并加深对动画制作的理解。

1.1.2 Animate CC 制作动画的特点

使用 Animate CC 制作的动画之所以能被广泛应用于网页设计、网页广告、网络平面动画制作、多媒体教学、小游戏设计、产品展示和电子相册等诸多领域，是因为它的尺寸小、表现力强、互动性好，便于在网络上传输、播放和下载。

（1）Animate CC 制作的动画尺寸小。这是因为 Animate CC 动画主要由矢量图形组成，通过对这些图形进行变化和运动产生了动画效果。矢量图形与位图图形相比，具有缩放不失真、所需存储容量小等特点，因而使 Animate CC 动画在尺寸相对较小的情况下仍能保持很高的图形质量。

（2）Animate CC 制作的动画表现力强。这是因为 Animate CC 不但具有强大的绘图功能，能轻松绘制各种图形效果，而且还具有自动生成动画的能力，使 Animate CC 制作动画的过程变得更加简单。

（3）Animate CC 制作的动画互动性强。这源于对动作脚本的应用，从而使用户可以制作出人机交互的动画。

（4）Animate CC 制作的动画便于在网络上传输、播放和下载。这是因为当用户制作完成一个.fla 源文件后，通常把源文件导出或发布为.swf文件，在导出或发布的同时会压缩、优化动画元素，减小存储容量，以便于传输。而.swf 文件具有"流"媒体的特点，可边下载边观看。

（5）Animate CC 制作的动画在支持 Flash SWF、AIR 格式的同时，还支持 HTML 5 Canvas、WebGL 格式，并能通过可扩展架构支持包括 SVG 在内的几乎任何动画格式。

1.1.3　Animate CC　界面

使用 Animate CC 制作动画的基本技法很容易被掌握，其功能强大且十分灵活。它的编辑场景就像一个大舞台，由"图层"和"时间轴"组成纵横交错的空间，通过影片剪辑、按钮、图形元件组成演员阵容，在场景中的各个关键帧上以"逐帧动画""形状补间动画""运动补间动画"为基本设置，借助"遮罩""路径引导"等技巧，扮演着各式各样的角色。配合动作脚本语句的强大功能，更可演绎出一幕幕精彩纷呈的动画。下面介绍 Animate CC 的工作界面。

1．Animate CC 的起始页

执行"开始"→"程序"→"Adobe Animate CC"菜单命令，或者双击桌面上的▣图标，打开 Animate CC 的起始页，如图 1.1 所示。

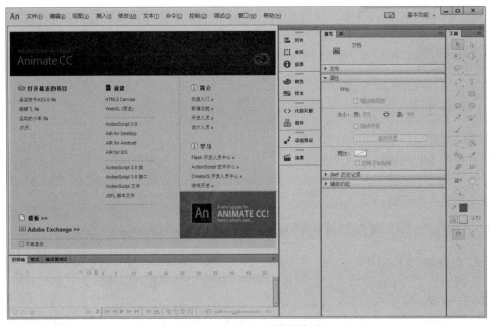

图 1.1　Animate CC 的起始页

2．Animate CC 的动画制作主界面

执行"新建"→"ActionScript 3.0"菜单命令，进入 Animate CC 的动画制作主界面，如图 1.2 所示。

Animate CC 的动画制作主界面有以下常用操作区域：工具箱、文档选项卡、时间轴、舞台，以及常用工具面板中的"属性"面板、"颜色"面板和"库"面板等。它们的功能介绍如下。

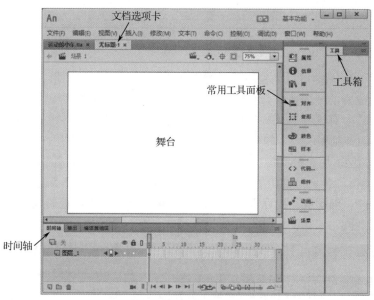

图 1.2　Animate CC 的动画制作主界面

（1）工具箱。工具箱提供了 Animate CC 常用的绘图工具，从上到下可分为 4 个区域，分别为工具区、查看区、颜色区、选项区。工具区提供了绘制图形所用的各种工具；查看区用于移动和缩放舞台；颜色区用于设置工具的笔触颜色和填充颜色；选项区用于设置所选工具的一些属性，属性随选中工具的不同而不同。工具箱如图 1.3 所示，图标的右下方有倒三角的工具，表示还有下拉菜单，如"钢笔工具"和"矩形工具"。

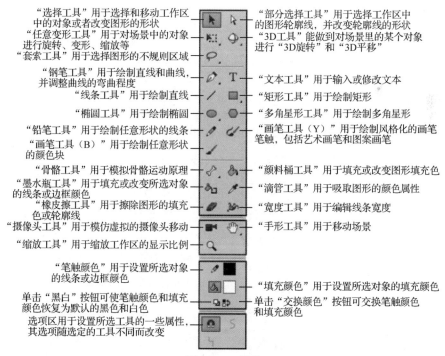

图 1.3　工具箱

（2）文档选项卡。有了文档选项卡，可以方便地在各个文档之间快速切换，如图 1.4 所示。

图 1.4　文档选项卡

（3）时间轴。时间轴可以调整影片的播放速度，并把不同的图形文件放在图层的相应帧里，以安排影片内容的播放顺序。"时间轴"面板分为图层区和时间帧两部分，如图 1.5 所示。左侧是图层区，其中有 3 个按钮：眼睛、小锁和方框，分别用来控制图层的显示状态，眼睛按钮用于打开和关闭控制图层内容的可显示状态，小锁按钮用于锁定图层，方框按钮用于让图层以线框方式显示。图层区用来控制图层的添加、删除、选中等操作，双击"时间轴"面板的标题栏可以折叠。右侧是时间帧，上面有许多小格子，每个格子代表 1 帧，在 5 的倍数帧上有数字序号，而且颜色也深一些，动画就是由许多帧组成的，在帧上面有一条红色的线，这是时间指针，表示当前的帧位置，同时，在下面的时间帧状态栏中也有一个数字表示当前的关键帧。

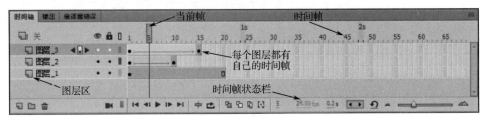

图 1.5　"时间轴"面板

（4）舞台。这是重要的可编辑区域。在这里可以直接绘图，或者导入外部图形文件进行编辑，再把各个独立的帧合成在一起，以生成动画作品。需要注意的是，位于舞台外的动画内容在播放时不被显示。

（5）"属性"面板。该面板用于设置或查看当前选定项（时间轴、舞台上的对象和工具箱中的工具）的属性，如图 1.6 所示。"属性"面板里的内容取决于当前选定的内容。

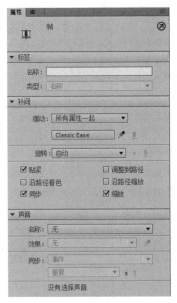

图 1.6　"属性"面板

（6）"颜色"面板。该面板用于设置图形的填充颜色或线条颜色，它包括"颜色"和"样本"两个面板，如图 1.7 和图 1.8 所示。在"颜色"面板中，用户可以调制图形的颜色，包括纯色、渐变色和位图填充；"样本"面板可为图形选择系统提供的颜色。借助这两个面板，在 Animate CC 中可以调制出用户需要的各种颜色。

图 1.7　"颜色"面板

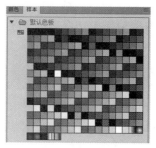

图 1.8　"样本"面板

（7）"库"面板。该面板如同一个存放 Animate CC 动画素材的仓库，如图 1.9 所示。仓库中存放着从外部导入的音乐、位图、视频，以及在 Animate CC 中创建的各种元件。当制作动画需要这些素材时，直接从仓库中把素材拖放到舞台里即可。存放在仓库中的素材可以被多次使用。

图 1.9　"库"面板

除以上介绍的 7 个常用操作区域外，在 Animate CC 中还有"动作"面板、"对齐"面板、"信息"面板、"变形"面板、"组件"面板等。关于这些面板的使用，将在具体的案例中进行讲解。

提示　在绘制图形时，如果用户希望舞台尽量大，则可以先按【F4】键关闭不用的面板，然后按【Ctrl+F2】组合键打开工具箱。另外，打开或关闭"动作"面板的快捷键是【F9】；打开或关闭"对齐"面板的组合键是【Ctrl+K】；打开或关闭"信息"面板的组合键是【Ctrl+I】；打开或关闭"变形"面板的组合键是【Ctrl+T】。

1.1.4　Animate CC 动画制作的基本原理

动画是指物体在一定时间内发生的变化过程，包括动作、位置、颜色、形状、角度、透明度等。在计算机中用一张张图片来表现这段时间内物体的变化，每张图片被称为一帧（以后就用帧表示图片）。当这些图片以一定的速度连续播放时，我们因"视觉暂留"的视觉生理现象就产生了图片连续运动的"幻觉"，所以"每格画面与下一格画面之间所产生出来的效果，比每格画面本身的效果更为重要"。我们肉眼看到图片后，"视觉暂留"约为 1/16 秒，在其还没有消失前播放下一格画面，就会产生一种流畅的视觉变化效果。电影胶片的播放速率是 24 帧/秒（fps）。在计算机中，只要设置 Animate CC 动画变化前第一帧和变化后最后一帧的图片（两个关键帧），计算机就会自动生成中间的过渡帧（补间动画），大大减轻了动画的制作量，使得动画制作由传统的手动制作转变为计算机合成，从而为动画制作开创了一片新天地。另外，Animate CC 还提供了路径引导、遮罩等功能，可以制作出具有特殊效果的动画。

1.1.5　Animate CC 动画制作的基本流程

制作一部 Animate CC 动画作品犹如拍一部电影，每个环节都会影响最终的动画效果，所以我们要先了解制作一部 Animate CC 动画作品的完整过程。

1. 前期

（1）主题策划。用精练的语言描述未来动画作品的概貌、特点、目的、工艺技术的可能性及动画作品将会带来的社会影响和商业效应。

（2）素材搜集。根据前期准备有目的地搜集图片、声音、文字、视频等素材，既可以通过网站下载，也可以通过分离其他动画中的元素来获得。

（3）故事脚本。故事脚本也称文学剧本，是按照电影文学的写作模式创作的文字剧本，要求故事结构严谨、情节具体详细，包括人物性格、服饰道具及背景等细节描述。

（4）分镜头设计。包括画面的镜头调度、场景变化、段落结构、色调变化、光影效果等视觉呈现，以及相应的文字指示、时间设定、动作描述、对白、音效、镜头转换方式等文字补充说明。

2. 中期

（1）造型设计。根据脚本的内容设计动画作品中的造型。造型设计包括标准造型、转面图、比例图（包括角色与景物之间的比例、角色与角色之间的比例、角色与道具之间的比例）、服饰道具分解图。

（2）场景设计。场景设计包括各个主场景的色彩气氛、平面坐标图、立体鸟瞰图、景物结构分解图。

（3）镜头画面设计。镜头画面设计就是对分镜头画面的放大。之所以称其为"放大"，是因为在放大时要思考镜头形态的合理性、画面构成的可能性及空间关系的表现性。它是工作蓝图，其中包括背景绘制和原画设计动作时的依据及思维线索、画面规格、背景结构关系、空间透视关系、人景交接关系、角色动作起止位置及运动轨迹和方向等因素。

（4）动画制作。利用 Animate CC 提供的图形绘制与动画制作功能来完成动画。此步骤完成的好坏取决于用户的绘画功底及对 Animate CC 的熟练使用程度。

3. 后期

（1）镜头组接和录音。按照分镜头画面设计的要求将相应的镜头进行组接（在传统的二维动画中还要进行校对拍摄和剪辑），根据设计的要求配上相应的对白、背景音乐及特效音乐。

（2）测试与优化。测试是对制作好的动画细节、动画片段、声音与动画内容进行调整，使整个动画流畅、和谐。优化是对动画的最终播放——网上播放效果进行调整，将动画完美地展现在观众面前。

（3）作品发布。将制作好的动画导出或发布为所需的文件格式，如网络上常用的.swf 格式。

1.1.6　Animate CC 动画的组成元素

Animate CC 中用到的动画元素被称为对象，包括以下 6 类。

（1）矢量图形。组成 Animate CC 动画的基本元素，使用工具箱可以绘制所需要的矢量图形。

（2）位图图形。从外部导入的图片，经过适当的编辑修改后，可以加入 Animate CC 动画中。

（3）声音。从外部搜集并导入的声音文件，可以加入 Animate CC 动画中。

（4）视频。从外部搜集并导入的视频文件，可以加入 Animate CC 动画中。

（5）群组。在 Animate CC 中可以把分散的图形转换为一个整体来操作，这个整体就称群组。

（6）元件和元件实例。元件是在 Animate CC 中可重复使用的一种动画元素，而元件实例是元件在动画中的具体应用。元件分为图形元件、影片剪辑元件和按钮元件。

1.1.7　Animate CC 动画的种类及特点

在 Animate CC 中有两类动画：一类是逐帧动画；另一类是补间动画。

（1）逐帧动画。逐帧动画又被称为帧帧动画，指在连续的关键帧上绘制或放置不同的对象或对象的不同状态，当播放头快速地在关键帧上移动时，将会形成连续的动画效果。该类动画用来实现无法用补间动画实现的效果（如动画角色细腻的动作变化），但一般不推荐频繁使用，因为关键帧的增加将加大动画文件的容量。

（2）补间动画。补间动画只要制作好前后两个关键帧上的画面，中间各帧可由计算机自动生成。补间动画具有文件尺寸小、制作快捷方便、变化连贯等特点。补间动画又可分为运动补间动画和形状补间动画，关于这两类补间动画的特点将在第 3 章中给予详细说明。

1.2　导入案例：运动的小车

运动的小车

1.2.1　案例效果

本节讲述"运动的小车"案例。本案例全部通过 Animate CC 来制作，动画中的小车会从公路的左边行驶到公路的右边，效果如图 1.10 所示。

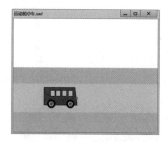 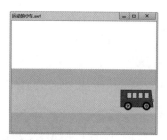

图 1.10　"运动的小车"效果

1.2.2　重点与难点

"文档属性"和"舞台"的设置，几种常见帧的操作，以及两种绘图模式的使用方法。

1.2.3　操作步骤

1. 设置文档属性

（1）首先启动 Animate CC，然后单击"属性"面板中的"高级设置"按钮 高级设置...，打开"文档设置"对话框，修改其中的参数，如图 1.11 所示。

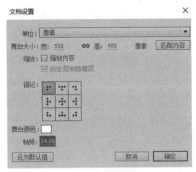

图 1.11　"文档设置"对话框

（2）按【F4】键关闭所有面板，再按【Ctrl+F2】组合键打开工具箱，双击"手形工具"按钮🖐自动调整大小。

（3）执行"文件"→"保存"菜单命令将新文档保存，命名为"运动的小车"。

2．绘制车轮

（1）单击工具箱中的"椭圆工具"按钮◯和"对象绘制"按钮◘，然后修改工具箱中的"笔触颜色"✏️▇为"黑色"，"填充颜色"▧▨为无。

（2）按住【Shift】键，单击"椭圆工具"按钮◯，在舞台中绘制一个正圆形。单击工具箱中的"缩放工具"按钮🔍，单击"选项区"的"放大"按钮🔍，放大刚刚绘制的正圆形，并在其内部绘制两个正圆形，一个套一个，一个比一个小。单击"选择工具"按钮▶，绘制一个矩形框，选中 3 个正圆形。按【Ctrl+K】组合键打开"对齐"面板，单击"水平中齐"按钮🔲和"垂直中齐"按钮🔳，使 3 个正圆形的圆心重合。

（3）单击工具箱中的"线条工具"按钮╱，按住【Shift】键，在小圆形的直径上水平绘制一条直线。选中直线和中间的小圆形，单击"对齐"面板上的"垂直中齐"按钮🔳，效果如图 1.12 中第 1 张图所示。

（4）单击"选择工具"按钮▶，选中直线，按【Ctrl+T】组合键打开"变形"面板，在内输入"45"，单击 3 次"重制选区和变形"按钮🔲，效果如图 1.12 中第 2 张图所示。单击"选择工具"按钮▶，选中舞台的所有线条，按【Ctrl+B】组合键将图形打散。选中多余线条并删除，效果如图 1.12 中第 3 张图所示。

（5）修改"填充颜色"▧▇为"黑色"，然后单击"颜料桶工具"按钮▧，填充车轮为"黑色"，用同样的方式填充车轮中心的小圆形为"灰色"，效果如图 1.12 中第 4 张图所示。

图 1.12　车轮的绘制过程

（6）单击"选择工具"按钮▶，选中绘制好的车轮，按住【Alt】键拖动车轮到适当的位置，可以复制出另一个车轮。

📖提示　在单击"椭圆工具"按钮◯或"矩形工具"按钮▢绘制图形时，同时按住【Shift】键可以绘制出正圆形或正方形。在单击"选择工具"按钮▶时，同时按住【Shift】键可同时选中多个线条或对象。

3．绘制车身

（1）单击工具箱中的"矩形工具"按钮■，取消选择"对象绘制"按钮■，然后修改工具箱中的"笔触颜色"✏️■为"黑色（#000000）"，"填充颜色"🪣⬜为无。

（2）单击"矩形工具"按钮■，在舞台中绘制 1 个大矩形和 4 个小矩形，效果如图 1.13 所示。单击"选择工具"按钮▶，当鼠标指针变成⬐形状时，调整矩形右边线。单击"椭圆工具"按钮●，绘制正圆与矩形的边线相交。单击"选择工具"按钮▶，删除车轮与矩形相交的多余线条。

（3）修改"填充颜色"为"红色"，然后单击"颜料桶工具"按钮🪣，填充车身为"红色"，用同样的方式填充车灯为"黄色"，小车的最终效果如图 1.14 所示。

图 1.13　绘制矩形　　　　　　图 1.14　小车的最终效果

（4）双击时间轴上图层 1 的名称 🗋 图层1，将"图层 1"改名为"小车"。然后单击图层区的"新建图层"按钮🗋，插入一个新的图层，并把图层的名称改为"公路"。将"公路"图层拖到"小车"图层的下方。

4．绘制公路

（1）双击"手形工具"按钮✋，自动调整舞台的大小。单击"公路"图层的第 1 帧。单击工具箱中的"矩形工具"按钮■，修改工具箱中的"笔触颜色"✏️■为"黑色"，"填充颜色"🪣⬜为无，绘制一个大矩形边框。单击"线条工具"按钮／，绘制两条直线，效果如图 1.15 所示。

（2）修改"填充颜色"🪣■为"绿色（#66FF33）"，然后单击"颜料桶工具"按钮🪣，填充公路两旁为"绿色"，用同样的方式填充公路为"灰色"。双击"公路"图层的矩形框，选中所有线条删除，公路的最终效果如图 1.16 所示。

图 1.15　绘制矩形及线条　　　　　图 1.16　公路的最终效果

5．使小车运动起来

（1）单击"小车"图层的第 20 帧，按【F6】键，插入一个关键帧。当鼠标指针变成⬈形状时，向右移动第 20 帧的小车到公路的最右边。单击"小车"图层的第 1 帧，移动小车到公路的最左边。用鼠标右键单击"小车"图层第 1～20 帧之间的任意帧，在弹出的快捷菜单中选择"创建传统补间"命令。

（2）单击"公路"图层的第 20 帧，按【F5】键，插入一个普通帧。

6．保存测试影片

按【Ctrl+S】组合键保存文件，按【Enter】键可测试动画在时间轴上的播放效果，按【Ctrl+Enter】组合键打开 Flash Player 播放影片，小车就会从公路的左边行驶到右边。

1.2.4　技术拓展

1．文档属性的设置

新建 Animate CC 文档后，第 1 步是设置"文档属性"，包括舞台的大小、背景的颜色和帧频等。设置"文档属性"可以通过执行"修改"→"文档"菜单命令，打开如图 1.11 所示的"文档设置"对话框，修改其中对应的参数，单击"确定"按钮即可。

2．舞台的设置

在编辑和绘制动画内容时，适当地设置舞台，可以方便用户操作。

（1）缩放舞台的方法。Animate CC 中的图形大多数为矢量图形，缩放操作并不会影响图形的显示质量。在编辑动画时，适当地放大舞台，有利于对图形细节进行处理；适当地缩小舞台，有利于对图形整体效果的把握。缩放舞台的方法有以下几种。

① 单击工具箱中的"缩放工具"按钮 🔍 ，然后在舞台中单击。在默认情况下，当选中"缩放工具" 🔍 时，"选项区"选中的是"放大工具"按钮 🔍 ，此时单击它将放大舞台。如果要切换到缩小模式，则可单击"选项区"的按钮 🔍 ，此时单击它将缩小舞台。

📖 提 示 　在使用"缩放工具"按钮 🔍 时，如果"选项区"为放大模式，则按住【Alt】键并单击将缩小舞台；同样，在缩小模式下，按住【Alt】键并单击将放大舞台。

② 要放大指定的区域，可单击"缩放工具"按钮 🔍 ，在舞台中单击并拖动出一个矩形框，Animate CC 将自动设置放大显示比例，使被矩形框覆盖的区域填满整个窗口。

③ 要缩放舞台以使其完全适合给定的窗口空间，可执行"视图"→"缩放比率"→"符合窗口大小"菜单命令。

④ 要显示当前帧中的全部内容（包括舞台外部的内容），可执行"视图"→"缩放比率"→"显示全部"菜单命令。

⑤ 要显示整个舞台，可执行"视图"→"缩放比率"→"显示帧"菜单命令。

⑥ 打开舞台右上方的"缩放"下拉列表框 `100%` ，从中选择不同的选项，可以快速调整舞台的大小。

⑦ 使用组合键【Ctrl+﹢】和【Ctrl+﹣】，可以快速地调整舞台大小。

（2）移动舞台的方法。如果希望在不修改缩放比例的情况下，查看舞台中的其他部分，则可单击工具箱中的"手形工具"按钮 ✋ ，然后单击并拖动舞台即可。

📖 提 示 　按住空格键，可以在工具箱中的其他工具按钮和"手形工具"按钮 ✋ 之间快速切换。

（3）在舞台中使用网格线和辅助线的方法。在舞台中使用网格线和辅助线，可以方便地绘制图形或把对象放到指定位置，这对合理布局动画元素非常有用。

① 要想显示或隐藏网格线，可执行"视图"→"网格"→"显示网格"菜单命令。要想修改网格线的颜色、网格间距及对象是否贴紧网格对齐等，可执行"视图"→"网格"→"编辑网格"菜单命令，打开"网格"对话框，如图 1.17 所示。

图 1.17　"网格"对话框

② 使用辅助线。执行"视图"→"标尺"菜单命令，在舞台的上方和左方将显示标尺。

将鼠标指针移动到上标尺，单击并向下拖动，可拉出一条水平辅助线，重复该操作可拉出多条水平辅助线。用同样的方法单击并拖动左标尺可以拉出竖直辅助线。拉出辅助线后，可将对象放置在辅助线处，对象将会自动贴紧辅助线。如果要移动已有的辅助线，则可直接用鼠标对其拖动。如果要锁定辅助线，则可执行"视图"→"辅助线"→"锁定辅助线"菜单命令，锁定后的辅助线不能移动。如果要编辑辅助线，则可执行"视图"→"辅助线"→"编辑辅助线"菜单命令，打开"辅助线"对话框来设置辅助线的颜色、贴紧精确度等，如图 1.18 所示。如果要清除辅助线，则可执行"视图"→"辅助线"→"清除辅助线"菜单命令。

图 1.18　"辅助线"对话框

3．帧的操作

通过前面的学习可以知道，舞台是对动画元素进行查看、编辑和修改的地方，组成 Animate CC 动画的元素都位于帧上。Animate CC 动画中的帧主要分为关键帧（包括空白关键帧）和普通帧，对帧的操作在时间轴上完成，如图 1.19 所示。

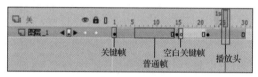

图 1.19　时间轴

（1）关键帧。首先在不同的关键帧上定义动画的变化，然后在 Animate CC 中做一些设置就可以自动生成动画了。如在"运动的小车"案例中，小车的运动就是通过设置"小车"图层第 1 帧和第 20 帧小车的不同位置，然后创建传统补间动画生成的，如图 1.20 所示。关键帧可分为有内容的关键帧和空白的关键帧。在空白的关键帧上没有任何内容，在时间轴上用空心圆表示，有内容的关键帧用实心圆表示。要向某个关键帧添加内容，应先单击该帧，将播放头移到该帧，然后在舞台中绘制或拖入对象即可。如果要编辑某帧的内容，则也要先将播放头移到该帧，再编辑内容。

（2）普通帧。普通帧的作用是延续关键帧的内容。如在"运动的小车"案例中，"公路"（背景）图层的第 2～20 帧都是普通帧（见图 1.20），延续的是第 1 帧关键帧的内容，这是因为公路是静止的，不需要改变。

图 1.20　"运动的小车"案例的时间轴

（3）插入关键帧和普通帧的方法。用鼠标右键单击某帧，即可弹出一个快捷菜单，选择其中的"插入关键帧"或"插入空白关键帧"命令来插入关键帧。插入关键帧后，前一个关键帧的内容会自动延续到插入的关键帧上，在两个关键帧之间会自动生成普通帧。如果要延续某关键帧的内容，插入普通帧，则选择"插入帧"命令。

提示　按【F6】键可插入一个关键帧，按【F7】键可插入一个空白关键帧，按【F5】键可插入一个普通帧（在本书中也称为扩展帧）。在制作动画时，只能在关键帧上添加或修改对象。

（4）设置帧的显示状态。时间轴上帧的显示状态并非一成不变，也可以根据实际需求为帧设置不同的显示状态。其方法是单击"时间轴"面板右上角的"帧的视图"按钮，弹出下拉菜单，在该菜单中选择任意选项即可控制帧的显示状态。

（5）选择帧。当需要对帧进行操作时，需要先选中帧；此外，当需要在舞台上对帧上的对象进行操作时，也需要先选中帧。要选择单个帧，只需在时间轴上单击该帧所在的位置即可（选中帧后，被选中的帧会以反黑显示，帧上的对象也会在舞台中被选中）；要选择不连续的帧，只需按住【Ctrl】键，单击要选择的帧即可；要选择同一图层上连续的多个帧，可以先按住【Shift】键，再单击要选择的首帧和末帧，此时中间所有的帧都会被选中（也可以在需要选择的帧上单击并拖动鼠标进行选择）；要选择不同图层上相同位置的帧，可以按住【Shift】键，单击前后两个图层相同位置的帧（也可以单击并拖动鼠标进行选择）；要选择不同图层上某一区域的所有帧，可以按住【Shift】键，单击区域两个对角顶点位置上的帧，此时两个对角顶点之间的所有帧都会被选中（也可以单击并拖动鼠标进行选择）。

（6）复制帧。当复制帧时，源帧上的所有对象都会被复制到目标帧上，且在舞台中的位置也相同。复制帧的方法有 3 种：①选择要复制的帧，执行"编辑"→"复制"菜单命令，再选择目标帧位置，执行"编辑"→"粘贴到当前位置"菜单命令；②选择要复制的帧，按住【Alt】键，单击选中的帧并拖动，即可将选中的帧复制到目标帧位置；③先用鼠标右键单击要复制的帧，在弹出的快捷菜单中选择"复制帧"命令，再用鼠标右键单击目标帧位置，在弹出的快捷菜单中选择"粘贴帧"命令。

（7）移动帧。当移动帧时，源帧上的所有对象都会被移动到目标帧上。移动帧的方法有 3 种：①先选择要移动的帧，执行"编辑"→"剪切"菜单命令，再选择目标帧位置，执行"编辑"→"粘贴到当前位置"菜单命令；②选择要移动的帧，单击选中的帧并拖动，即可将选中的帧移动到目标帧位置；③先用鼠标右键单击要移动的帧，在弹出的快捷菜单中选择"剪切帧"命令，再用鼠标右键单击目标帧位置，在弹出的快捷菜单中选择"粘贴帧"命令。

（8）删除帧。在制作动画时，对于某些不符合要求或已经不需要的帧，可以将其删除。选中要删除的帧，在选中帧的位置单击鼠标右键，在弹出的快捷菜单中选择"删除帧"命令，即可将所选帧全部删除。

（9）清除帧。清除帧是指清除帧中的内容，即清除帧在舞台上的对象。清除帧的方法是用鼠标右键单击要清除的帧，在弹出的快捷菜单中选择"清除帧"命令。清除帧可以将有内容的关键帧转换为空白关键帧。

（10）翻转帧。翻转帧将颠倒被选帧在时间轴上的左右顺序，从而改变播放顺序。翻转帧的方法是先选中要进行翻转的帧的范围，然后单击鼠标右键，在弹出的快捷菜单中选择"翻转帧"命令。

（11）设置帧频。帧频是指每秒播放的帧数，即动画播放的速度，单位是帧/秒（fps）。在 Animate CC 环境中，默认帧频是 24 帧/秒，即每秒播放 24 帧。帧频越高，动画播放的速度越快，画面显得越流畅。将帧频设置为 24 帧/秒以上，人的肉眼看到的动画效果就同电影差不多了。但在配置较差的计算机上播放动画时，帧频设置过高会影响播放效果。帧频既可以在"属性"面板中的帧频项中进行设置，也可以在"文档属性"对话框中进行设置。

4．两种绘图模式的使用

Animate CC 动画主要是由矢量图形组成的，矢量图形的组成要素为线条和填充，它们都是分散的，这样有利于方便地调整图形的形状，如在"运动的小车"案例中，就是使用"选择工具"按钮 ▶ 来调整小车车身的。但是，分散的图形不利于对图形整体进行操作，图形之间很容易连在一起。单击"对象绘制"按钮 ◙ 后，绘制出的图形就是一个整体，如当绘制车轮时，就单击了"对象绘制"按钮 ◙。另外，以后还要学习群组、元件实例等，它们都是整体对象，如果要调整其中的矢量图形，那么单击"选择工具"按钮 ▶ 后，双击图形就可以对图形进行编辑了。

Animate CC 提供了合并和对象绘制两种模式来绘制图形，具体说明如下。

（1）合并模式。在此种模式下绘制出的图形都是分散的，如果两个图形相交，则先画的图形会被后画的图形覆盖，移动一个图形会永久改变另一个图形，如图 1.21 所示。采用此种模式，在选中某种工具时，要通过单击来使"对象绘制"按钮 ◙ 处于弹起状态。

图 1.21　在合并模式下绘制的图形

（2）对象绘制模式。在此种模式下绘制出的图形都是整体的，图形之间即使相交，也不会相互影响，如图 1.22 所示。采用此种模式，在选中某种工具时，要通过单击来使"对象绘制"按钮 ◙ 处于按下状态。

图 1.22　在对象绘制模式下绘制的图形

提　示　本书在绘制图形时，多采用合并模式。因为在该模式下，线条相交的地方会分成线段，便于使用"选择工具"按钮 ▶ 来进行选中、移动、调整和删除等操作。另外，在合并模式下，对于封闭的区域，也可以方便地使用"颜料桶工具"按钮 ⬙ 来填充颜色。

5. "对齐"面板的使用

执行"窗口"→"对齐"菜单命令，或者按【Ctrl+K】组合键，都可以打开"对齐"面板，如图 1.23 所示。对于舞台上选中的对象，使用"对齐"面板可以使其相互对齐或相对于舞台对齐，还可以使舞台上的对象具有相同的高度和宽度。"对齐"面板中按钮的功能介绍如下。

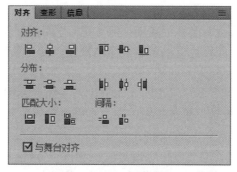

图 1.23　"对齐"面板

（1）"与舞台对齐"复选框。当勾选该复选框时，将以整个舞台为基准调整对象的位置，如使对象相对于舞台左对齐、右对齐或居中对齐。当该复选框处于未被勾选状态时，则对齐是以各对象的相对位置为基准的。

（2）"左对齐" ⫼。当没有勾选"与舞台对齐"复选框时，使所选对象以最左端的对象为基准对齐；当勾选"与舞台对齐"复选框时，使对象以舞台最左端为基准对齐。

（3）"水平中齐" ⫼。当没有勾选"与舞台对齐"复选框时，使所选对象以集合的垂直线为基准居中对齐；当勾选"与舞台对齐"复选框时，使对象以舞台的中心点为基准居中对齐。

（4）"右对齐" ⫼。使所选对象以最右端的对象为基准对齐。

（5）"上对齐" ⫼。使所选对象以最上方的对象为基准对齐。

（6）"垂直中齐" ⫼。使所选对象以集合的水平中线为基准垂直对齐。

（7）"底对齐" ⫼。使所选对象以最下方的对象为基准对齐。

（8）"顶部分布" ⫼。当没有勾选"与舞台对齐"复选框时，使所选对象在水平方向上端间距相等；当勾选"与舞台对齐"复选框时，以舞台上下距离为基准调整对象之间的水平间距。

（9）"垂直居中分布" ⫼。使所选对象在水平方向中心距离相等。

（10）"底部分布" ⫼。使所选对象在水平方向下端间距相等。

（11）"左侧分布" ⫼。使所选对象在垂直方向左端距离相等。

（12）"水平居中分布" ⫼。使所选对象在垂直方向中心距离相等。

（13）"右侧分布" ⫼。使所选对象在垂直方向右端距离相等。

（14）"匹配宽度" ⫼。当没有勾选"与舞台对齐"复选框时，使所选对象的宽度变为与最宽的对象相同；当勾选"与舞台对齐"复选框时，使所选对象与舞台一样宽。

（15）"匹配高度" ⫼。当没有勾选"与舞台对齐"复选框时，使所选对象的高度变为与最高的对象相同；当勾选"与舞台对齐"复选框时，使所选对象与舞台一样高。

（16）"匹配宽和高" ⫼。当没有勾选"与舞台对齐"复选框时，使所选对象的宽度和高度变为与最高和最宽的对象相同；当勾选"与舞台对齐"复选框时，使所选对象的宽度和高度变为与舞台的宽度和高度相同。

（17）"垂直平均间隔" ⫼。使所选对象在垂直方向距离相等。

（18）"水平平均间隔" ⫼。使所选对象在水平方向距离相等。

6．"变形"面板的使用

执行"窗口"→"变形"菜单命令，或者按【Ctrl+T】组合键，都可以打开"变形"面板，如图 1.24 所示。使用"变形"面板可以缩放、旋转、倾斜舞台上被选中的对象。虽然 Animate CC 中的"任意变形工具" ⫼ 也有类似的功能，但"变形"面板擅长的是精确地设置缩放比例、旋转和倾斜的角度。"变形"面板也可以撤销前面的操作，使对象恢复变形前的样子。"变形"面板还可以复制对象。

（1）缩放对象。在"宽度"和"高度"文本框中输入缩放比例并按【Enter】键。

（2）旋转对象。选中"旋转"单选按钮，在文本框中输入旋转角度并按【Enter】键。

（3）倾斜对象。选中"倾斜"单选按钮，在文本框中输入水平、垂直倾斜的角度并按【Enter】键。

（4）重制选区和变形。选中要复制变形的对象，设置旋转角度，然后单击"重制选区和变形"按钮 ⫼，单击一次可复制出一个变形后的图形，单击多次可复制出多个。

（5）撤销变形。只要单击"取消变形"按钮 ⫼，就可使舞台上的对象恢复最初的状态。

图 1.24　"变形"面板

7．"信息"面板的使用

执行"窗口"→"信息"菜单命令，或者按【Ctrl+I】组合键，都可以打开"信息"面板，如图 1.25 所示。在"信息"面板中可以查看或修改舞台上对象的宽度、高度，还可以查看或更改舞台上对象的位置。

图 1.25　"信息"面板

1.3　习题

1．Animate CC 动画有什么特点？
2．Animate CC 中常用的面板有哪些？打开它们的快捷方式是什么？
3．Animate CC 动画的基本原理是什么？
4．制作 Animate CC 动画的基本流程是什么？
5．利用本章所学的知识制作一只滚动的皮球。
6．利用本章所学的知识制作天空中飘动的朵朵白云。
7．利用本章所学的知识制作黑夜里划过天空的流星。

第2章

电子贺卡制作

教学目标:

知识目标:了解简单透视原理,掌握元件的概念和电子贺卡类作品的制作流程。

能力目标:能运用透视原理进行场景设计,掌握 Animate CC 工具箱中常用工具的使用方法和技巧,掌握元件的建立和编辑、实例的编辑、图层的基本操作。

思政目标:通过本章案例和项目的讲解,弘扬礼尚往来的传统美德,提高道德修养。

教学重点与难点:

Animate CC 工具箱中各种工具的使用方法,元件的建立和编辑方法,图层的基本操作方法,场景的应用方法,电子贺卡类作品的制作技巧。

2.1 概述

2.1.1 本章导读

本章先通过 3 个导入案例介绍使用 Animate CC 工具箱中的工具绘制图形的方法和技巧,以及修改图形的一些辅助菜单。其中,导入案例"都市街道"主要讲解"线条工具""铅笔工具""矩形工具""椭圆工具""画笔工具""橡皮擦工具"及透视的应用技巧;导入案例"春天来了"主要讲解"选择工具""钢笔工具""多角星形工具""任意变形工具""颜料桶工具""渐变变形工具"的应用技巧,以及元件的建立和编辑方法、图层的基本操作方法;导入案例"特效文字"主要讲解"套索工具""文本工具""墨水瓶工具"的使用技巧,以及图像的导入方法和位图转换为矢量图的技巧。

本章最后将通过综合项目"中秋贺卡"介绍电子贺卡类作品的制作流程和技巧,同时讲解场景的应用方法、Animate CC 分镜头脚本的绘画方法、元件的使用技巧、动作中的预备与缓冲等知识技能。

2.1.2 绘图工具介绍

组成 Animate CC 动画的基本元素是图形和文字,制作一个高品质的动画离不开用户高超的绘图能力和审美水平。Animate CC 提供了强大的绘图功能,可以使用户轻松地绘制出所需要的任何图形,其主要绘图工具分为以下 4 大类。

1. 基本绘图工具

Animate CC 提供的基本绘图工具可分为两组:几何形状绘制工具("线条工具""椭圆工

具""矩形工具""多角星形工具")和徒手绘制工具("铅笔工具""钢笔工具""画笔工具""橡皮擦工具")。基本绘图工具可以直观地根据名称知道其作用,但这些工具有很多选项和设置,实际使用起来要复杂一些。本章将通过 3 个导入案例由浅入深地逐步介绍这些工具的使用。

2．选择工具

Animate CC 提供的选择工具包括"部分选取工具""套索工具""选择工具"。利用这些工具,可以在 Animate CC 的绘图空间选择元素,捕捉和调整形状或线条的局部形状。

3．修改图形工具

Animate CC 提供的修改图形工具也可分为两组:填充工具("滴管工具""颜料桶工具""墨水瓶工具""颜色"面板)和变形工具("渐变变形工具""任意变形工具"等)。前者用于给图形填充颜色;后者用于更改线条和填充效果,如扭曲、拉伸、旋转和移动图形等。

4．文本工具

Animate CC 还专门提供了文本工具,用于在图形中输入和编辑文字,并可随时随处地在动画中按需要显示精美的文字,以达到图文并茂的效果。

2.1.3　绘图常用的操作技巧

在制作 Animate CC 作品时,除要掌握常用的绘图工具外,还要掌握一些操作技巧。

(1)如何选择、移动和复制对象。

(2)如何进入对象内部进行操作。

(3)如何排列图形。

(4)如何进行图形的组合和打散。

(5)如何导入位图。

(6)如何将位图转换为矢量图。

(7)如何建立和使用元件。

(8)如何建立新图层和图层的使用技巧。

(9)如何将线条转换为填充。

以上列举的绘图常用的操作技巧均将在本章导入案例和综合项目中进行讲解和应用。

2.2　导入案例:都市街道

都市街道 1　　都市街道 2

2.2.1　案例效果

本节讲述"都市街道"案例。本案例使用"线条工具""铅笔工具""矩形工具""椭圆工具""画笔工具""橡皮擦工具"等制作,最终效果如图 2.1 所示。

图 2.1　"都市街道"的最终效果

2.2.2　重点与难点

"线条工具""铅笔工具""矩形工具""椭圆工具""画笔工具""橡皮擦工具"的使用及 6

类工具的"属性"面板的设置,一点透视的绘图方法与原理,以及图形的平滑、伸直和优化等功能。

2.2.3 操作步骤

1. 设置文档属性

启动 Animate CC 后,新建一个文档,双击"手形工具"按钮🖐自动调整大小。执行"文件"→"保存"菜单命令,将新文档保存,命名为"都市街道"。

2. 绘制天空效果

单击"矩形工具"按钮▣,将"笔触颜色"设为无色☑、"填充颜色"设为 #C7EDFC ,绘制一个和舞台大小相同的矩形,天空效果如图 2.2 所示。双击 🗂图层_1 图标,修改图层名称为"天空",然后单击图层上的按钮👁,暂时隐藏该图层。

图 2.2 天空效果

📖提示 单击图层上的按钮👁下方对应的小圆点 •,可以暂时隐藏某些图层,再次单击它即可显示;单击图层上的按钮🔒下方对应的小圆点 •,可以锁定该图层,即看得到却不能修改,这样做可以避免对图层的误操作,再次单击它即可解除锁定。为了方便绘制图形,需要多次运用这两个按钮。

3. 绘制具有透视效果的道路

(1)在"天空"图层上方新建一个图层,命名为"马路"。单击"矩形工具"按钮▣,将"笔触颜色"设为"黑色"、"填充颜色"设为无色,在"马路"图层上绘制一个矩形框,效果如图 2.3 所示。

图 2.3 绘制矩形框

(2)在"马路"图层上方新建"消失点"图层,使用"线条工具"☑在该图层上绘制一个"+",定义为消失点,效果如图 2.4 所示。

图 2.4 定义消失点

(3)回到"马路"图层,在该图层上绘制道路,所有的道路都汇于消失点,各条线都要和外围的矩形边框相交,效果如图 2.5 所示。

图 2.5　绘制道路

（4）设置"填充颜色" 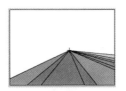 分别为 ▦ #A5AA8C、▦ #82909B 和 ▯ #DADBCE，并进行填充，效果如图 2.6 所示。

图 2.6　填充后的道路

（5）按住【Shift】键，选中其中的 4 条线条，在其"属性"面板的"填充和笔触"上修改线条的颜色为"白色"，样式为"虚线"。其设置如图 2.7 所示，效果如图 2.8 所示。

图 2.7　"属性"面板的设置　　　图 2.8　马路上的白色虚线

（6）删除多余的黑色线条，马路的最终效果如图 2.9 所示。

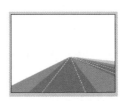

图 2.9　马路的最终效果

（7）在"马路"图层上方新建一个图层，命名为"树丛"，此时的图层关系如图 2.10 所示，在"树丛"图层上使用"线条工具" ╱ 和"铅笔工具" ✐ 中的墨水模式 墨水绘制线条，效果如图 2.11 所示。

图 2.10　图层关系　　　图 2.11　"树丛"线条效果

（8）单击"选择工具"按钮 �，然后单击"树丛"图层的第 1 帧，选中该层的所有线条；单击工具箱下方的"平滑工具"按钮 S，让线条更流畅；把颜料桶设置为 ▦ #93CF8F，填充树丛；删除线条，树丛的最终效果如图 2.12 所示。

图 2.12　树丛的最终效果

4．绘制具有透视效果的路灯

（1）在"树丛"图层上方新建一个图层，命名为"路灯"，使用"线条工具" 绘制经过"消失点"的两条黑色辅助线，效果如图 2.13 所示。

图 2.13　路灯的辅助线

（2）单击"天空"图层按钮 下方对应的小圆点，显示天空效果；在"路灯"图层上单击鼠标右键，在弹出的快捷菜单中选择"锁定其他图层"命令；单击"矩形工具"按钮 ，在"属性"面板的"填充和笔触"中，将笔触设置为无边框，填充设置为灰色，如图 2.14 所示；单击工具箱下方的"绘制对象"按钮 ，绘制一个矩形，路灯柱子的效果如图 2.15 所示。

图 2.14　填充和笔触设置　　　　图 2.15　路灯柱子的效果

（3）单击"椭圆工具"按钮 ，在"属性"面板的"填充和笔触"中，将笔触设置为无边框，填充设置为白色，绘制一个椭圆，效果如图 2.16 所示。把填充色设置为与灯柱相同的灰色，使用"画笔工具" ，通过单击工具箱下方的按钮 的小三角来选择合适的画笔大小，绘制路灯上的支架。按【Ctrl+B】组合键将支架打散，单击"选择工具"下方的按钮 S 来平滑该支架，路灯的完整效果如图 2.17 所示。

图 2.16　路灯效果　　　　图 2.17　路灯的完整效果

（4）单击"选择工具"按钮 ，按住【Shift】键选中整个路灯，按【Ctrl+G】组合键组合整个路灯。双击路灯，进入组合，按【Ctrl+B】组合键打散图形，然后单击按钮 或按

钮 ◀，回到主场景。单击"任意变形工具"按钮 ，选中路灯，调整路灯的变形中心，如图 2.18 所示。

图 2.18 调整路灯的变形中心

（5）单击"选择工具"按钮 ，在按下【Alt】键的同时用鼠标拖动整个路灯，复制一个，效果如图 2.19 所示。单击"任意变形工具"按钮 ，按住【Shift】键调整路灯的大小，使其保持等比变形，调整后的路灯效果如图 2.20 所示。

图 2.19 复制的路灯　　　　图 2.20 调整后的路灯

（6）使用同样的方法再复制 4 个路灯，并调整大小，效果如图 2.21 所示。在不同的路灯上单击鼠标右键，在弹出的快捷菜单中选择"排列"命令，调整路灯的前后顺序，其快捷菜单如图 2.22 所示。删除透视辅助线，一排路灯的效果如图 2.23 所示。

图 2.21 复制路灯　　　　　图 2.22 "排列"的快捷菜单

图 2.23 一排路灯的效果

5．绘制具有透视效果的建筑物

（1）在"马路"图层上方新建一个"建筑"图层，在该图层上使用"线条工具"绘制建筑物的 4 条透视线，这 4 条透视线的颜色和位置如图 2.24 所示。

图 2.24   建筑物的透视线

（2）使用"线条工具"绘制大楼的正面，线条为黑色，如图 2.25 所示。

图 2.25   大楼正面的线条

（3）使用"线条工具"绘制大楼的侧面，线条为黑色，并删除多余的辅助透视线，效果如图 2.26 所示。

图 2.26   大楼的线条效果

（4）使用"颜料桶工具" 填充 4 栋楼房，颜色分别为 4 条辅助透视线的颜色，大楼填充效果如图 2.27 所示。

图 2.27   大楼填充效果

（5）使用"选择工具"选中第 2 个大楼的侧面，然后单击按钮 打开"颜色"面板，调节颜色的明暗，使其颜色变暗一些，设置如图 2.28 所示。其他大楼的侧面也采用这个方法来修改。最后删除所有辅助线条和"消失点"图层，大楼的最终效果如图 2.29 所示。

图 2.28   颜色明暗的调节

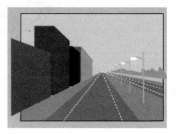

图 2.29   大楼的最终效果

6. 绘制白云

在"天空"图层上,单击"画笔工具"按钮 ,将"填充颜色"修改为"白色",在"选项区"将画笔模式设为"标准绘画"模式 ,将画笔形状设为"圆形" ,并适当调整画笔大小,在"天空"图层上用画笔画出白云效果,如图 2.30 所示。此步骤通过单击"橡皮擦工具"按钮 ,选择"标准擦除"模式,在蓝天中擦抹也可以实现相同的效果。

图 2.30 白云效果

7. 保存文件

至此,案例就制作完成了,最终效果如图 2.1 所示,按【Ctrl+S】组合键保存文件。

提 示 使用"画笔工具" 和"橡皮擦工具" 实现"都市街道"中白云的效果,虽然最终效果相同,但是,使用"画笔工具"形成的白云是白色的"填充颜色",而使用"橡皮擦工具"形成的白云是擦除了天空原来的颜色。如果把背景色改为其他颜色,就会透出背景的颜色了。

2.2.4 技术拓展

1. "线条工具"的使用

"线条工具" 擅长绘制直线形成笔触,可以通过"属性"面板来设置笔触的颜色、粗细和样式等。"线条工具"的"属性"面板如图 2.31 所示。

图 2.31 "线条工具"的"属性"面板

提 示 在使用"线条工具"绘制直线时,按住【Shift】键可以绘制水平、垂直方向上的直线,也可以绘制倾斜 45° 的直线。

2. "铅笔工具"的使用

"铅笔工具" 使用起来就像一支铅笔,可以绘制出任意形状的线条和图形。"铅笔工具"有 3 种绘图模式:"伸直""平滑""墨水",如图 2.32 所示。伸直绘图模式适合绘制规则的线条,并且绘制的线条会分段转换成直线、圆、椭圆、矩形等规则线条中最接近的一种。平滑绘图模式会自动将绘制的曲线转换为平滑的曲线。而墨水绘图模式绘制出的线条接近徒手画的线条。

图 2.32　"铅笔工具"的不同绘图模式

另外，"铅笔工具"的"属性"面板和"线条工具"的"属性"面板相似，使用方法相同。只是当选择平滑绘图模式时，才可以设置 平滑: 50 选项，其中的数值越大，绘制出的线条越平滑。

提 示　在使用"铅笔工具"的过程中按住【Shift】键，线的延伸方向将被限制在水平、垂直方向上。

3. "矩形工具"的使用

使用"矩形工具" ■ 可以绘制矩形、正方形和圆角矩形。单击"矩形工具"按钮 ■ 后，在舞台上单击并拖动鼠标，就可以绘制出一个矩形；按住【Shift】键拖动鼠标，就可以绘制出一个正方形。如果要绘制有圆角的矩形，则可以在单击"矩形工具"按钮 ■ 后，修改"属性"面板中圆角的大小，数值越大，圆角的半径越大。4 个圆角的大小在默认情况下是相同的，也可以单独设置为 4 个不同的圆角。"矩形工具"的"属性"面板如图 2.33 所示。

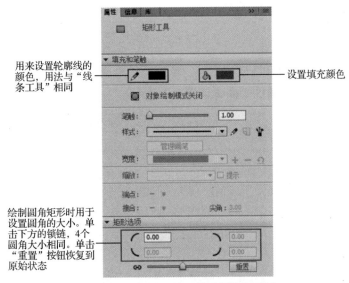

图 2.33　"矩形工具"的"属性"面板

在默认情况下，使用"矩形工具"绘制出的图形是由轮廓线和填充色组成的。在使用"矩形工具"绘制图形后，可以通过"属性"面板修改图形轮廓的粗细、颜色和图形的填充色。在绘制图形时，一定要注意在选中"对象绘制" ■ 时绘制的图形，不会干扰其他层叠元素；而在普通模式下绘制的图形，在绘制其他层叠形状时会被覆盖。

另外，在"矩形工具" ■ 的下拉菜单中有一个"基本矩形工具" ■，它的"属性"面板和"矩形工具"的"属性"面板基本相同，所不同的是，使用"基本矩形工具"绘制出的矩形可以使用"选择工具" ▶ 选中，直接调整它的圆角大小，也可以直接在"属性"面板中修改或设置其属性。

提　示　单击"属性"面板上 ✐ ■ 中的色块，然后在颜色样本中单击按钮 ⊘，可以绘制出一个无边框的矩形；也可以单击"属性"面板中的按钮 ⚬ ■，然后在颜色样本中单击按钮 ⊘，绘制出一个无填充色的矩形。

4."椭圆工具"的使用

使用"椭圆工具" ◉ 可以绘制椭圆和正圆。单击"椭圆工具"按钮 ◉ 后，在舞台上单击并拖动鼠标，即可绘制出一个椭圆；按住【Shift】键并拖动鼠标，可以绘制出一个正圆。"椭圆工具"的"属性"面板与"矩形工具"的"属性"面板用法相同。

另外，在 Animate CC 中还有一个"基本椭圆工具" ⊙，它的"属性"面板和"椭圆工具"的"属性"面板基本相同，所不同的是，使用"基本椭圆工具" ⊙ 除可以绘制椭圆外，还可以绘制扇形、空心椭圆或空心扇形。它的"属性"面板如图 2.34 所示。如果勾选"闭合路径"复选框，则在绘制扇形时不会有填充色。

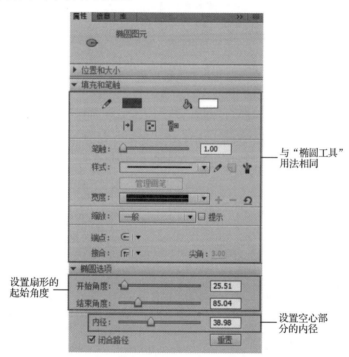

图 2.34　"基本椭圆工具"的"属性"面板

提　示　在使用"基本椭圆工具" ⊙ 绘制扇形时，需要输入起始角度，其范围为 0°～360°，沿顺时针方向旋转。

5."画笔工具"的使用

使用"画笔工具" ✏ 可以绘制任意形状、大小和颜色的填充区域。

在单击"画笔工具"按钮 ✏ 后，可在其"属性"面板中修改图形的平滑度，平滑度的值越大，绘制出的图形越光滑；在"画笔工具"的"属性"面板中还可以修改其颜色（需要注意的是，使用"画笔工具"绘制的图形没有轮廓线的填充区域），如图 2.35 所示。

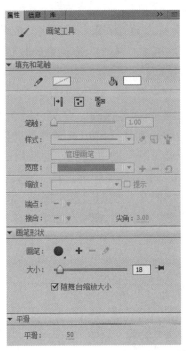

图 2.35 "画笔工具"的"属性"面板

在"选项区"中可以修改画笔的大小和形状，如图 2.36 所示。单击"选项区"中的按钮，会看到"画笔工具"的 5 种绘画模式，如图 2.37 所示。

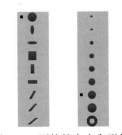

图 2.36 画笔的大小和形状

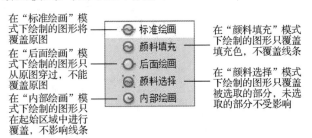

在"标准绘画"模式下绘制的图形将覆盖原图

在"后面绘画"模式下绘制的图形只从原图穿过，不能覆盖原图

在"内部绘画"模式下绘制的图形只在起始区域中进行覆盖，不影响线条

在"颜料填充"模式下绘制的图形只覆盖填充色，不覆盖线条

在"颜料选择"模式下绘制的图形只覆盖被选取的部分，未选取的部分不受影响

图 2.37 "画笔工具"的 5 种绘画模式

6."橡皮擦工具"的使用

"橡皮擦工具"用于擦除不需要的部分。通过设置，可以决定是擦除矢量图形的线条还是填充部分，或两部分都擦除。

在"橡皮擦工具"的"选项区"中可以设置橡皮擦的形状和大小，如图 2.38 所示。另外，"橡皮擦工具"像"画笔工具"一样，有 5 种擦除模式，如图 2.39 所示。

图 2.38 橡皮擦的形状和大小

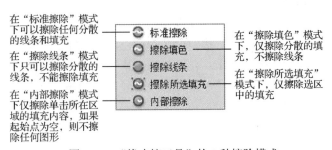

在"标准擦除"模式下可以擦除任何分散的线条和填充

在"擦除线条"模式下只可以擦除分散的线条，不能擦除填充

在"内部擦除"模式下仅擦除单击所在区域的填充内容，如果起始点为空，则不擦除任何图形

在"擦除填色"模式下，仅擦除分散的填充，不擦除线条

在"擦除所选填充"模式下，仅擦除选区中的填充

图 2.39 "橡皮擦工具"的 5 种擦除模式

提 示 单击"橡皮擦工具"按钮后，再单击"选项区"的"水龙头"按钮，可以擦除不需要的填充或边线内容。另外，双击"橡皮擦工具"按钮，可以一次性擦除该图层这一帧上的所有对象。

7. 图形的平滑、伸直和优化

在本案例中，在用"铅笔工具"绘制"树丛"、使用"画笔工具"绘制"路灯支架"后，都使用了"平滑"功能，使树丛和路灯支架的轮廓看起来更加逼真和美观。在 Animate CC 中还有一些辅助功能，不但可以使图形美观，还可以减少线段的数量，缩小 Animate CC 文件的尺寸，以方便使用"选择工具"来调整线条。平滑、伸直和优化的功能使用方法如下。

（1）平滑。先使用"选择工具"选中图形，然后单击"选项区"中的"平滑"按钮，多单击几次，可增加平滑效果，但是单击次数过多图形就会变形。平滑功能可使图形线条变柔和，减少整体的线段数，还可以减少整体上的一些突起。

（2）伸直。与平滑功能的使用方法相同，即选中图形后，单击"伸直"按钮即可。伸直功能就是将绘制好的线条和曲线变成直线，减少图形中的线段数。图 2.40 所示是以小草为例，伸直前后的对比效果。

（a）　　　　　　　（b）

图 2.40 "小草"伸直前后的对比效果

（3）优化。在 Animate CC 中还存在一项优化功能，可以使曲线变得更加平滑。与平滑功能有所不同的是，优化功能是通过减少图形线条和填充边线的数量来实现的，从而可以更有效地缩小 Animate CC 文件的尺寸。执行"修改"→"形状"→"优化"菜单命令可以打开"优化曲线"对话框，如图 2.41 所示。

图 2.41 "优化曲线"对话框

提 示 在对图形进行优化后，虽然画面效果的变化不明显，但图形的线条数却减少了很多，使 Animate CC 文件的尺寸变化比较明显。

8. 透视

在 Animate CC 中安排场景的人物、道具、背景时，常常需要使用"透视"原理。简单地说，"透视"是指按照近大远小的原理安排图形，如图 2.42 所示。

图 2.42 带有透视的图形

"透视"一词源于"看透"，最初研究透视采用的是通过一块透明的平面板去看景物的方法，将景物精确地画在这块平面板上，即形成该景物的透视图。后遂将在平面上根据一定原理，用线条来显示物体的位置空间、轮廓和投影的科学称为透视学，其示意图如图 2.43 所示。

一点透视法是指在画面上透视线汇集于一点，就像伸向远方的铁轨那样，而这一点又叫消失点。采用一点透视法描述的不同视角透视效果如图 2.44 所示。

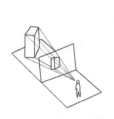
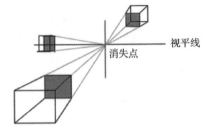

图 2.43　透视示意图　　　　图 2.44　采用一点透视法描述的不同视角透视效果

视平线是指与画者眼睛平行的水平线。视平线决定被画物的透视斜度，当被画物高于视平线时，透视线向下斜；当被画物低于视平线时，透视线向上斜。图 2.45 反映了透视线、消失点和视平线的关系。

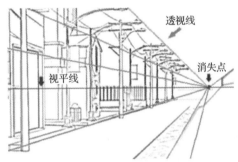

图 2.45　透视线、消失点和视平线的关系

2.3　导入案例：春天来了

春天来了 1　　　　春天来了 2

2.3.1　案例效果

本节讲述"春天来了"案例。动画要表现春天来了，小草发芽，树木吐新绿，小鸟在枝头歌唱的效果，如图 2.46 所示。

图 2.46　"春天来了"效果

2.3.2　重点与难点

"选择工具""钢笔工具""多角星形工具""任意变形工具""颜料桶工具""渐变变形工具"的使用，元件的建立和编辑，实例的编辑，图层的基本操作。

2.3.3 操作步骤

1. 设置文档属性

启动 Animate CC，新建一个文档，命名为"春天来了"，并保存。

2. 绘制树干

（1）使用"铅笔工具" ✏ 来绘制大树的轮廓线，注意将绘图模式设置为"平滑" 𝕊 。在绘制过程中要借助"选择工具" ▶ 来调整线条的形状。绘制完成后，选中树干上的纹路，并把"属性"面板 笔触: ———————— 0.25 中"钢笔工具"的"笔触粗细"修改为"0.25"，大树的轮廓效果如图 2.47 所示。为了便于填充，注意使各线条首尾相连。

图 2.47 大树的轮廓

（2）单击"颜料桶工具"按钮 填充大树，在"颜色"面板中单击"填充颜色"按钮 ，在"类型"下拉列表框中选择"线性渐变"选项，左端"色标"颜色为"#E7D0CB"，右端"色标"颜色为"#B05146"，如图 2.48 所示，填充后的效果如图 2.49 所示。单击"渐变变形工具"按钮 ，调整渐变的方向，如图 2.50 所示。

图 2.48 大树填充"颜色"面板的设置 　图 2.49 填充后的效果 　图 2.50 调整渐变的方向

（3）选中整棵大树，按【F8】键或执行"修改"→"转换为元件"菜单命令，打开"转换为元件"对话框，如图 2.51 所示，将大树转换为元件，并删除舞台上的大树。打开"库"面板，可以看到"库"中存在一个"大树"图形元件。

图 2.51 "转换为元件"对话框

3. 绘制与调整树叶

（1）单击工具箱中的"钢笔工具"按钮 ，然后修改工具箱中的"笔触颜色" 为"深绿色（#009800）"，"填充颜色" 为"浅绿色（#00CC00）"，为了便于填充颜色，还要取消选中"对象绘制"按钮 ，并将"钢笔工具"的"笔触粗细"修改为"2"。

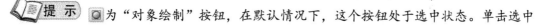

提示 为"对象绘制"按钮，在默认情况下，这个按钮处于选中状态。单击选中

"对象绘制"按钮 后，绘制出的图形是一个整体对象，方便用户对图形进行选择、移动和变形等操作；但在此种状态下，用户不能为使用线条工具绘制的封闭区域填充颜色。

（2）在舞台的合适位置单击创建第 1 个锚点，在第 1 个锚点的正下方单击并向右水平拖动创建第 2 个锚点，绘制出一条曲线，如图 2.52 所示。在第 1 个锚点上单击，封闭图形，如图 2.53 所示。单击"颜料桶工具"按钮 ，填充封闭区域，如图 2.54 所示。单击"线条工具"按钮 ，并单击"紧贴至对象"按钮 ，在树叶的上部和底部之间绘制一条直线作为树叶的主叶脉，如图 2.55 所示。单击"选择工具"按钮 ，将鼠标指针放在直线上，当鼠标指针变成 形状时，按住鼠标左键并微微拖动，使直线变成曲线，如图 2.56 所示。单击"线条工具"按钮 ，设置"笔触粗细"为"1"，绘制出叶片的全部叶纹，如图 2.57 所示。

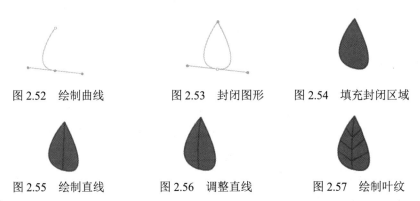

图 2.52　绘制曲线　　　　图 2.53　封闭图形　　　图 2.54　填充封闭区域

图 2.55　绘制直线　　　　图 2.56　调整直线　　　　图 2.57　绘制叶纹

提示　 为"紧贴至对象"按钮，在默认情况下，这个按钮处于选中状态。单击选中"紧贴至对象"按钮 后，绘制的图形会自动紧贴原有图形并对齐。

（3）单击"选择工具"按钮 ，拉出一个矩形框，选中整个叶片。按住【Alt】键，拖动叶片。每次拖动都可复制出一片树叶，共复制 6 片。单击"任意变形工具"按钮 ，选中其中的一片树叶，如图 2.58 所示。调整 6 片树叶的大小及位置，效果如图 2.59 所示。单击"线条工具"按钮 ，设置"笔触粗细"为"1.5"，"笔触颜色"为"棕色（#663300）"，绘制每片树叶的叶柄。单击"铅笔工具"按钮 ，选择"平滑" ，修改"笔触粗细"为"3"，绘制树叶的枝，效果如图 2.60 所示。

图 2.58　选中树叶　　　图 2.59　调整大小与位置后的效果　　　图 2.60　绘制叶柄和枝

（4）选中整个树叶，按【F8】键或执行"修改"→"转换为元件"菜单命令，打开"转换为元件"对话框，将树叶转换为图形元件，并删除舞台上的树叶。打开"库"面板，可以看到"库"中存在一个"树叶"图形元件。

4．绘制小草

（1）执行"插入"→"新建元件"菜单命令，打开"创建新元件"对话框，设置新元件的名称为"小草"，类型为"图形"，如图 2.61 所示。单击"画笔工具"按钮 来绘制小草，在绘制前适当调整画笔大小，设置画笔颜色为"浅绿色#1A7502"，绘制完成后的初始状态如图 2.62 所示。

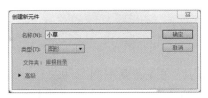

图 2.61　创建"小草"元件

（2）使用"选择工具" ![] 选中小草，然后多次单击工具箱中"选项区"的"平滑"按钮![S]，直到达到理想效果为止，如图 2.63 所示。

图 2.62　"小草"初始状态

图 2.63　平滑后的"小草"

5．绘制小鸟

（1）执行"插入"→"新建元件"菜单命令，打开"创建新元件"对话框，设置新元件的名称为"小鸟"，类型为"图形"。使用"椭圆工具" ![] 绘制小鸟的头部，使用"铅笔工具" ![] 的"平滑" ![S] 绘制小鸟的身体，使用"画笔工具" ![] 绘制小鸟的眼睛，使用"选择工具" ![] 调整线条的形状，小鸟的轮廓线如图 2.64 所示。

（2）使用"颜料桶工具"填充小鸟，如图 2.65 所示，最后删除多余的线条。

图 2.64　小鸟的轮廓线

图 2.65　填充后的小鸟效果

6．整合图形

（1）使用"矩形工具" ![] 绘制一个矩形，大概在舞台底端向上的 1/4 处。设置矩形的"笔触颜色"为"无"，"填充颜色"为"绿色（#50FD24）"，然后使用"选择工具" ![] 并按住【Ctrl】键来调整线条的形状，效果如图 2.66 所示。

（2）单击并拖动"库"中的"大树"元件，放在舞台合适的位置。

（3）多次单击并拖动"库"中的"树叶"元件，舞台上就会有多个"树叶"元件。然后使用"任意变形工具" ![] 调整各个树叶的大小和旋转角度，效果如图 2.67 所示。

图 2.66　草地的效果

图 2.67　调整树叶后的效果

（4）单击并拖动"库"中的"小草"元件，放到合适的位置，然后使用"任意变形工具" ![] 调整小草的大小；多次单击并拖动"库"中的"小鸟"元件，放在树枝的合适位置并调整大小，最终效果如图 2.46 所示。保存文档。

2.3.4 技术拓展

1. “选择工具”的使用

在 Animate CC 中，“选择工具” 是最常用的工具之一。使用该工具不仅可以选择、移动、复制舞台上的对象，还可以调整图形的形状，进入或退出整体对象内部进行操作。

（1）选择舞台上的对象。在对舞台上的对象进行移动、复制、对齐、属性设置等操作前，都要先选中对象。使用“选择工具”可以方便地选择舞台上的对象作为整体的对象，如绘制对象、群组、文本和元件实例等，也可以选择分散的矢量图形，如线条、部分图形或整个图形。单击工具箱中的“选择工具”按钮 ，再单击对象即可选中该对象，具体操作方法如下。

① 选取线条。单击矢量图形的线条，可以选取某线条，如图 2.68（a）所示；双击线条，可以选择连接着的所有属性相同的线条，如图 2.68（b）所示。

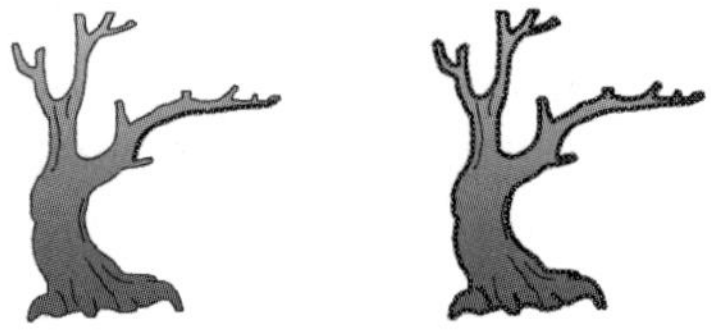

（a）　　（b）

图 2.68　选取线条

② 选取填充。在矢量图形的填充区中单击可选中某个填充，如图 2.69（a）所示；如果图形是一个有边线的填充图形，要同时选中填充区和边线，则在填充区的任意位置双击即可，如图 2.69（b）所示。

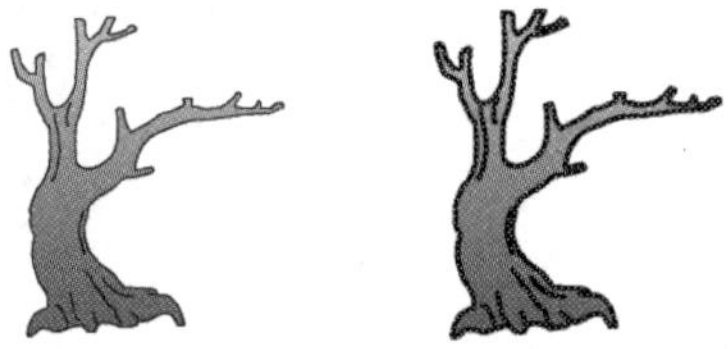

（a）　　（b）

图 2.69　选取填充

③ 拖动选取。在需要选择的对象上拖出一个区域，则被该区域覆盖的所有对象（矢量图形的一部分）都被选中，如图 2.70 所示。

④ 选取整体对象。要选取群组、文本和元件实例等整体对象，只需在对象上单击，被选对象的周围就会出现一个方框，如图 2.71 所示。

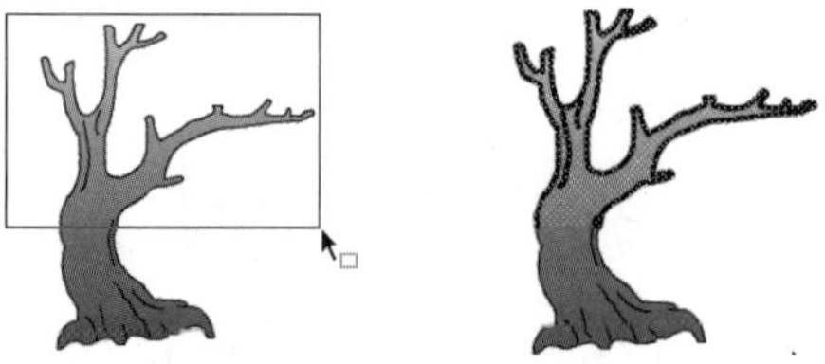

图 2.70　拖动选取

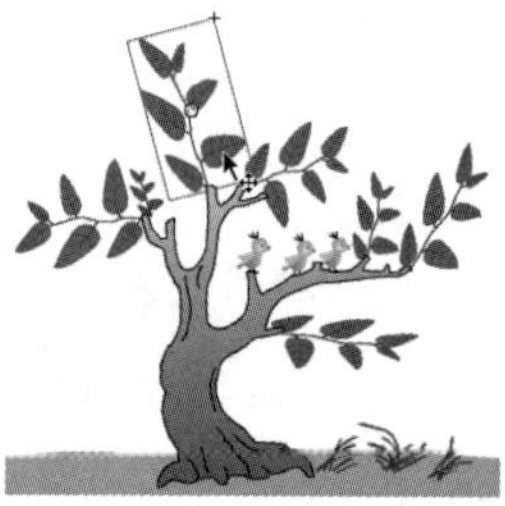

图 2.71　选取整体对象

⑤ 选取多个对象。按住【Shift】键依次单击对象，可以选中多个对象，或者采用拖动选取的方式。按【Ctrl+A】组合键可以选中舞台上的所有对象。

（2）移动和复制对象。在制作动画时，需要经常移动和复制舞台上的对象。在移动对象时，可先单击"选择工具"按钮 🖝，然后再单击并拖动即可。如果同时按住【Shift】键，则可以沿水平、垂直或者 45°方向有规则地移动。选中舞台上的对象后按【Alt】键拖动对象，可以复制对象，多次拖动可以多次复制。

提　示　按【Ctrl+C】组合键可以快速复制对象；按【Ctrl+X】组合键可以剪切对象；按【Ctrl+V】组合键可以粘贴对象到舞台中心；按【Ctrl+Shift+V】组合键可以粘贴对象到当前位置。

（3）进入或退出整体对象内部进行操作。元件实例、群组、绘制对象和文本都是一个整体时，若需要修改其中的部分图形，就要进入其内部。通常使用"选择工具"双击这些对象。要想退出，则双击对象以外的区域即可。

2．"钢笔工具"的使用

使用"钢笔工具" 🖋 可以通过绘制精确的路径来定义直线和平滑的曲线，这些路径定义了直线或曲线的可调节线段。在使用"钢笔工具"绘制直线和曲线时要创建锚点，锚点决定了线条的长度和方向，可以通过调节锚点来修改和编辑直线与曲线。

1）绘制直线

简单地移动鼠标并连续单击就可以用"钢笔工具"绘制出一系列直线段，如绘制一个三角形的过程如图 2.72 所示。单击"钢笔工具"按钮 🖋，在舞台上单击就可以绘制出一个个锚点，当鼠标指针变成 🖋。形状时再单击，就可以形成封闭图形。要结束线条的绘制，可单击工具箱中除"钢笔工具"按钮 🖋 之外的任何工具按钮，这时线条的真正颜色和样式就会显示出来。

图 2.72　绘制一个三角形的过程

另外，可以通过"属性"面板设置"钢笔工具"的属性，如图 2.73 所示，然后绘制所需的直线或曲线；也可以在绘制后选中线条，修改其属性。

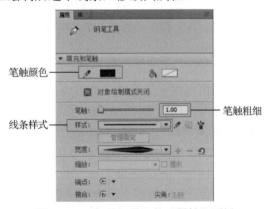

图 2.73　"钢笔工具"的"属性"面板

2）绘制曲线

单击和拖动都可以绘制出曲线，拖动的长度和方向决定了曲线的形状和宽度。使用"钢笔工具" 🖋 绘制曲线有着明显的优势。例如，图 2.52 中绘制第 2 个锚点时，单击并拖动，就出现了一个调节杆，继续按住鼠标左键可以向任意方向拖动调节杆，直到得到满意的曲线为止。

3）"钢笔工具"的下拉菜单

单击"钢笔工具"按钮 🖋 的小箭头，打开一个下拉菜单，如图 2.74 所示，分别为"添加锚点工具""删除锚点工具""转换锚点工具"。选中"添加锚点工具"选项，将鼠标指针移动到没有锚点的位置单击，可添加锚点。选中"删除锚点工具"选项，将鼠标指针移动到锚点处单击，可删除锚点。选中"转换锚点工具"选项，单击并拖动锚点，可改变曲率。

图 2.74   "钢笔工具"的下拉菜单

提 示   在使用"钢笔工具" ♪ 绘制图形的过程中，鼠标指针也会出现 3 种不同的样式：♪ᵪ表示可以创建一个锚点；♪ₐ表示可将原来弧线的锚点变为直线的连接点；♪。表示可以形成一个封闭的图形。

3. "多角星形工具"的使用

使用"多角星形工具" ⬡ 可以绘制多边形和星形。图 2.75 所示是"多角星形工具"的"属性"面板。单击"选项"按钮，打开"工具设置"对话框，如图 2.76 和图 2.77 所示，可以进一步设置绘制的多边形或星形的具体属性。在绘制星形时，星形顶点的值越大，绘制出的星形顶角就越大；反之越小。

图 2.75 "多角星形工具"的"属性"面板   图 2.76 设置多边形的具体属性   图 2.77 设置星形的具体属性

提 示   灵活使用"矩形工具" ▣ 、"椭圆工具" ⬭ 和"多角星形工具" ⬡ ，可以绘制出各种各样的图形效果。

4. "任意变形工具"的使用

使用"任意变形工具" ▦ 不仅可以对矢量图形进行缩放、旋转、倾斜操作，还可以对元件实例、群组、文本和位图等执行这些操作。这样，通过对不同帧上的实例进行修改，就可以简单地制作出运动补间动画了。下面以"树叶"元件的实例来介绍"任意变形工具"的这些功能。

（1）调整对象的变形中心。在对象进行变形之前，需要使用"任意变形工具" ▦ 选中对象，有时还需要调整其变形中心点。当使用"任意变形工具" ▦ 选中要变形的对象后，就会在对象的周围产生 8 个变形控制柄、1 个变形控制框和 1 个变形中心，如图 2.78 所示。在缩放、旋转和倾斜对象时，都是以变形中心为中心进行操作的，单击并拖动变形中心就可以改变其位置。图 2.79 为改变变形中心后的对象。图 2.80 为以新的变形中心为中心旋转对象后的效果。

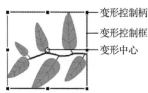

图 2.78   变形控制术语   图 2.79   改变变形中心后的对象   图 2.80   旋转对象后的效果

（2）缩放对象。选中要变形的对象，将鼠标指针放在变形控制框的 8 个变形控制柄上。当鼠标指针出现↔、↕和↗形状时，沿箭头方向拖动就可以放大或缩小对象。如果希望进行等比例缩放，则可按住【Shift】键并拖动变形控制柄。缩放对象的效果如图 2.81 所示。

图 2.81　缩放对象的效果

（3）倾斜对象。选中要变形的对象，将鼠标指针放在变形控制框上，当鼠标指针出现⇌或‖形状时，可沿箭头方向水平或垂直倾斜对象。倾斜对象的效果如图 2.82 所示。

图 2.82　倾斜对象的效果

（4）旋转对象。选中要变形的对象，将鼠标指针放在变形控制框的 4 个角点上，当鼠标指针出现↻形状时，单击并旋转可以变形中心为中心来旋转对象。按住【Shift】键并拖动，可以45°角为增量进行旋转。旋转对象的效果如图 2.83 所示。

图 2.83　旋转对象的效果

（5）扭曲图形。当使用以"任意变形工具" 选中的图形为矢量图形、打散的文字或位图时，"选项区"就会出现 1 个"扭曲"按钮。选中打散后的图形，单击该按钮，当鼠标指针变成形状时，可以把图形向任何方向拉伸，扭曲图形的效果如图 2.84 所示。

图 2.84　扭曲图形的效果

提示　当按住【Shift】键来扭曲图形时，可以进行对称扭曲，如图 2.84 所示的第三张图就是通过把鼠标指针放在右上方的变形控制柄上单击并向下拖动实现的。

（6）封套对象。当使用"任意变形工具" 选中的图形为矢量图形、打散的文字或位图时，"选项区"还会出现 1 个"封套"按钮，该按钮可以对图形进行细微的调整。当选中图形并单击"封套"按钮时，图形周围就会出现 1 个封套控制框、8 个控制柄（方形）和 16 个切线手柄（小圆点）。把鼠标指针放在控制柄上，当鼠标指针变成形状时，单击并拖动，可以改变封套的形状；把鼠标指针放在切线手柄上，单击并拖动，可以对图形进行微调。利用封套功能可实现很多特殊的效果。图 2.85 就是对封套功能的应用。

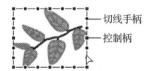

切线手柄
控制柄

图 2.85　对封套功能的应用

提　示　执行"修改"→"变形"→"封套"菜单命令也可以实现封套功能。注意，封套功能是对图形整体的调整。如果只是细微的调整，那么使用"选择工具"的效果会更好一些。

5．"颜料桶工具"的使用

在使用各种线条绘制工具和几何图形绘制工具绘制物体轮廓后，一般使用"颜料桶工具" 来填充颜色。使用"颜料桶工具"可以进行纯色填充、渐变色填充和位图填充。

（1）纯色填充。如果要对某个区域进行纯色填充，则可以首先单击"颜料桶工具"按钮 ，然后单击工具箱中的"填充颜色"按钮 或"颜料桶工具"的"属性"面板中的按钮 ，弹出"样本"面板，其介绍如图 2.86 所示；或者从选项卡中选择"样本"面板，设置所需的颜色，"样本"面板如图 2.87 所示；或者通过"颜色"面板来设置填充的精准颜色值，"颜色"面板如图 2.88 所示。在使用"颜色"面板来设置填充的纯色时，有 4 种方法：①直接选色，即先选择色块，再选择明暗度来设置颜色；②通过输入 HSB 值来选择具体颜色；③通过输入 RGB 值及透明度来选择具体颜色；④通过输入十六进制数来选择颜色。

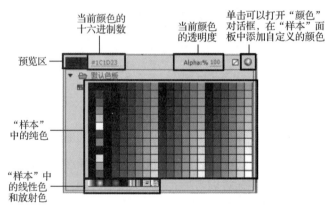

当前颜色的十六进制数
当前颜色的透明度
单击可以打开"颜色"对话框，在"样本"面板中添加自定义的颜色
预览区
"样本"中的纯色
"样本"中的线性色和放射色

图 2.86　"样本"面板介绍

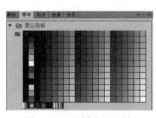

图 2.87　"样本"面板

②HSB值设置
①直接选色
④十六进制数设置
③RGB值设置

图 2.88　"颜色"面板

在单击"颜料桶工具"按钮 后，"选项区"会出现两个按钮： 和 。单击第 1 个按钮弹出下拉列表框，如图 2.89 所示。第 2 个按钮在填充渐变色和位图时使用。

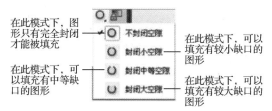

图 2.89　"颜料桶工具"的 4 种填充模式

（2）渐变色填充。渐变色填充又可分为线性渐变填充和放射状渐变（径向渐变）填充两种，如图 2.90 所示。渐变色填充和纯色填充的主要区别在于，在渐变色填充过程中需要对多个色标进行双击设置其颜色。若要增加色标，则直接单击预览区的相应位置；若要删除某个色标，则直接拖动该色标远离预览区。图 2.91 展示了五色径向渐变的参数设置和填充效果。

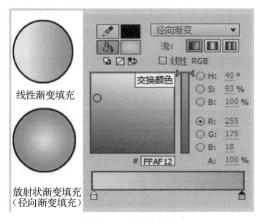

图 2.90　渐变色填充

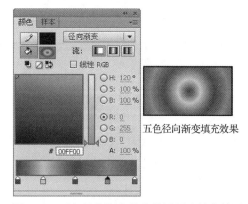

五色径向渐变填充效果

图 2.91　五色径向渐变的参数设置和填充效果

提　示　在填充渐变色或位图时，单击"锁定填充"按钮，则渐变色或位图将会以舞台的大小为基准进行填充；否则将以填充区的大小为基准进行填充。在通常情况下，不单击选中该按钮。

（3）位图填充。对于 Animate CC 中的矢量图形，都可以用位图进行填充，具体操作如下。

① 绘制一个心形图，如图 2.92 所示。

② 单击"颜色"面板中的下拉列表框 位图填充 ，选中"位图填充"（见图 2.93）。打开"导入到库"对话框，如图 2.94 所示，选中要导入的位图，单击"打开"按钮。导入后的"颜色"面板如图 2.93 所示。

③ 单击"颜料桶工具"按钮，然后填充心形区域，位图填充效果如图 2.95 所示。

图 2.92　心形图　　　　图 2.93　"颜色"面板设置

6．"渐变变形工具"的使用

"渐变变形工具"用来调整渐变色填充和位图填充的效果，如渐变色的范围、方向和角度等。在对本案例中大树的线性渐变色进行调整的过程中，单击"渐变变形工具"按钮后，单击线性渐变区域，大树的外侧将会出现如图 2.96 所示的渐变中心点、渐变方向控制柄和渐变范围控制柄。图 2.97 所示为单击放射状渐变区域产生的渐变中心点和一些控制柄。图 2.98 所示为修改中心点、渐变方向控制柄和渐变范围控制柄的不同效果。图 2.99 所示为位图填充区域的渐变中心点和控制柄。

图 2.94　"导入到库"对话框　　　　图 2.95　位图填充效果

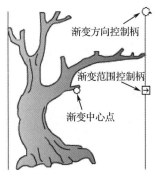

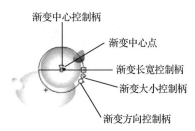

图 2.96　线性渐变填充的渐变中心点和控制柄　　　图 2.97　放射状渐变填充的渐变中心点和控制柄

图 2.98　修改线性渐变填充中心点和控制柄的不同效果

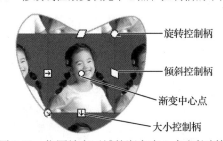

图 2.99　位图填充区域的渐变中心点和控制柄

7．元件的建立和编辑

在 Animate CC 中经常用到的 3 类元件有图形元件、影片剪辑元件和按钮元件。它们一旦建立就会存储在"库"中，可以多次使用。当把某个元件从"库"中拖到舞台上时，它就是该元件的一个实例，当修改元件后，该元件对应的所有实例也都会随之更改。元件的这个特点使得对图形的绘制或编辑工作变得简单而轻松：一是可以重复使用"库"中已存在的元件；二是想改变实例的效果不用逐个修改，只要修改"库"中的元件即可；三是同一个元件的实例还可以通过"属性"面板来修改它的"位置""颜色""透明度"等，使每个实例都有所不同；四是舞台上每个元件的实例都是一个整体，图形之间不会相互影响。

（1）元件的建立。在本案例中使用了两种建立元件的方法。第一种方法是先在舞台上绘制图形，然后使用"选择工具" 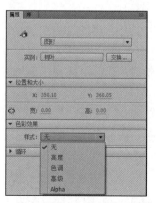 选中图形（如"大树"和"树叶"），按【F8】键或执行"修改"→"转换为元件"菜单命令，打开"转换为元件"对话框，输入元件的名称和类型。用这种方法建立元件后，不仅在"库"中有元件，在舞台上也会有它的实例。如果暂时不使用其实例，则可删除舞台上的实例。第二种方法是执行"插入"→"新建元件"菜单命令，打开"创建新元件"对话框，命名新元件的名称和类型（如"小草"和"小鸟"），这样就进入元件的编辑环境中，可以在此环境中绘制所需的图形。这时回到主场景，在舞台上并没有该元件的实例。

（2）编辑和修改元件。对元件进行编辑和修改不仅可以在当前窗口中进行，也可以在独立的窗口中进行。如果要在当前窗口中编辑某个元件，则可以使用"选择工具"直接在舞台上双击要修改的实例，进入元件编辑环境；或者在选中实例之后，执行"编辑"→"在当前位置编辑"菜单命令；或者用鼠标右击元件实例，在弹出的快捷菜单中选择"在当前位置编辑"命令。这时，舞台上的对象除被编辑的元件外，其他均以灰白色显示，表示不可编辑。要想退出编辑，可使用"选择工具"双击元件以外的其他区域，或者按【Ctrl+E】组合键。如果想在独立的窗口中修改元件，则可单击"工作区"右侧的"编辑元件"按钮，从弹出的下拉列表框中选择要编辑的元件；或者双击"库"面板中元件名称对应的图标（如"大树"左侧的图标）；或者在选中某个实例后执行"编辑"→"编辑元件"菜单命令。无论采用哪种编辑和修改元件的方法，修改完成后要想回到主场景，只需单击"工作区"左侧的按钮或场景 1，或者按【Ctrl+E】组合键即可。

8．实例的编辑

对实例位置和大小的修改是比较简单的，可以先把实例拖到不同位置，再使用"任意变形工具"就可以修改它的位置和大小了。而实例的"颜色""透明度"等则是通过实例的"属性"面板来修改的。例如，当选中舞台上的某个"树叶"实例之后，打开"属性"面板，就会看到如图 2.100 所示的内容。打开"样式"下拉列表框，可以修改实例的"亮度""色调""Alpha"等属性。具体使用方法将在后面的案例中介绍。

图 2.100　某个"树叶"实例的"属性"面板

9．对图层的基本操作

关于图层的概念，学过 Photoshop 的读者都不会陌生。形象地说，图层就像叠放在一起的透明胶片，如果图层上没有任何对象，就可以透过它直接看到下一层的对象。所以，可以根据需要，在不同的图层上编辑动画而互不影响，并在放映时得到合成的效果。使用图层并不会增加动画文件的大小，相反，它可以更好地安排和组织图形、文字及动画。图层是 Animate CC 中最重要的内容之一。

1）图层的种类

（1）普通图层。普通图层是常用的图层，新建一个 Animate CC 文档后，在默认状态下就会建立一个普通图层，其图标为 。

（2）引导图层。引导图层用来引导其下一层上对象的运动路径，其图标为 。

（3）遮罩图层。遮罩图层用于遮罩被遮罩图层上的对象，遮罩图层的图标为 ，被遮罩图层的图标为 。

2）图层的建立

新建一个 Animate CC 文档就会默认一个普通图层的存在。如果还想创建新的图层，则可以单击"时间轴"面板上"图层区"左下角的"插入图层"按钮 ；或者执行"插入"→"时间轴"→"图层"菜单命令；或者在"图层区"中单击鼠标右键，在弹出的快捷菜单中选择"插入图层"命令。新建的图层位于当前被选择的图层之上。

提示 如果想新建一个引导图层，则在"图层区"单击鼠标右键，在弹出的快捷菜单中选择"添加传统运动引导层"命令。

3）选择图层

单击"时间轴"面板上的某个图层名称或图层上的某一帧可以选中单个图层。当单击图层名称时，会同时选中该图层上的所有帧；按住【Shift】键单击图层名称，可以选中相邻的若干个图层，如图 2.101 所示；按住【Ctrl】键单击不连续的图层，可以选中不相邻的若干个图层，如图 2.102 所示。在对某个图层上的对象进行编辑前，要先设置该图层为当前层，当前层的标志为 。

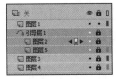 

图 2.101　选中相邻的若干个图层　　　图 2.102　选中不相邻的若干个图层

4）删除图层

删除图层可以采用 3 种方法：在选中要删除的图层后，单击"时间轴"面板上"图层区"左下角的"删除图层"按钮 ；单击并拖动要删除的图层到"删除图层"按钮 上；在要删除的图层上单击鼠标右键，在弹出的快捷菜单中选择"删除图层"命令。

5）命名图层

新建的图层会自动命名为"图层 1""图层 2"……为了使用户或其他人了解图层的结构，一般把图层的名称修改为图层上的对象名称。只要双击图层名称就可以对图层的名称进行重新命名了。

6）复制图层和移动图层

在制作 Animate CC 动画的过程中，对于内容近似的图层，可以通过复制的方法简化操作。例如，"图层 1"和"图层 2"中放置的是同一个元件，只是元件的位置相差一定的角度，这时，除可以采用操作步骤中叙述的方法外，还可以先选中制作好的"图层 1"，执行"编辑"→"时间轴"→"复制帧"菜单命令（或者在"图层 1"上单击鼠标右键，在弹出的快捷菜单中选择"复制帧"命令），复制"图层 1"上的所有帧，然后单击"图层 2"的第 1 帧，执行"编辑"→"时间轴"→"粘贴帧"菜单命令（或者在"图层 2"的第 1 帧处单击鼠标右键，在弹出的快捷菜单中选择"粘贴帧"命令），这样，"图层 1"上的内容就被完全复制到了"图层 2"上，这时可以对"图层 2"上的对象进行其他编辑了。

图层之间是有上下顺序的，位于上面图层的内容会遮住位于下面图层的内容，所以必要时可对图层的顺序进行调整。此时，只要单击要变换位置的图层并拖动到相应的位置即可。

7）隐藏图层、显示图层和锁定图层

在"时间轴"面板上"图层区"的右上方有 3 个按钮👁🔒⃣。其中，按钮👁可以控制该层是否被显示，默认状态为正常显示，在图层的对应位置用图标 • 表示，如果单击这个图标，则会出现图标✕，同时该层对象被隐藏，隐藏的图层不能被编辑。按钮🔒用来控制是否锁住该层，被锁住的层可以正常显示，但不能被编辑，这样，在编辑其他层时，可以利用这一层作为参考，而不会误改了这一层的内容。按钮⃣可以控制是否将该层以轮廓线方式显示。这几个功能可以同时使用。

8）设置或修改图层属性

图层的名称、类型、高度等属性可以通过在图层上单击鼠标右键，打开"图层属性"对话框来设置或修改。"图层属性"对话框如图 2.103 所示。

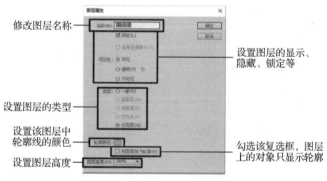

修改图层名称

设置图层的显示、隐藏、锁定等

设置图层的类型

设置该图层中轮廓线的颜色

设置图层高度

勾选该复选框，图层上的对象只显示轮廓

图 2.103 "图层属性"对话框

📖提示 当图层比较多时，为了便于管理，可以把性质类似的图层放到一个图层文件夹中。图层文件夹的建立和移动方法与普通图层的建立和移动方法类似，这里不再叙述。另外，在图层上单击鼠标右键，打开快捷菜单可以进行很多便捷的操作，读者可以在制作过程中仔细体会。

2.4 导入案例：特效文字

2.4.1 案例效果

特效文字 1   特效文字 2

本节讲述"特效文字"案例。在本案例中，"a"字上的小火焰在不停地闪动，"i"字上的小圆圈在不停地旋转，效果如图 2.104 所示。

图 2.104 "Happy Birthday 特效文字"效果

2.4.2 重点与难点

导入位图的方法，"套索工具"的使用和选项的设置，将位图转换为矢量图的方法，"文本工具"的使用，"墨水瓶工具"的使用技巧。

2.4.3 操作步骤

1. 制作背景

（1）启动 Animate CC 后，新建一个文档，设置文档大小为 500 像素×400 像素，背景颜色为白色。

（2）执行"文件"→"保存"菜单命令，将新文档保存，命名为"特效文字"。

（3）单击工具箱中的"矩形工具"按钮 ，将选项中的"笔触颜色" 设置为无，"填充颜色" 设置为"线性渐变"。执行"窗口"→"颜色"菜单命令，打开"颜色"面板，设置为"黄色（#FFFF66）"到"绿色（#66CC66）"的渐变，如图 2.105 所示。

（4）在场景中绘制一个和舞台大小相同的矩形。舞台默认显示比例为"100%"，可以从显示比例下拉列表框中选择"50%"选项，如图 2.106 所示，将舞台比例缩小，从而更便于绘制与舞台大小相同的矩形。

图 2.105　渐变设置

图 2.106　显示比例设置

（5）在选择"渐变变形工具"后，单击舞台上的矩形，调整填充的范围和方向，将背景变成自下而上的黄绿色渐变，并且使渐变范围和矩形范围相同。

（6）新建一个"图层 2"，单击"图层 2"的第 1 帧，选中"选择工具" 后，执行"文件"→"导入"→"导入到舞台"菜单命令，导入本案例对应的素材文件夹中的"花与蝴蝶.jpg"文件，单击"打开"按钮后，图片就被添加到舞台中了。

（7）执行"修改"→"位图"→"转换位图为矢量图"菜单命令，打开"转换位图为矢量图"对话框，将"颜色阈值"设置为"50"，将"最小区域"设置为"8"像素，如图 2.107 所示。使用"选择工具" 和【Shift】键，选择其中的花朵和蝴蝶，复制后隐藏"图层 2"，粘贴到"图层 1"。单击鼠标右键，在弹出的快捷菜单中选择"转换为元件"命令，设置元件名称为"花"，类型为"图形"。接着在"属性"面板中将透明度设置为"45%"，这样可对背景起到点缀作用，但又不会太明显。将"花"元件拖放到舞台中的适当位置，效果如图 2.108 所示。

图 2.107　"转换位图为矢量图"对话框

图 2.108　背景效果

（8）单击"图层 2"的第 1 帧，按【Delete】键删除该帧上的图形。"库"中的位图"花与蝴蝶.jpg"也可删除，这样可以为 Animate CC 文件"减肥"。

2．制作文字

（1）双击"图层 1"的名称，修改为"bg"。单击该图层上的第 2 个小黑点，锁定该图层。修改"图层 2"的名称为"文本"，单击"文本"图层的第 1 帧，选择"文本工具" T，在"属性"面板中设置文本类型为"静态文本"，字体为"Maiandra GD"，字号为"80"，颜色为"紫色（#CC99FF）"，字体加粗，然后在舞台上输入"Happy Birthday"。执行"修改"→"分离"菜单命令（或按【Ctrl+B】组合键），将文字打散。用"任意变形工具"对其中的个别文字进行旋转放大调整。选中所有文字，再执行一次"分离"命令，用"选择工具" ➤ 调整文字的外观，使文字的显示不再单调，如图 2.109 所示。接着执行"修改"→"形状"→"扩展填充"菜单命令，扩展"2"像素，这样使文字更饱满一些。

（2）单击"墨水瓶工具"按钮 ，将"笔触颜色"设置为"白色"。单击每个文字，使它们有描边的效果。接着用"选择工具" ➤ 选中每个文字，分别用"颜料桶工具" 填充不同的颜色。再用"画笔工具" 给文字的左上角或右上角加上小白点，形成钉在墙上的效果，如图 2.110 所示。

图 2.109　文字调整　　　　图 2.110　文字着色效果

（3）单击"画笔工具"按钮 ，将"填充颜色"设置为"红色"，在"a"文字上绘出 3 个竖着的点，并用"墨水瓶工具" 为其描边，像素设置为"2"，效果如图 2.111 所示。选中 3 个点，将其转换为影片剪辑元件，如图 2.112 所示。双击进入"a 点"元件，在第 2 帧处按【F6】键插入关键帧，将"红色"填充颜色改为"黄色"；在第 3 帧处按【F6】键插入关键帧，将"填充颜色"改为"深蓝色"。

图 2.111　"a"文字效果　　　图 2.112　将对象转换为影片剪辑元件

📖 提 示　双击 Animate CC 中某个未组合的矢量图形，可以将它的填充色和边框色同时选中。

（4）双击选中"i"文字上的圆点，将其删掉。单击"铅笔工具"按钮 ，将"笔触颜色"设置为"蓝色"，"笔触高度"设置为"4"，在舞台左边画一个螺旋的圆圈 ，然后执行"修改"→"形状"→"将线条转化为填充"菜单命令，这样蓝色笔触颜色就变为填充颜色了。再用"墨水瓶工具" 将边框设置为"2"像素的白色笔触，螺旋的圆圈即制作完成。将它转换成影片剪辑元件，名称为"转圈"。双击它可以进入元件进行编辑，单击"图层 1"的第 1 帧，将它转换为图形元件"转圈"。在第 15 帧处按【F6】键插入关键帧，然后单击第 1 帧，执行"插入"→"传统补间"菜单命令，再在"属性"面板中设置旋转为"顺时针""1 次"，如图 2.113 所示。

（5）单击"时间轴"面板左下方的按钮 场景 1，回到主场景中。

图 2.113　补间动画的设置

3．制作女孩和小狗

（1）新建一个图层，命名为"女孩和小狗"。单击该图层的第 1 帧，执行"文件"→"导入"→"导入到舞台"菜单命令，选取本案例对应素材文件夹中的"女孩和小狗.gif"文件，单击"打开"按钮后，图片就被添加到舞台中了。

（2）按【Ctrl+B】组合键打散图片，选择"套索工具" ，取消选中的"魔术棒工具" ，沿着女孩四周单击并拖动鼠标，在开始位置附近结束拖动，这样就套住了女孩及其周围的部分内容。剪切、粘贴一份，将它放在原位图的旁边。然后用同样的方法将小狗圈选，剪切、粘贴到原位图的旁边，如图 2.114 所示。

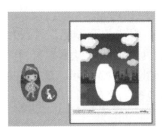

图 2.114　"套索工具"的使用

（3）单击"套索工具"选项中的"魔术棒"按钮 ，在属性栏的阈值中输入"30"，在平滑选项中选择"平滑"。然后单击"魔术棒"按钮 ，再单击女孩和小狗周围多余的部分，选中不要的边缘内容，按【Delete】键将它们删除。如此单击再删除，直到它们的边缘没有其他内容为止。将原位图删掉，把修整好的女孩和小狗放在"Happy Birthday"文字的下方。

（4）至此，"Happy Birthday"特效文字就制作完成了，按【Ctrl+Enter】组合键看一下效果并保存文档。

2.4.4　技术拓展

1．图片的导入

执行"文件"→"导入"→"导入到舞台"或"文件"→"导入"→"导入到库"菜单命令，在打开的对话框中选择要导入的位图；执行"文件"→"导入"→"打开外部库"菜单命令，可以导入其他 Animate CC 文件的元件库；也可以通过剪切其他程序中的图片粘贴到舞台上，从而进行图片的导入。

提　示　若要一次性导入多张图片，则可以在选择图片时按【Ctrl】键（选择一组非连续的文件）或【Shift】键（选择一组连续的文件）。

2．"套索工具"的使用

"套索工具"用于选择图形中的不规则形状区域，被选定的区域可以作为一个单独的对象进行移动、旋转或变形。选择"套索工具"后，会显示其他两个功能按钮，分别是"魔术棒"按钮和"多边形模式"按钮。

（1）魔术棒。用于选取相近颜色的区域。在平时制作影片文件时，会用到位图图像。为了使导入的位图图像融合到整个场景中，需要使用魔术棒功能将位图图像的背景擦除。

（2）魔术棒设置。在选择"魔术棒"后，可以在右侧属性栏看到"设置"对话框，如图 2.115 所示，它有两个设置选项："阈值"和"平滑"。

图 2.115　"设置"对话框

"阈值"选项用来设置选定区域中魔术棒选项包含的相邻颜色值的色宽范围，可以输入的值为 0～200，设置的数值越高，选定的相邻颜色的范围越广。

"平滑"选项用来设置选定区域的边缘平滑程度。单击"平滑"右侧的下三角按钮，在弹出的下拉列表框中有 4 个选项，分别为"像素""粗略""一般""平滑"。

（3）多边形模式。单击"多边形模式"按钮，可以用直线精确地勾画选择区域。在这种模式下，使用"套索工具"绘出的是直线，每次单击都会创建一个选择点，直至选择了所有要选择的区域。双击则会将该区域选中。

3．将位图转换为矢量图

为了减小 Animate CC 文件的大小，常常需要将位图转换为矢量图，操作如下。

（1）选中舞台中的位图，执行"修改"→"位图"→"转换位图为矢量图"菜单命令，打开"转换位图为矢量图"对话框，如图 2.116 所示。

图 2.116　"转换位图为矢量图"对话框

（2）在"颜色阈值"文本框中输入颜色容差值，值越大，文件就越小，但颜色数目也越少，图片质量越差。

（3）在"最小区域"文本框中输入像素值，数值范围为 1～1000，以确定在转换为矢量图时归于同种颜色的区域所包含像素点的最小值。

（4）在"曲线拟合"下拉列表框中选择适当的选项，以确定转换后轮廓曲线的光滑程度。

（5）在"角阈值"下拉列表框中选择需要的选项，以确定在转换时对边角的处理办法。如果将"颜色阈值"设置为"10"，"最小区域"设置为"1"像素，"曲线拟合"设置为"像素"，"角阈值"设置为"较多转角"，那么转换后的矢量图与原来的位图差别最小。

4．"文本工具"的使用

在 Animate CC 中要制作图文并茂的动画，常常需要输入文字。利用工具箱中的"文本工具"，再经过简单的设置，就可以制作出漂亮的文本了。

（1）创建文本。单击工具箱中的"文本工具"按钮T，当鼠标指针变成┼形状时，在舞台上需要输入文字的地方单击，就会出现一个文本框，如图 2.117（a）所示。在文本框中输入文字，如图 2.117（b）所示，如果要换行，则按【Enter】键即可。当鼠标指针变成┼形状时，单击并拖出一个方框，在方框中输入文本，当义字到达方框边缘时，文字会自动换行，如图 2.117（c）所示。

（a）　　　　　　　　　（b）　　　　　　　　　（c）

图 2.117　输入文本

提示　将鼠标指针移到方框右上方的小方框上，当鼠标指针变成←→形状时，单击拖动可改变固定宽度，双击则可使方框自动随输入的文字而变宽。

（2）设置文本样式。文字的大小、颜色、字体等样式可以通过"文本工具"的"属性"面板进行设置，然后输入文字，或者先输入文字再修改样式。"文本工具"的"属性"面板如图 2.118 所示。

图 2.118　"文本工具"的"属性"面板

① 设置文本类型。在 Animate CC 中常用的文本类型有静态文本、动态文本和输入文本。Animate CC 中默认的是"静态文本"，这种文本也是常用的，该文本一旦设置好内容和外观，在动画中就没有任何变化了；"动态文本"在播放动画时可以动态更新文本的内容，常用在游戏或课件中；"输入文本"在进行动画输入时接收用户输入的文本，它是响应键盘事件的一种人机交互的工具。

② 设置文本的系列和样式，在"样式"中可以设置文字的加粗、倾斜和对齐方式。

③ 设置字号大小、字母间距、颜色及是否自动调整字距。

④ 设置文字在动画中的表现形式，通常选择"动画消除锯齿"或"可读性消除锯齿"选项。

⑤ 设置将文字转换为 HTML 格式、在文字周围显示边框和设置成上标或下标。

⑥ 设置对齐方式。

⑦ 设置文字的段落格式，如间距、边距，也可以设置单行或多行项。

📖 提 示　如果要设置个别文字，则可以使用"选择工具"双击文本进入文本编辑模式，然后拖动选择要设置的文字，被选中的文字反黑显示，直接修改其样式即可。

（3）创建漂亮的文字。要创建漂亮的文字，第一步要选择合适的字体；第二步要对文字进行变形，如压缩、倾斜、旋转等，还可将文字打散后使用图形绘制工具来调整文字形状。

📖 提 示　对于系统外部字体，需要先进行安装。在"控制面板"窗口中双击"字体"选项，打开"字体"窗口，在该窗口中执行"文件"→"安装新字体"菜单命令，打开"添加字体"对话框，然后选择需要的新字体进行安装。

5."墨水瓶工具"的使用

"墨水瓶工具"🖌主要用来修改矢量图形的线条，如改变线条的粗细和颜色，也可以为没有轮廓线的填充区域添加边线。另外，"墨水瓶工具"除可以使用纯色填充线条外，还可以用渐变色或位图来填充线条。在"Happy Birthday"案例中，使用"墨水瓶工具"添加了文字的外框线。单击"笔触颜色"按钮🖊■可以修改线条颜色。在"墨水瓶工具"的"属性"面板中设置"笔触粗细"可以修改线条的粗细。如果想给文字画上渐变的外观轮廓线，可先单击"墨水瓶工具"按钮🖌，然后单击"颜色"面板中的"笔触颜色"按钮🖊■，设置类型为"线性渐变"，并设置线性渐变颜色，如图 2.119 所示，再逐个单击文字的外观轮廓线就可产生如图 2.120 所示的效果。

图 2.119　"墨水瓶工具"线性渐变填充的设置　　图 2.120　为文字添加渐变线条的效果

2.5　综合项目：中秋贺卡

中秋贺卡 1　　中秋贺卡 2　　中秋贺卡 3　　中秋贺卡 4　　中秋贺卡 5

中秋贺卡 6　　中秋贺卡 7　　中秋贺卡 8　　中秋贺卡 9

2.5.1　项目概述

逢年过节，给亲朋好友送去祝福是少不了的事情，如果能送上自己亲手制作的带有精彩动画和音乐的电子贺卡，那将更能表达一份美好的祝愿。Animate CC 电子贺卡是由动画、图形、祝福文字和音乐等元素组合而成的特殊艺术品。与传统的纸质贺卡相比，电子贺卡不仅经济、环保，而且方便、快捷。电子贺卡的种类有很多，如新年贺卡、中秋贺卡、生日贺卡、情人节贺卡、儿童节贺卡等，不同种类的电子贺卡适合不同的节日和人群。中秋节作为我国最重要的传统节日之一，有着悠久的历史，素有嫦娥奔月、玉兔捣药等传说，并有吃月饼、赏月等习俗，成为丰富多彩、弥足珍贵的文化遗产。我们庆中秋，就是要传承、发扬、创新中秋传统文化，坚定践行"二十大"精神，不断弘扬文化自信，焕发中秋文化生命力，激励人们讲好中国故事、传播中国文化、凝聚时代的精神力量。本项目以制作一张中秋贺卡为例，贺卡的设计以中国红色为主色调融入了玉兔、月亮、月饼、灯笼、孔明灯等元素。本项目不仅介绍了 Animate CC 电子贺卡的制作过程，还介绍了场景、按钮元件、分镜头脚本的绘制和动作预备、缓冲等相关知识技能。

2.5.2 项目效果

本项目的主要内容是制作一张中秋贺卡，它由三部分组成：开启界面、祝福界面和点亮祝福界面。三个界面分别如图 2.121～图 2.123 所示。

图 2.121 开启界面

图 2.122 祝福界面

图 2.123 点亮祝福界面

2.5.3 重点与难点

场景的应用，分镜头脚本的基本绘制知识，动作中的预备与缓冲，按钮元件的建立和使用。

2.5.4 操作步骤

1. 故事情节概述及分镜头脚本的绘制

（1）中秋节首先让人联想到的是月圆，所以开头在视觉中心设置了圆形，并以灯笼为按钮的形状，开启祝福。

（2）当画面开启后，门会从左右两边移动，灯笼按钮逐渐放大消失后，出现祝福界面动画，包括月亮上升、玉兔观月、祥云及祝福语的动画。

（3）当祝福界面动画全部播放完，画面下方出现以孔明灯为形状的点亮祝福按钮，按下该按钮后就会出现多盏孔明灯放飞的画面。

根据故事情节介绍，提炼出重点部分，绘制出分镜头脚本，如表 2.1 所示。

表 2.1 分镜头脚本

镜　头	分镜画面	内　容	时　间
SC-1		开启界面及灯笼按钮制作，灯笼按钮有发光效果	静止画面

续表

镜　头	分镜画面	内　　容	时　　间
SC-2		按下开启按钮后，门向左右两边移动	1 秒
SC-3		月亮升起画面	1 秒
SC-4		出现祝福语、祥云、月兔观月等元素	2 秒
SC-5		出现点亮祝福按钮	1 秒
SC-6		放飞孔明灯画面	2 秒

2．新建文档并命名

启动 Animate CC，执行"文件"→"新建"菜单命令，在打开的"新建文档"对话框的"常规"选项卡中选择"ActionScript 3.0"选项，新建一个文档，帧频设置为 24 帧/秒，设置背景色为"白色"，文档的大小为 800 像素×500 像素，保存文档，命名为"中秋贺卡"。

3．导入素材图片

执行"文件"→"导入"→"导入到库"菜单命令，导入如图 2.124 所示的图片素材到库。

图 2.124　素材导入图

4．制作"灯笼按钮"元件

按【Ctrl+F8】组合键，新建一个按钮元件，并命名为"灯笼按钮"，单击"确定"按钮进入元件工作区。打开"库"面板找到"开启门主灯笼.psd"文件，并拖到舞台中央，选中按【F8】键转换为"灯笼按钮元件内"影片剪辑元件，双击进入元件内部，新建一个图层，用"文本工具"输入"开启祝福"文字，调整合适大小和位置，字体选择"华文行楷"，进入"灯笼按钮"元件，按【F6】键插入按钮后三个状态关键帧，效果如图 2.125 所示。

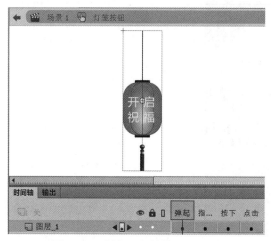

图 2.125　制作"灯笼按钮"元件

提 示　若使按钮动画更加美观，可以给按钮的状态增加发光动画。

在按钮弹起状态下选择舞台上的元件，按【F8】键转换为"灯笼按钮动画"影片剪辑元件，双击进入元件编辑，分别在 27 帧和 54 帧处插入关键帧。在 27 帧处，选中舞台灯笼，打开"属性"面板，在"滤镜"下选择"发光"，将颜色设置为"黄色（#FFFF00）"，模糊 X 和模糊 Y 都设置为 28 像素，按【Ctrl】键选择三个关键帧中间任意帧，创建传统补间，效果如图 2.126 所示。返回"灯笼按钮"元件将指帧经过的状态替换成"灯笼按钮动画"元件，并注意对齐不同状态下元件的位置。

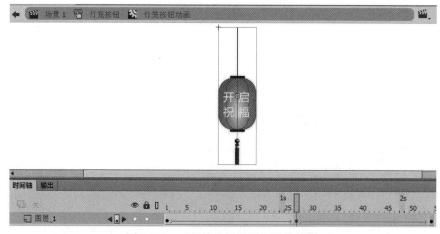

图 2.126　"灯笼按钮动画"元件效果

5．制作左右开门元件

将"库"面板中的"开启门左边.psd"和"开启门右边.psd"文件拖入场景 1，按【Q】键调整合适大小并居中，分别新建"开启门左边""开启门右边"两个图层，将两个文件放入相应图层，按【Ctrl+X】组合键剪切和【Ctrl+Shift+V】组合键原位粘贴的方式，使其位置不变，选择"开启门左边"元件按【F8】键转换为"开启门左边"图形元件，将"库"面板中的开启门灯笼.psd、开启门桂花.psd 和开启门装饰字 2.psd 等文件放入合适位置。回到场景 1 参照"开启门左边"元件的操作将其转换为"开启门右边"图形元件，并将开启门装饰字.psd 放入合适的位置，效果如图 2.127 所示。

6．制作开启门动画

（1）回到场景 1，新建图层并命名为"灯笼按钮"。

（2）将"库"面板中的"灯笼按钮"元件拖入舞台，按【Q】键缩放调整至合适位置，效果如图 2.128 所示。

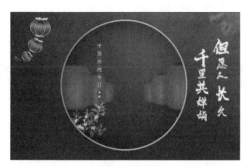

图 2.127　"开启门左边""开启门右边"　　　　图 2.128　开启动画效果
　　　　　　的图形元件效果

（3）按【Shift】键从上至下选中三个图层的 22 帧，按【F6】键插入关键帧，效果如图 2.129 所示。

（4）在"开启门左边""开启门右边"图层的第 22 帧处按【Shift】键分别向左、右两边移动，使其移出舞台显示区域。

（5）将"灯笼按钮"元件在第 22 帧处放大使其盖住舞台，并在"属性"面板中"色彩效果"的"样式"下设置"Alpha"值为"0%"，如图 2.130 所示。

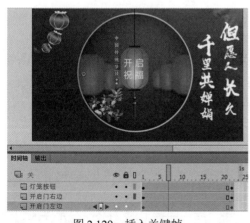

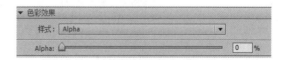

图 2.129　插入关键帧　　　　　　　　　　图 2.130　Alpha 设置

（6）按【Shift】键依次选中三个图层两个关键帧中间的任意一帧，创建传统补间动画，如图 2.131 所示。

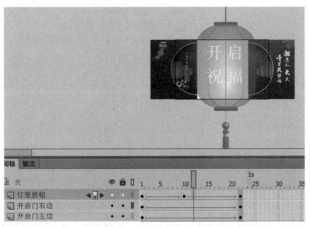

图 2.131　创建传统补间动画效果

7. 制作"礼花"元件

（1）新建一个名为"hua"的图形元件，用"矩形工具"绘制一个大小为 100 像素×17 像素、红色填充、无边框的矩形。选中矩形，执行"窗口"→"变形"菜单命令，在"变形"面板中设置"旋转"为 45°，如图 2.132（a）所示。单击 3 次"重制选区和变形"按钮 🔳，制作出如图 2.132（b）所示的图形。单击"部分选取工具"按钮 🔣，按图 2.132（c）中的形状调整图形。

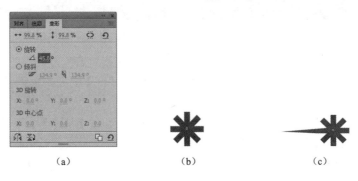

（a）　　　　　　　　　（b）　　　　　　　　　（c）

图 2.132　"hua"元件

（2）新建一个名为"move"的影片剪辑元件，将"库"面板上的"hua"元件拖到舞台的第 1 帧处。在第 20 帧处按【F6】键插入关键帧，将"hua"元件水平向右移动 200 像素。在舞台上选中第 20 帧"hua"元件，在"属性"面板中"色彩效果"的"样式"下设置"Alpha"值为"0%"。在两个关键帧中间的任意一帧处单击鼠标右键，在第 1～20 帧之间创建传统补间动画。在第 30 帧处按【F5】键插入扩展帧，具体时间轴设置如图 2.133 所示。

图 2.133　"move"元件的时间轴设置

（3）新建一个名为"move1"的影片剪辑元件，将"库"面板上的"move"元件拖到场景中，使用任意变形工具 🔧，选中舞台上的"move"元件将中心点调整至中间，利用"变形"面板将旋转角度设置为"30°"，单击"重制选区和变形"按钮 🔳 复制图形，效果如图 2.134 所示。

（4）新建一个名为"move2"的影片剪辑元件，将"库"面板上的"move1"元件多次拖到场景中，调整图形的大小与角度，效果如图 2.135 所示。

（5）新建一个名为"礼花"的影片剪辑元件，将"库"面板上的"hua"元件拖到场景中，适当调整大小后旋转-90°。新建"图层 2"和"图层 3"，分别将"hua"元件拖到第 1 帧，调整大小与"图层 1"的实例相同，然后分别旋转-45°和-135°，得到如图 2.136 所示的效果。

在各图层的第 10 帧处分别插入关键帧，将"图层 1"的元件垂直向上移动若干距离，将"图层 2"的元件向右上角移动相应距离，将"图层 3"的元件向左上角移动相应距离。单击"属性"面板中的"交换"按钮 ，将各层第 10 帧的元件均换为"move2"元件，并在"属性"面板中分别将元件的色调改为红色、黄色、紫色或自己喜欢的颜色，效果如图 2.137 所示。然后在图层 1～3 的第 1～20 帧之间创建传统补间动画，在 3 个图层上利用插入帧延伸到第 40 帧处，如图 2.138 所示。

图 2.134　"move1"元件　　　　　　图 2.135　"move2"元件

图 2.136　"礼花"元件　　　　图 2.137　第 10 帧的实例颜色和位置

图 2.138　"礼花"元件的时间轴

8．制作祝福动画

（1）新建"背景"图层，将"库"面板中"中秋背景.psd"文件拖入舞台，并按【Q】键调整合适大小，并将其进行延长，如图 2.139 所示。新建图层并命名为"礼花"，在第 28 帧处插入关键帧，将"库"面板中"礼花"元件拖入舞台摆放在合适位置，如图 2.140 所示。

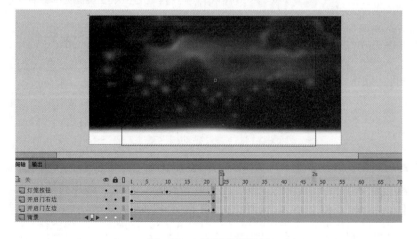

图 2.139　放置背景效果

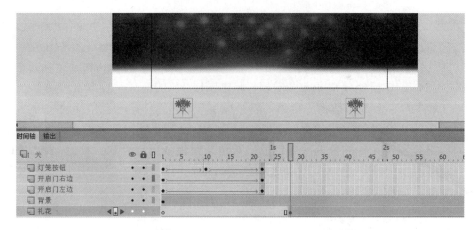

图 2.140 礼花摆放位置

（2）新建图层并命名为"月亮动画"，将"库"面板中"月亮.psd"拖入舞台，按【F8】键创建"月亮"影片剪辑元件，并调整至舞台下方，在第 22 帧处按【F6】键插入关键帧，使用"选择"工具将月亮移动至舞台中央。在第 28 帧和第 36 帧处按【F6】键插入关键帧，选中第 28 帧并使用键盘上的向上箭头工具让其上升 10 个像素，使动画有缓冲效果。选中第 36 帧，按【F8】键将其转换为"月亮动画"影片剪辑元件，双击进入元件内部在第 26 帧和第 55 帧处按【F6】键插入关键帧，选中第 26 帧，在"属性"面板的"滤镜"中设置发光效果，将颜色设置为黄色（#FFFF66），模糊 X、模糊 Y 分别设置为 116 像素，并在关键帧中间创建传统补间动画。回到场景 1，在"月亮动画"图层的关键帧中间创建传统补间动画，效果如图 2.141所示。

图 2.141 "月亮动画"效果

（3）新建一个图层并命名为"月兔"，在第 28 帧处按【F6】键插入关键帧，将"库"面板中的"月兔.psd"拖入舞台左边外侧，按【F8】键转换为"月兔"影片剪辑元件，在第 40 帧处按【F6】键插入关键帧，将其移入合适位置，并在第 45 帧和 51 帧处按【F6】键插入关键帧。在第 45 帧处向右移动 10 像素，使其有缓冲效果，并在各关键帧中间创建传统补间动画，效果如图 2.142 所示。

图 2.142　制作月兔动画

（4）新建一个图层并命名为"祥云"，在第 21 帧处按【F6】键插入关键帧，将"库"面板中的"祥云.psd"拖入舞台左边外侧，按【F8】键转换为"祥云"影片剪辑元件，在第 97 帧处按【F6】键插入关键帧，向左将其移入合适位置，并在中间创建传统补间动画，效果如图 2.143 所示。

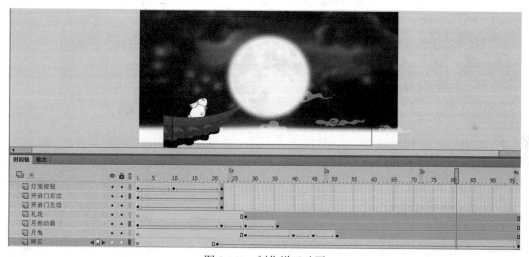

图 2.143　制作祥云动画

（5）新建一个图层并命名为"云朵"，将"库"面板中的"云朵.psd"拖入舞台下方，按【F8】键转换为"云朵"影片剪辑元件，在第 14 帧处按【F6】键插入关键帧，向上将其移入合适位置，在第 21 帧和第 29 帧处按【F6】键插入关键帧，在第 21 帧处向上移动 10 像素，使其有缓冲效果，并在各关键帧中间创建传统补间动画，效果如图 2.144 所示。

（6）新建一个图层并命名为"中秋字"，在第 30 帧处按【F6】键插入关键帧，将"库"面板中的"中秋字.psd"拖入舞台并放大，按【F8】键转换为"中秋字"影片剪辑元件，在第 45 帧处按【F6】键插入关键帧，将其缩放至合适大小，选中第 30 帧，在"属性"面板中"色彩效果"的"样式"下设置"Alpha"值为"0%"，在第 50 帧和 55 帧处按【F6】键插入关键帧，在第 50 帧处缩小，使其有缓冲效果，并在各关键帧中间创建传统补间动画，具体效果如图 2.145 所示。

图 2.144　制作云朵动画

图 2.145　制作中秋字动画

（7）新建两个图层并命名为"月饼"和"吉祥章"，并将其转换为各自的影片剪辑元件，在"月饼"图层第 45 帧处按【F6】键插入关键帧，在"吉祥章"图层第 53 帧处按【F6】键插入关键帧，参照步骤（6）中动画设置的方法，设置动画。效果参考图 2.145 中月饼图层和吉祥章图层设置。

9．制作点亮祝福动画

（1）按【Ctrl+F8】组合键新建"孔明灯"按钮元件，并将"库"面板中"孔明灯.psd"拖入舞台，按【F8】键转换为"孔明灯内"影片剪辑元件，双击进入元件新建图层 2，使用"文本工具"输入"点亮祝福"，使用"方正大黑简体"字体，并调整合适位置，具体位置如图 2.146 所示。

（2）回到"孔明灯"按钮元件，按【F6】键插入三个状态关键帧后，选择"指针经过状态"按【F8】键将其转换为"孔明灯内景动画"影片剪辑元件，双击进入，在第 10 帧和第 20 帧处按【F6】键插入关键帧，选中第 10 帧，在"属性"面板的滤镜中添加发光效果，颜色设置为黄色（#FFFF00），模糊 X、模糊 Y 都设置为 68 像素，并在关键帧中间创建传统补间，如图 2.147 所示。

返回场景 1，新建一个图层并命名为"祝福按钮"，在第 69 帧处按【F6】键插入关键帧，将"库"面板中的"孔明灯按钮"元件拖入舞台下方，在第 85 帧处按【F6】键插入关键帧，将其向上移动至合适位置，选中第 69 帧，在"属性"面板中"色彩效果"的"样式"下设置"Alpha"值为"0%"，在第 91 帧和第 97 帧处按【F6】键插入关键帧，在第 91 帧处向上移动 10 像素，使其有缓冲效果，并在各关键帧中间创建传统补间，如图 2.148 所示。

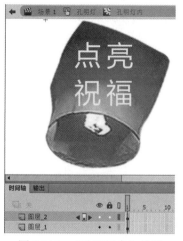

图 2.146　"孔明灯内"效果

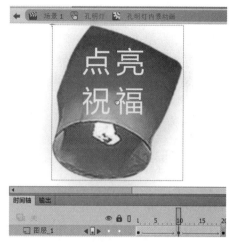

图 2.147　"点亮祝福"指针经过动画

图 2.148　制作"祝福按钮"动画

（3）按【Ctrl+F8】组合键新建"孔明灯上升动画"影片剪辑元件，并将"库"面板中"孔明灯.psd"拖入舞台调整大小，按【F8】键将其转换为"孔明灯元件"影片剪辑元件，选中图层_1，如图 2.149 所示。鼠标右击选择"添加传统运动引导层"选项，在第 87 帧处按【F6】键插入关键帧，并创建传统补间动画，在引导层图层 1 中，使用"线条工具"绘制一条曲线，延长至 87 帧，将第 1 帧处"孔明灯元件"移动至曲线下方端点吸住线条，第 87 帧处"孔明灯元件"移动至曲线上方端点吸住线条并调整合适位置。

10．设置场景 2 动画

（1）执行"窗口"→"场景"菜单命令，打开"场景"面板，单击 按钮添加"场景 2"，如图 2.150 所示。选中 场景 2 ，进入"场景 2"的编辑状态。

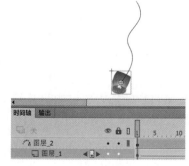

图 2.149　"孔明灯上升动画"元件效果

图 2.150　添加"场景 2"

（2）按住【Shift】键，将"场景 1"中祝福按钮图层至背景图层的第 97 帧，单击右键复制帧，回到"场景 2"单击右键粘贴帧并延长至 17 帧。

（3）制作"再次祝福按钮"按钮元件，使用"椭圆工具"画个圆，再使用"基本矩形工具"绘制灯笼的上下装饰，使用"线条工具"绘制灯笼线条及挂穗，如图 2.151～图 2.154 所示。

图 2.151　灯笼主体　　　　　图 2.152　灯笼装饰　　　　图 2.153　灯笼挂穗

（4）按【F8】键转换为"再次按钮动画内"影片剪辑元件，新建图层 2，使用"文本工具"，设置字体为"方正大黑简体"，颜色为"黄色"，输入文本"再次祝福"，并调整至合适位置，文字效果如图 2.155 所示。

图 2.154　整体灯笼形状　　　　　　图 2.155　"再次按钮动画内"元件效果

（5）回到"再次祝福按钮"内部，按【F6】键将后面三个状态插入关键帧，在指针经过处按【F8】键转换为"再次祝福按钮经过动画"，双击进入，在第 10 帧处插入关键帧，在"属性"面板的滤镜中添加发光效果，颜色设置为黄色（#FFFF00），模糊 X、模糊 Y 都设置为 70 像素，如图 2.156 所示。

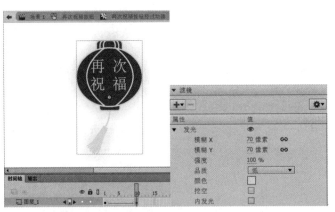

图 2.156　"再次祝福按钮经过动画"效果

（6）返回场景 2，新建"回放按钮"图层，在第 3 帧位置插入关键帧，将"再次祝福按钮"按钮元件拖至舞台并放置舞台右下方，按【F6】键在第 11 帧插入关键帧将其移动至舞台右下角，按【F6】键在第 14 帧和第 17 帧处插入关键帧，在第 14 帧处向上移动 10 像素，使其有缓冲效果，如图 2.157 所示。

（7）在"祝福按钮"图层第 5、9、17 帧处插入关键帧，将第 5 帧向上移动 10 像素，使其有预备动作，将第 17 帧向舞台下方移动至舞台外面，如图 2.158 所示。

图 2.157　"回放按钮"动画效果　　　　图 2.158　"祝福按钮"动画效果

（8）新建"孔明灯祝福"图层并放在"月兔图层"上方，在第 17 帧处插入关键帧，将"孔明灯上升动画"影片剪辑元件拖入到舞台，并复制多个设置大小，如图 2.159 所示。

图 2.159　"孔明灯上升动画"摆放效果

11. 添加播放代码

（1）返回"场景 1"，选中"灯笼按钮"图层第 1 帧，在"属性"面板中，将其实例名称改为"denglong"，如图 2.160 所示。

图 2.160　"灯笼按钮"设置实例名称

（2）在"灯笼按钮"图层第 1 帧处单击鼠标右键，选择"动作"，打开"代码片断"在 ActionScript 中选择"时间轴导航"的"单击以转到帧并播放"选项，并将 gotoAndPlay()括号里的帧改为"2"，同时添加"在此处停止"命令，如图 2.161、图 2.162 所示。

图 2.161　"代码片断"界面　　　　　图 2.162　第 1 帧处代码

（3）选中"祝福按钮"图层第 97 帧中的孔明灯按钮，在"属性"面板中，将其实例名称改为"zhufu"，如图 2.163 所示。

图 2.163　"祝福按钮"设置实例名称

（4）选中"祝福按钮"图层的第 97 帧，单击鼠标右键，选择"动作"选项，并在舞台中选中"祝福按钮"，打开"代码片断"在 ActionScript 中选择"时间轴导航"的"单击以转到场景并播放"选项，将场景改为"场景 2"，如图 2.164 所示。

```
Actions:97
1  /* 单击以转到场景并播放
2  单击此指定的元件实例可从指定的场景和帧播放影片。
3
4  说明:
5  1. 用要播放的场景名称替换"场景 3"。
6  2. 在指定场景中，用希望影片从其开始播放的帧的编号替换 1。
7  */
8
9  zhufu.addEventListener(MouseEvent.CLICK, fl_ClickToGoToScene);
10
11 function fl_ClickToGoToScene(event:MouseEvent):void
12 {
13     MovieClip(this.root).gotoAndPlay(1, "场景 2");
14 }
```

图 2.164　"祝福按钮"第 97 帧处代码

（5）回到"场景 2"，确认"孔明灯按钮"实例名称为"zhufu"，在"祝福按钮"图层第 1 帧处单击右键，选择"动作"选项，打开"代码片断"在 ActionScript 中选择"时间轴导航"的"单击以转到帧并播放"选项，将场景改为"场景 2"，将 gotoAndPlay( )括号里的帧改为"2"，同时添加"在此处停止"命令，如图 2.165 所示。

```
Actions:1
1  /*单击以转到帧并播放
2  单击指定的元件实例会将播放头移动到时间轴中的指定帧并继续从该帧回放。
3  可在主时间轴或影片剪辑时间轴上使用。
4  说明:
5  1. 单击元件实例时，用希望播放头移动到的帧编号替换以下代码中的数字 5。
6  */
7
8  zhufu.addEventListener(MouseEvent.CLICK, fl_ClickToGoToAndPlayFromFrame_2);
9
10 function fl_ClickToGoToAndPlayFromFrame_2(event:MouseEvent):void
11 {
12     gotoAndPlay(2);
13 }
14
15 /* 在此帧处停止
16 Animate 时间轴将在插入此代码的帧处停止/暂停。
17 也可用于停止/暂停影片剪辑的时间轴。
18 */
19
20 stop();
```

图 2.165　场景 2 第 1 帧代码

（6）选中"回放按钮"图层的第 17 帧，在"属性"面板中，将其实例名称改为"denglong"，如图 2.166 所示。

图 2.166　"再次祝福按钮"设置实例名称

（7）选中"回放按钮"图层的第 17 帧，单击鼠标右键选择"动作"选项，并在舞台中选中"回放按钮"，打开 "代码片断"，在 ActionScript 中选择"时间轴导航"的"单击以转到场景并播放"选项，并将场景改为"场景 1"，同时添加"在此处停止"命令，如图 2.167 所示。

```
Actions:17
1
2  /* 单击以转到场景并播放
3  单击此指定的元件实例可从指定的场景和帧播放影片。
4
5  说明:
6  1. 用要播放的场景名称替换"场景 3"。
7  2. 在指定场景中，用希望影片从其开始播放的帧的编号替换 1。
8  */
9
10 denglong.addEventListener(MouseEvent.CLICK, fl_ClickToGoToScene_2);
11
12 function fl_ClickToGoToScene_2(event:MouseEvent):void
13 {
14     MovieClip(this.root).gotoAndPlay(1, "场景 1");
15 }
16
17 /* 在此帧处停止
18 Animate 时间轴将在插入此代码的帧处停止/暂停。
19 也可用于停止/暂停影片剪辑的时间轴。
20 */
21
22 stop();
```

图 2.167　第 17 帧处代码

（8）返回场景 1，新建图层并命名为"背景音乐"，在"属性"面板的"声音"中选择"梁玉嵘、曾小敏 - 明月寄情.mp3"，并按【F5】键延伸至第 97 帧。打开"属性"面板，设置声音的"同步"事件为"事件"，设置如图 2.168 所示。

图 2.168　声音设置效果

2.5.5　技术拓展

1．Animate CC 贺卡的制作流程

制作 Animate CC 贺卡分为以下 5 个步骤。

（1）了解 Animate CC 贺卡的种类及各类贺卡的风格特点，分析制作意向，确定贺卡制作方案，写出初步创意设计方案。

（2）围绕设计方案进行策划、分切镜头和寻找相关素材。

（3）根据现有素材和自身动画制作能力适当修改设计方案。

（4）根据最终的设计方案，完成各个动画片段的制作。

（5）将动画片段合成动画短片，并对动画整体进行优化，最终发布作品。

2．按钮元件的建立与编辑

按钮元件共包括 4 种状态，分别是"弹起""指针经过""按下""点击"，每种状态都可以插入独立的元件（影片剪辑元件），并为其添加动画效果，以增强其互动性，如图 2.169 所示。

（1）弹起：指按钮最初状态（当鼠标指针移开时恢复的效果）。

（2）指针经过：指当鼠标指针移到按钮上方时所显示的效果。

（3）按下：指当按钮被单击时所显示的效果。

（4）点击：指按钮受感应的区域。

图 2.169　按钮元件的 4 种状态

在 ActionScript 3.0 中对按钮元件添加代码时，必须在"属性"面板中给它起一个实例名称（不能使用中文），添加按钮代码时需选中舞台上的按钮元件，添加完代码后 Animate CC 会在时间轴上自动创建一个新的"Actions"图层，添加成功后就会在添加的对应帧位置上出现一个"a"标记。

3．元件的使用技巧

在 Animate CC 中经常会用到 3 类元件：图形元件、影片剪辑元件和按钮元件。现对这 3 类元件的特点及应用场合介绍如下。

（1）图形元件。该元件主要应用于项目中需要重复使用的静态图像，如用来创建主时间轴的可重用动画片段。其特点是不能独立于主时间轴播放，必须放入主时间轴上的帧中，这样才能显示此元件。如果想要在主时间轴上重复或循环播放图形元件，就必须在整个循环时间长度上包括一系列的帧。

（2）影片剪辑元件。该元件可以用于独立于主时间轴运行的动画。其特点是拥有自己独立于主时间轴的多帧时间轴，而且可以包括动作、其他元件和声音，还可以放入其他元件中，如可以将影片剪辑元件放在按钮元件的时间轴内以创建动画按钮。

提示　影片剪辑元件只需要主时间轴上的一帧就可播放自己时间轴上的任意数目的帧，而图形元件只有当主时间轴上的帧数大于或等于自己时间轴上的帧数时才能完整播放。在主时间轴上无法直接播放影片剪辑元件的动画效果，但可以直接播放图形元件的动画效果。

（3）按钮元件。该元件用于创建响应鼠标单击、滑过或其他动作的交互式按钮。其特点为按钮元件的时间轴被限制在 4 帧以内，这些帧被称为"状态"，分别对应"弹起""指针经过""按下""点击" 4 种状态。每种按钮状态都可以包括图形、元件和声音。与影片剪辑元件一样，按钮元件只需要其他时间轴上的一帧就可以插入自己时间轴上的 4 种可见状态（帧）。

4．实例的颜色调节

通过改变舞台中实例对应的"属性"面板中的"色彩效果"选项，对舞台中实例的色彩等属性进行调节，如图 2.170 所示。

（1）亮度：按百分比递减变暗、递增变亮。

（2）色调：可调节色调，但缺点是只能设置单色。

（3）Alpha：透明度。当设置为0%时为全透明，当设置为100%时为不透明。

（4）高级：综合以上3项的功能进行调节，如图2.171所示。

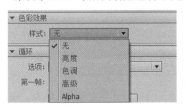

图 2.170　"色彩效果"选项　　　　　图 2.171　"高级"选项

5．场景的应用

一部 Animate CC 影片可以由多个场景构成，每个场景就相当于一个电影片段。在播放包含多个场景的 Animate CC 影片时，这些场景将按照它们在 Animate CC 文档的"场景"面板中排列的先后顺序进行播放。

（1）打开"场景"面板。执行"窗口"→"场景"菜单命令，即可打开"场景"面板；也可以按【Shift+F2】组合键打开"场景"面板，其显示效果如图2.172所示。

（2）查看特定场景。执行"视图"→"转到"菜单命令，在子菜单中进行对应选择；或者单击"场景"面板中的对应场景名进行转换；也可以单击舞台上方的  按钮选择对应的场景并打开。

图 2.172　"场景"面板

（3）添加场景。打开"场景"面板，单击 按钮添加新的场景；或者执行"插入"→"场景"菜单命令。

（4）删除场景。打开"场景"面板，单击 按钮。

（5）更改场景名称。打开"场景"面板，双击场景名称进入更改状态，输入新名称。

（6）复制场景。打开"场景"面板，单击"复制场景"按钮。

（7）更改影片中场景的顺序。打开"场景"面板，选中需要调整位置的场景名称，按住鼠标左键将其拖到目标位置，松开鼠标左键即可。

（8）测试当前场景动画。执行"控制"→"测试场景"菜单命令，或者按【Ctrl+Alt+Enter】组合键。

6．分镜头脚本的绘制

分镜头脚本（画面剧本）是影片最初的视觉形象，决定了影片主要内容的设计。一般认为，只有在完成了令人满意的画面剧本，并考虑和解决了影片在制作中可能产生的创作上和技术上的主要问题之后，才能开始下一步的工作。

分镜头脚本的内容包括镜头号（SC）、背景（BG）、景别、摄影方法、画面的内容、台词、音乐、音效、镜头长度。其中，景别分为特写、近景、中景、全景，每个景别都有其意义。

镜头分为长焦镜头和广角镜头。长焦镜头有着焦距长、景深短、视角小的特点，而广角镜头则具有焦距短、景深长、人物会发生变形的特点。镜头效果代表了导演的意志，表现了摄像机对空间位置和空间内容的描述，形成了人物的对应和交流，展示了人物的形象，在画面及风格上确立了有限空间内所有内容及它们的组合方式和表现形式。镜头效果代表了导演的心理感受、观众的视点、剧中人物的主观视点、旁观者的视点和摄像机的视点（包括推、拉、摇、移等）。

为影片绘制分镜头脚本，实际上就是一个"纸上谈兵"的过程。在大脑中要事先设计好这些信息，使镜头效果环环相扣，然后将这种效果用简单的图画表现在纸上，并标注它的景别、场景中即将出现的人物、人物的动作、使用的音效和声效等。

7．动作中的预备与缓冲

1）预备

动画家成功的诀窍之一就是懂得如何将观众的注意力吸引到画面中需要注意的地方，最重要的是要防止观众由于没有注意到某个关键性的动作，以至于失去了故事情节的线索。当画面中有一些静止的物体时，观众会在它们之间平分注意力。如果其中的某个物体突然动起来，那么所有观众的视线都会在 1/5s 之后转向它。动作实际上是能吸引注意力的，因此，如果在主要动作之前有一些准备动作，如在踢之前将脚向后缩，那么观众的注意力就会集中在脚上，这就能保证观众会注意到踢的动作，而这些准备动作就叫作动作中的预备。

准备性动作的长短会影响到随之而来的主要动作的速度。如果能把观众引导到期待将要发生的事情上，那么，当动作发生时，即使非常快，其线索也不会被观众所忽视；如果没有前面的准备，那么后面发生的极快动作将会使观众毫无思想准备，不清楚发生了什么事情。在这种情况下，这个动作必须要放慢一些。

2）缓冲

在一个动作完成之后，由于受到摩擦、空气阻力和风的影响，在停下来的时候为了保持平衡，往往要对物体进行缓冲。

例如，一辆行驶的汽车突然刹车，就要画出车子向后倾斜，轮胎压扁，并且与地面接触越大越好的效果；同时，地面的摩擦力将汽车向后拉长，司机向后靠紧，拉着刹车杠杆，这样就会产生很好的效果。

2.6 习题

1．在使用"钢笔工具"时，鼠标指针的不同形状 ♠₊、♠₋、↖、♠ₓ、♠。各代表什么含义？
2．"铅笔工具"有几种绘图模式？它们各有什么特点？
3．使用"矩形工具""椭圆工具""多角星形工具"绘制一幢别墅，自己设计样式。
4．"画笔工具"有几种绘画模式？它们各有什么特点？
5．"橡皮擦工具"有几种擦除模式？它们各有什么特点？
6．在 Animate CC 中有几种填充模式？它们各有什么特点？
7．使用元件有什么好处？
8．平滑图形和优化图形有什么区别？各有什么作用？
9．建立影片剪辑元件有几种方法？
10．制作如图 2.173 所示的效果文字。

图 2.173　金属字

11．拓展题：运用本章所学的知识制作如图 2.174 所示的效果，具体动画效果请运行相应文件夹中的文件"第 2 章综合实训.swf"。

图 2.174　生日快乐

说明：

（1）用"铅笔工具""填充工具"等绘制背景，并建立为元件。

（2）用"画笔工具""填充工具""椭圆工具"等绘制芭蕉，并建立为元件。

（3）用"椭圆工具""填充工具"绘制圆桌，并建立为元件。

（4）用"画笔工具"绘制彩带，并建立为元件。

（5）用"椭圆工具""选择工具""画笔工具""填充工具"等绘制蛋糕，并建立为元件。

（6）用绘图的各种工具及"填充工具"绘制小朋友，并建立为元件。

（7）用"椭圆工具""渐变工具"绘制烛火，使用形状动画制作出跳动的火苗，并建立为元件。

（8）用本章案例中用过的动画技术制作具有动态效果的影片剪辑元件"HAPPY BIRTHDAY"。

（9）画面合成：依次从"库"中拖动各元件到舞台中，然后为"彩带"和"芭蕉"元件添加"投影"滤镜效果。

12．拓展题：制作一张梦想成真的贺卡，自己绘制背景上的星空效果，可以添加心形信封及闪烁的星星等，再加入一些你的真心祝福词，参考效果如图 2.175 所示。

图 2.175　贺卡参考效果

13．拓展题：制作一张感恩节动态贺卡，要求贺卡中有祝福对象和祝福语句，且贺卡中的动画效果要符合感恩主题。

第3章

广告制作

教学目标:

知识目标: 掌握 Animate CC 中逐帧动画、补间动画、遮罩动画和引导动画的制作方法及技巧, 熟悉公益广告设计制作思路, 掌握制作公益广告类 Animate CC 作品的相关知识。

能力目标: 能利用逐帧动画、补间动画、遮罩动画和引导动画进行基本动画制作, 能使用基本动画进行公益广告类综合动画设计制作。

思政目标: 通过本章案例和项目的讲解, 培养创新意识, 增强爱国主义情怀, 培养公益精神, 提高个人修养。

教学重点与难点:

逐帧动画的制作, 补间动画的制作, 遮罩动画的制作, 引导动画的制作。

3.1 概述

3.1.1 本章导读

本章首先通过 4 个导入案例讲解 Animate CC 中动画制作的方法及技巧。"新年快乐"案例讲解的是形状补间动画的制作技巧;"动态山水画"案例讲解的是运动补间动画的制作技巧;"闪闪的红星"案例讲解的是遮罩动画的制作技巧;"蝴蝶飞"案例讲解的是逐帧动画和引导动画的制作技巧。最后的"防治环境污染公益广告"项目除介绍多种动画的制作方法外, 还介绍了公益广告的设计思路、Animate CC 动画中的常用镜头和镜头切换效果的设定。

3.1.2 Animate CC 动画制作的基本原理

任何随着时间而发生的位置或形态上的改变都可以叫作动画。这种改变可以是一个物体从一个地方到另一个地方的移动, 或者经过一段时间后颜色的改变, 或者从一个形状变成另一个形状。

使用 Animate CC 制作的动画是由一张张"帧"上的图片连接而成的, 帧是动画最基本的单位。在 Animate CC 中, 改变连续帧的内容 (经过一段时间后) 就创建了动画。当然, 还要利用"图层"来放置不同动作的元素, 因为如果将所有的对象都放在同一个图层的舞台上, 则很容易搞混各个对象, 而且图层与图层之间还有上下层叠顺序的特性, 在视觉上能够造成远近和前后的距离感。舞台是制作动画的地方, 在播放器中播放动画时, 只有舞台中的对象被显示, 它和周围的灰度区域统称为工作区域。动画的另一个组成部分是场景的变换, 就像一部电影不可能只在一个地方拍摄一样，制作 Animate CC 动画时也需要有不同的场景。

3.1.3　Animate CC 动画制作的基本方法

在 Animate CC 中，主要有两种制作动画的基本方法：逐帧动画和补间动画。而补间动画又分为形状补间动画和运动补间动画。此外，将制作动画的基本方法与图层的技术相结合，就形成了两种扩展的动画制作方法：遮罩动画和引导动画。

1．逐帧动画

逐帧动画是 Animate CC 所提供的最基本的动画形式，它是将动画的每一帧均设置为关键帧，通过改变每个关键帧中的图像而产生动画效果。

创建逐帧动画非常简单，只需要在每帧中插入不同的图片，或者在每帧中分别改变一张图片的部分元素，即可创建连续播放的动画效果。创建逐帧动画需要有足够的耐心去设置每帧的图片变化，且需要充分了解有生命体运动和无生命体运动的运动规律。

2．补间动画

补间动画是 Animate CC 提供的一种最有效的动画形式。无论是创建角色动画，还是创建动作动画，甚至最基本的按钮效果，补间动画都是必不可少的。用户可以建立两个关键帧，一个作为开始点，另一个作为结束点，并且只对这些点绘制图片或关键的艺术图像，然后利用补间来产生两个关键帧（开始点和结束点）之间的过渡图像。这种方法使快速制作流畅而准确的动画成为可能，而不再需要花费大量的时间去完成每帧上独一无二的图像。补间动画可以用来产生在尺寸、形状、颜色、位置和旋转上的变化。

Animate CC 能够产生两类补间动画：形状补间和运动补间。两类补间的应用场合与表现形式都不相同。

1）形状补间动画

形状补间动画被应用于基本形状的变化，它是某个对象在一定时间内其形状发生过渡型渐变的动画。例如，动画中的字母 A 变成字母 B，方块图形变成圆形图形。在创建形状补间动画时，参与动画制作的对象必须为图形（分散的矢量对象），而不可以是"按钮""影片剪辑"类型的图形元件。

形状补间动画用位于时间轴上动画的开始帧与结束帧之间的一个绿色连续箭头表示。形状补间动画有时又被简称为形状补间或补间形状。

2）运动补间动画

运动补间动画被应用于把对象由一个地方移动到另一个地方的情况，也可用于形成对象的缩放、倾斜或旋转的动画，还可用于形成元件的颜色或透明度变化的动画。运动补间动画对于元件和可编辑的文字形成动画很有用，然而，它不能用于形成基本形状变化的动画。

创建运动补间动画时，又分为"创建传统补间动画"和"创建补间动画"两种，主要区别在于创建的形式有所不同。

（1）"创建传统补间动画"时，需在时间轴上动画的开始帧处与结束帧处分别添加关键帧，再调整好两个关键帧上的对象，然后在两个关键帧之间的任一帧上单击鼠标右键，在弹出的快捷菜单中选择"创建传统补间"命令创建补间动画。动画创建好后，开始帧与结束帧之间的区域会变成一个蓝色的连续箭头。

（2）"创建补间动画"时，只有将图形转换为元件或影片剪辑才可以设置补间动画。创建好元件之后，选择要创建补间动画的图层，单击鼠标右键，在弹出的快捷菜单中选择"创建补间动画"命令，这时候你会看到这一层变成了淡蓝色，这时在任一帧上操作场景中的对象，时间轴上都会自动添加关键帧，继续在新生成的关键帧上调整图像即可完成动画。创建好补间动画后，还可以用"选择工具"在场景中对运动路径进行调整。

3．遮罩动画

在现实世界中，遮罩用来有选择地隐藏它后面的对象。而在 Animate CC 中正好相反，遮罩层用来选择它后面对象的可见区域。

遮罩动画是将一个图层设置为遮罩层，此图层中的对象将相应地转换为遮罩对象。其他图层则为被遮罩层，这些图层中的对象被遮罩对象所隐藏的那部分才可显示。

几乎任何元件或填充形状（排除线条）都可以用来创建一个遮罩。遮罩可能是动态的或静态的。遮罩动画常用于创建类似放大镜、突出主题、逐渐显示或隐藏等效果的动画。

4．引导动画

引导动画实际上是在运动补间动画的基础上添加一个引导图层，在该图层上有一条可以引导运动路径的引导线，可使另一个图层中的对象依据此引导线进行运动。

3.1.4 Animate CC 动画制作的设计技巧

要制作一部具有吸引力的动画作品，设计思路是关键。在设计一个动画时，需注意以下几个要点。

（1）要想吸引观众，最重要的是让动作具有一定的含义。这个含义是在动画包含的那些通常可以理解的视觉信息中表达出来的。

（2）动作应该支持动画的内容和主题。如果动作只是加上了一些装饰，而在内容上与主题毫不相关，那么它应该在设计中被删掉而不是被进一步加强。

（3）动作可以像文字和颜色一样传达情绪、感情和个性。虽然不同类型的动作可能会受不同的个性和文化所影响，但在设计动画时需将主要感情与动作类型联系起来。

（4）仔细观察生活中的动作并记录下来，建立一个创建动画时使用的"资源库"。只有深刻了解真实世界中的动作，创建出来的动画才会具有说服力。

（5）动作的设计要符合运动规律，如惯性、加速度（物体的加速度与产生此加速度的力的大小成正比，并与力的方向相同，与物体的质量成反比）、动作中的预备与缓冲、作用力与反作用力等。

3.2 导入案例：新年快乐

3.2.1 案例效果

新年快乐

本节通过制作一个"新年快乐"动画来介绍形状补间动画的制作技巧。本案例初始动画效果是如图 3.1 所示的烟花背景，然后出现如图 3.2 所示的 4 只灯笼，接着 4 只灯笼形变（形变过程如图 3.3 所示）成如图 3.4 所示的"新年快乐"4 个字，稍作停顿后又形变成 4 只灯笼。

图 3.1 动画效果 1   图 3.2 动画效果 2

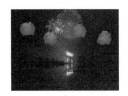
图 3.3　动画效果 3

图 3.4　动画效果 4

3.2.2　重点与难点

形状补间动画的特点、创建方法，如何设置形状提示点来控制形状补间动画的中间过程。

3.2.3　操作步骤

1．新建文档并命名

启动 Animate CC，修改"属性"面板中的参数，设置帧频，如图 3.5 所示。执行"文件"→"保存"菜单命令将新文档保存，并命名为"新年快乐"。

图 3.5　设置帧频

2．设置背景图片

双击图层 1 的名称处，先将图层 1 改名为"背景"。执行"文件"→"导入"→"导入到舞台"菜单命令，在弹出的如图 3.6 所示的"导入"对话框中，选择本案例对应的素材文件夹中的背景图片文件"烟花.jpg"，再单击"打开"按钮，则舞台上将出现如图 3.7 所示的背景图片。在屏幕右方如图 3.8 所示的"属性"面板的"位置和大小"中，设置此图片的宽为"550.00"、高为"400.00"。单击"背景"图层的第 100 帧，按【F5】键添加一个扩展帧。单击此图层上的"锁头"按钮，将"背景"图层锁定。

图 3.6　"导入"对话框

图 3.7　背景图片

图 3.8　背景图片属性设置

> **提　示**　一般在完成一个图层后都要将其锁定，其目的是防止在绘制其他图层时对已完成的图层进行错误的修改。

3．绘制灯笼

（1）单击 4 次"插入图层"按钮，插入 4 个新图层，如图 3.9 所示，分别命名为"新""年""快""乐"。将"年""快""乐"3 个图层锁定。单击"新"图层的第 20 帧，按【F6】键插入一个关键帧。单击"矩形工具"按钮，在"属性"面板中设置矩形边角半径为 70 像素，在舞台上绘制出一个圆角矩形作为灯笼体，如图 3.10 所示。执行"窗口"→"颜色"菜单命令，打开"颜色"面板，设置圆角矩形的颜色为"径向渐变"类型，如图 3.11 所示，其中第 1 个色标的值为#F9C1B5，第 2 个色标的值为#CC221A。用"矩形工具"和"线条工具"给灯笼体加上顶部和底部，如图 3.12 所示。灯笼体顶部和底部的颜色设置如图 3.13 所示，其"笔触颜色"为"纯黄色"，"填充颜色"为"径向渐变"类型，其中第 1 个色标的值为#E0F80C，第 2 个色标的值为#FCFDE3，第 3 个色标的值为#D3F413。设置灯笼的大小为"宽：84.50""高：90.00"，位置为"X：11.20""Y：34.00"，具体效果如图 3.14 所示。

图 3.9　插入新图层

图 3.10　灯笼体

图 3.11　灯笼体的颜色配置

图 3.12　灯笼

图 3.13　灯笼顶部和底部的颜色设置

图 3.14　画好的灯笼效果

（2）选中"新"图层的第 20 帧，单击鼠标右键，在弹出的快捷菜单中选择"复制帧"命令。然后分别在"年""快""乐"3 个图层的第 20 帧单击鼠标右键，在弹出的快捷菜单中选择"粘贴帧"命令。分别将灯笼调整到适当的位置，如图 3.15 所示，每个图层上的灯笼自左向右高低起伏地排列。

图 3.15　所有图层上的灯笼效果

4．绘制"新年快乐"4 个文字

（1）解锁"新"图层，锁定其他所有图层。在第 40 帧处添加一个关键帧。将原来的灯笼删掉。单击"文本工具"按钮，设置字体为"华文彩云"，字号为"74"，颜色为"纯红色"，输入"新"字。将此汉字摆在原来灯笼的位置。选中此汉字，按【Ctrl+B】组合键将其打散成形状。单击"墨水瓶工具"按钮，设置"笔触颜色"为"纯黄色"，将打散的汉字内外边界颜色均设置为"纯黄色"，效果如图 3.16 所示。

（2）锁定"新"图层，解锁"年"图层。在第 40 帧处添加一个关键帧。将原来的灯笼删掉，用上面同样的设置绘制一个"年"字，摆在原来灯笼的位置。用同样的方法给"快"和"乐"图层也分别在第 40 帧处绘制一个"快"和"乐"字，具体效果如图 3.17 所示。

图 3.16 "新"字效果　　　　　　　图 3.17 所有汉字效果

提示　形状补间动画只对分散的形状有用，而不能是组、元件或可编辑的文字。若要对这些项目进行形状补间动画制作，则需要按【Ctrl+B】组合键先将其打散成形状。

5. 绘制其他关键帧，并创建形状补间动画

（1）解锁"新""年""快""乐"4 个图层。这 4 个图层均在第 60 帧和第 80 帧处添加一个关键帧。同时选中"新""年""快""乐"4 个图层的第 20 帧，单击鼠标右键，在弹出的快捷菜单中选择"复制帧"命令。再单击"新""年""快""乐"4 个图层的第 80 帧，单击鼠标右键，在弹出的快捷菜单中选择"粘贴帧"命令，即可将 4 个图层的第 20 帧的灯笼复制到第 80 帧。

（2）同时选中"新""年""快""乐"4 个图层中的第 20~40 帧之间的任意帧，单击鼠标右键，在弹出的快捷菜单中选择"创建补间形状"命令（或在"插入"菜单中选择"补间形状"命令），此时在第 20~40 帧之间将出现绿色带箭头区域。用同样的方法在第 60~80 帧之间也创建形状补间动画。

6. 测试影片，保存文件，并导出影片

执行"控制"→"测试影片"→"在 Animate 中"菜单命令（或按【Ctrl+Enter】组合键），测试影片的动画效果。执行"文件"→"保存"菜单命令，将影片进行保存。执行"文件"→"导出"→"导出影片"菜单命令，将导出的影片保存为"新年快乐.swf"文件。

3.2.4 技术拓展

1. 制作形状补间动画

形状补间动画常用于形成基本形状，如把一个正方形变成圆形，或者通过从一个点到一条完整线条的补间产生一个画出一条线的动画。Animate CC 只能对一些简单的形状进行形状补间，而不能对一个组、元件或可编辑的文字运用形状补间。虽然可以对一层上的多帧进行形状补间，但出于组织和动画控制的原因，最好把每个形状放到各自独立的图层上，这样可以对形状补间的速度和长度分别进行调整。

制作形状补间动画的步骤如下。

（1）选择某帧作为动画的开始帧。如果它还不是一个关键帧，则把它转变为一个关键帧（按【F6】键）。

（2）把动画开始的图像绘制到舞台上。如果开始的图像中包括组、元件或可编辑的文字，则要按【Ctrl+B】组合键将其打散成形状。

（3）在时间轴上动画结束的位置插入一个关键帧，并修改作品定义动画的结束点。如果想重新创建结束帧上的作品，则插入一个空白关键帧（按【F7】键），而不是插入一个与初始帧有相同作品的关键帧。

（4）在开始关键帧和结束关键帧之间创建形状补间动画，创建后在动画的起始帧和结束帧之间的区域将出现一个绿色的填充和一个箭头，它表示应用了一个形状补间动画。创建形状补间动画的方法有如下两种：

①	用鼠标右键单击开始关键帧和结束关键帧之间的任意一帧，在弹出的快捷菜单中选择"创建补间形状"命令；

②	单击开始关键帧和结束关键帧之间的任意一帧，执行"插入"→"创建补间形状"菜单命令。

（5）可以执行"控制"→"播放"菜单命令对动画进行预览，或直接按【Enter】键在时间轴上进行预览，也可以执行"控制"→"测试影片"菜单命令预览动画效果，这时会产生一个.swf文件。

2．设置形状提示点

在创建形状补间动画时，不但可以采用默认的变换方式，还可以给两个关键帧中的图形设置对应的形状提示点，用来控制动画的渐变过程及效果。

在已经创建了一个基本的形状补间动画后，可以按照以下步骤添加形状提示点。

（1）在时间轴上的形状补间动画的开始关键帧中选择一个形状，然后执行"修改"→"形状"→"添加形状提示"菜单命令，Animate CC 会在舞台上放置一个用字母标记的红色小圆圈，这就是形状提示点。可以用以上方法添加多个形状提示点，它们按字母顺序标识。

（2）在开始关键帧的形状上确定一个点，用"箭头工具"进行选择并移动第一个形状提示点，把它放在用户想要其与最终形状中的一块区域进行匹配的区域上（如一个棱角或一段曲线），如图 3.18 所示。

（3）当把播放头移动到形状补间动画的结束帧上时，会看到与放在开始帧上标了字母的形状提示点相匹配的另一个标了相同字母的形状提示点。把这个形状提示点用"箭头工具"定位，从而在最终形状上标记出一块应该与初始形状上特定区域相匹配的区域。当结束关键帧中的形状提示点的颜色由红色变成了绿色（见图 3.19），而在开始关键帧中的形状提示点由红色变成了黄色时，则表示形状提示点已经与作品建立了正确的连接。

图 3.18　开始关键帧中的形状提示点　　　　图 3.19　结束关键帧中的形状提示点

📖提　示　在放置形状提示点时，应该保证形状提示点被放在图形的边框线上（在移动形状提示点时感觉提示点被自然捕捉于图形边框线上的某个点）。

（4）在时间轴上移动播放头，预览新的形变过程。不停地加入形状提示点，或对它们进行重新定位，直到动画产生理想的形变过程。

📖提　示　对准某个形状提示点单击鼠标右键，可以通过弹出的快捷菜单对形状提示点进行添加、删除和显示等操作。

3.3　导入案例：动态山水画

动态山水画

3.3.1　案例效果

本节讲述"动态山水画"案例。动画要体现如下内容：在蓝蓝的天空中飘着几朵白云，青翠的山峰在湖面上形成美丽的倒影，几只鸭子欢快地在水中游弋，花朵和浮萍在湖面上荡漾。其最终效果如图 3.20 所示。

图 3.20　"动态山水画"最终效果

3.3.2　重点与难点

运动补间动画的制作方法和技巧，以及如何设置旋转、运动的快慢和逐渐消失的效果。

3.3.3　操作步骤

1.　新建文档并命名

启动 Animate CC 后，新建一个文档，背景颜色和舞台大小都使用默认值，帧频设为 12帧/秒，保存文档，命名为"动态山水画"。

2.　绘制"花朵"与"浮萍"

（1）绘制"花瓣"元件。执行"插入"→"新建元件"菜单命令，设置新元件的名称为"花瓣"，类型为"图形"。设置工具箱中的"笔触颜色" 为"黑色"，"填充颜色" 为无，然后使用前面学过的"钢笔工具" 来绘制花瓣的轮廓，花瓣的轮廓线如图 3.21 所示。设置"颜色"面板中"填充颜色"为"径向渐变"类型，如图 3.22 所示，左端色标为"#990960"，中间色标为"#ED9AE6"，右端色标为"#F9CAF0"，填充花瓣，并删除花瓣外的轮廓线，效果如图 3.23 所示。

图 3.21　花瓣的轮廓线　　　图 3.22　设置"颜色"面板　　　图 3.23　花瓣的填充效果

（2）绘制"花朵"元件。执行"插入"→"新建元件"菜单命令，打开"创建新元件"对话框，设置新元件的名称为"花朵"，类型为"图形"。按【Ctrl+L】组合键或执行"窗口"→"库"菜单命令，打开"库"面板。把"花瓣"图形元件从"库"中拖到舞台中央。按【Ctrl+T】组合键或执行"窗口"→"变形"菜单命令，打开"变形"面板。选中工具箱中的"任意变形工具"，单击舞台上的"花瓣"元件，并把变形中心调整到花瓣的底端，如图 3.24 所示。在"变形"面板的"旋转"项中输入"60°"，单击"重制选区和变形"按钮 5 次，"花朵"元件的中心效果如图 3.25 所示。

图 3.24　调整花瓣的变形中心　　　　图 3.25　"花朵"元件的中心效果

（3）新建一个"图层 2"，单击"图层 2"的第 1 帧，单击工具箱中的"椭圆工具"按钮，设置其"属性"面板中的"笔触颜色"为无，"填充颜色"为"黄色"，绘制花心，效果如图 3.26 所示。

图 3.26　"花朵"元件的最终效果

（4）新建一个"浮萍"图形元件，单击工具箱中的"椭圆工具"按钮，设置其"属性"面板中的"笔触颜色"为无，设置"填充颜色"如图 3.27 所示，左端色标为"#006600"，右端色标为"#009900"。设置"属性"面板中的椭圆角度如图 3.28 所示，然后绘制一个如图 3.29 所示的浮萍。

图 3.27　浮萍的填充效果　　　　图 3.28　设置椭圆角度　　　　图 3.29　浮萍的效果

3．绘制"鸭子"

（1）新建一个"鸭子"图形元件，使用"椭圆工具"绘制出两个椭圆图形，分别作为鸭子的身体和头，然后使用"线条工具"绘制鸭子的身体轮廓线，并借助"选择工具"调整线条，绘制过程如图 3.30 所示。

图 3.30　"鸭子"的身体轮廓绘制过程

提　示　在绘制鸭脖子处的曲线时，可以先使用"线条工具"绘制直线，然后使用"选择工具"调整。把鼠标指针放置在直线上，当鼠标指针变为一个箭头右下方有一条小弧线的形状时，就可以把直线变为曲线了。

（2）使用"颜料桶工具" 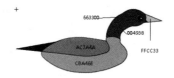为鸭子填充颜色，最终效果如图 3.31 所示。

图 3.31　鸭子的效果

4．绘制"水波"

新建一个"影片剪辑"元件，使用"画笔工具"绘制如图 3.32（a）所示的形状，颜色为"#9BEBFF"。在第 15、30 帧处插入关键帧，将第 15 帧处的图形使用"选择工具"拖动末端，使其成为如图 3.32（b）所示的形状。在第 1～15 帧、第 15～30 帧之间创建补间形状动画，形成一种水波涌动的效果。

（a）　　　　　　　　（b）

图 3.32　"水波"元件第 1 帧和第 15 帧的形状

提　示　在使用"画笔工具"绘制第 1 帧的图形时，一定要注意图形的端点处要圆润，这样在使用"选择工具"拖动时才比较好拖动。

5．绘制"天空""湖水""太阳""山""云"

（1）回到 场景1 ，将"图层 1"的名称修改为"天空"，在该图层上使用"矩形工具"绘制一个矩形，颜色为"#CFE6FC"，大小和位置如图 3.33 所示，其中白色区域为未遮住的舞台。

图 3.33　天空的效果

（2）在"天空"图层上方新建一个"湖水"图层，使用"矩形工具"绘制湖水，颜色设置如图 3.34 所示，3 个色标的颜色值从左到右依次为"#5885EB""#79D2C0""#D3EFD6"。湖水的最终效果如图 3.35 所示。

图 3.34　设置湖水的颜色

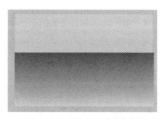

图 3.35　湖水的最终效果

（3）在"湖水"图层上方新建一个"太阳"图层，使用"椭圆工具"来绘制太阳，颜色设置如图 3.36 所示，3 个色标均为白色，其中第 3 个色标的透明度为 0%。太阳的位置和效果如图 3.37 所示。

图 3.36　设置太阳的颜色　　　　图 3.37　太阳的位置和效果

（4）在"太阳"图层上方新建一个"山"图层，同时锁定其他图层，使用"铅笔工具"的平滑模式来绘制山峰，设置笔触颜色为"#669999"；然后使用"颜料桶工具"进行"线性渐变"，填充设置如图 3.38 所示，颜色值从左到右依次为"#497283""#7FD6C""#C0E8C5"；最后使用"渐变变形工具"来调整填充效果，最终效果如图 3.39 所示。

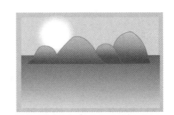

图 3.38　山的填充设置　　　　图 3.39　山的最终效果

（5）在"山"图层上方新建一个"云"图层，使用"椭圆工具"来绘制云，将"填充颜色"设置为白色，"笔触颜色"设置为无色，绘制出的云如图 3.40 所示。使用"选择工具"选中整朵云，执行"修改"→"形状"→"柔化填充边缘"菜单命令，使其向外扩展 10 像素，参数设置如图 3.41 所示。使用同样的方法再绘制一朵云。

图 3.40　云　　　图 3.41　设置"柔化填充边缘"参数

6. 完成动画

（1）新建 6 个图层，图层的上下层关系和名称如图 3.42 所示。

图 3.42　主场景的图层

（2）在"水波"图层上拖入两个"水波"元件，并设置其透明度均为 12%，使用"任意变形工具"来调整其大小和位置，效果如图 3.43 所示。

图 3.43　水波的大小、位置和透明度

（3）在"浮萍"图层上拖入"库"中的"浮萍"元件，并使用"任意变形工具"来调整浮萍的大小和位置，效果如图 3.44 所示。

图 3.44　浮萍的大小和位置

（4）在"花"图层上拖入"库"中的"花朵"元件，使用"选择工具"和"任意变形工具"来调整花朵的大小和位置，然后在"属性"面板中调整花朵的色调，如图 3.45 所示，花朵的位置、大小和颜色效果如图 3.46 所示。

图 3.45　色调的调整　　　　图 3.46　花朵的位置、大小和颜色

（5）在"鸭子 1""鸭子 2""鸭子 3"图层上分别拖入 3 个"鸭子"元件，使用"选择工具"和"任意变形工具"调整其位置和大小，3 只鸭子于第 1 帧处的位置和大小效果如图 3.47 所示。

图 3.47　3 只鸭子于第 1 帧处的位置和大小

（6）在"鸭子 1""鸭子 2""鸭子 3"图层的第 45 帧处插入关键帧，其他图层都在第 45 帧处插入普通帧，调整这 3 个图层上的鸭子位置和大小，效果如图 3.48 所示。然后在这 3 个图层上通过弹出的快捷菜单选择"创建传统补间"命令，实现动画效果。

图 3.48　3 只鸭子于第 45 帧处的位置和大小

7. 测试动画效果

按【Ctrl+Enter】组合键测试一下动画效果，确认无误后按【Ctrl+S】组合键保存文档。

3.3.4 技术拓展

1. 制作传统补间动画

传统补间动画对于组、元件或可编辑的文字形成动画很有用，但它不能用于形成基本形状。顾名思义，传统补间动画可以用于把项目从一个地方移动到另一个地方的情况，也可以用于形成物体的缩放、倾斜或旋转的动画，还可以用于形成元件的颜色和透明度的动画。

制作传统补间动画的步骤如下。

（1）选择某一帧作为动画的开始帧。如果它还不是一个关键帧，则把它转变为一个关键帧（按【F6】键）。

（2）绘制或导入要制作动画的图形元件。

（3）在时间轴上作为动画结束帧的位置处插入一个关键帧。

（4）对开始关键帧和结束关键帧上的传统补间元件进行移动、缩放、旋转，或者修改色彩、透明度、亮度。

（5）在开始关键帧和结束关键帧之间创建传统补间动画，创建后在动画的起始帧和结束帧之间的区域将出现一个蓝色的填充和一个箭头，它表示应用了一个传统补间动画。创建传统补间动画的方法有如下两种：

① 用鼠标右键单击开始关键帧和结束关键帧之间的任意一帧，在弹出的快捷菜单中选择"创建传统补间"命令；

② 单击开始关键帧和结束关键帧之间的任意一帧，执行"插入"→"传统补间"菜单命令。

（6）执行"控制"→"播放"菜单命令可以对动画进行预览，也可以执行"控制"→"测试影片"→"在 Animate 中"菜单命令，或者按【Ctrl+Enter】组合键来演示一个.swf 文件。

2. 创建补间动画

在 Animate CC 的时间轴上单击鼠标右键就可以看到 3 种补间形式，即"创建补间动画""创建补间形状""创建传统补间"，其中"创建补间动画"是从 Flash CS4（Animate 未改名之前）开始增加的新功能。

创建补间动画时需要将图形转换为元件或影片剪辑。在创建好元件之后，选择要创建补间的图层，单击鼠标右键，在弹出的快捷菜单中选择"创建补间动画"命令，创建补间动画的这层变成了淡蓝色，就可以开始让创建好的元件动起来了。如果在文档中只有一层且第 1 帧已经放置了刚创建好的元件，那么这层其实已经是补间动画层了，只是元件位置还没有变化。例如，单击该图层的第 25 帧，然后开始随意拖动舞台上该层创建好的元件，当然也可以拖到另一个位置并且让元件变小或变大，结束后你会发现在第 25 帧的下面多了一个关键帧。这就是程序自动生成的运动轨迹，当然鼠标指针移到其他帧上也是一样的，这就是最简单的补间动画。如果想使补间效果更精确，或者要达到某种想要实现的效果，则可以单击"动画编辑器"选项卡，在这里可以对补间动画进行精确的调试。如果是影片剪辑类型的元件，那么在"动画编辑器"里还可以直接给它赋予滤镜等效果，图形元件在这里只能实现色彩效果，如透明度、色调、亮度及高级颜色。

提示 Flash CS4 之前的版本在制作动画时基本都是定头、定尾、做动画，即开始帧、结束帧、创建动画动作。而从 Flash CS4 开始，就演变为只要定头，当鼠标指针在哪一帧操作场景中的对象时，时间轴就自动添加关键帧，所以制作补间动画演变为定头、做动画，即开始帧、选中对应帧、改变对象位置。

3．设置旋转的运动效果

旋转的运动效果是使元件在运动的同时旋转。设置方法是先在开始关键帧和结束关键帧之间设置好运动补间动画后，再通过"属性"面板中的 旋转：顺时针 ▼ x 1 来设置。其中，"旋转"选项用于设置旋转的方式，包括"无""自动""顺时针""逆时针"4 个选项；后面的"x"项用于设置从运动补间动画开始到结束元件旋转的次数。

4．设置运动的快慢效果

时快时慢的运动效果也是在开始关键帧和结束关键帧之间先设置好运动补间动画后，再通过"属性"面板中的 缓动：所有属性一起 ▼ 来设置的。其中，"缓动"选项用于调节对象运动过程中的速度比例关系，正数表示先快后慢，负数表示先慢后快，零值表示动作匀速变化。"属性"面板中 My Ease 1 ✎ 后面的"铅笔"用于打开"自定义缓动"面板，如图 3.49 所示。

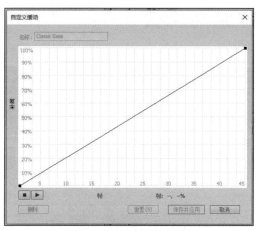

图 3.49　"自定义缓动"面板

利用"自定义缓动"面板，可以对缓动效果进行更多的控制。"自定义缓动"面板中显示的图形表示动画随时间推移而变化的程度。水平轴表示帧，垂直轴表示对象变化的百分比，图形的曲线指示对象的变化率。当曲线呈水平（无斜率）状态时，速率为 0；当曲线呈垂直状态时，表示对象的运动没有任何缓动或延迟。

如果选择"所有属性一起"选项，则会将当前曲线应用到所有属性（"位置""旋转""缩放""颜色""滤镜"）。如果选择"单独每属性"选项，则可以使每个属性应用单独的曲线。

（1）位置。为舞台上元件的位置指定自定义缓动设置。

（2）旋转。为舞台上元件的旋转指定自定义缓动设置。例如，可以微调舞台上的动画人物转向用户时速度的快慢。

（3）缩放。为舞台上元件的缩放指定自定义缓动设置。例如，可以更轻松地通过自定义对象的缩放实现以下效果：元件好像渐渐远离查看者，再渐渐靠近，然后再次渐渐远离。

（4）颜色。为应用于元件的颜色指定自定义缓动设置。

（5）滤镜。为应用于元件的滤镜指定自定义缓动设置。例如，可以控制模拟光源方向变化的投影缓动设置。

（6）"播放"和"停止"按钮。允许使用"自定义缓动"面板中定义的所有当前速率曲线预览舞台上的动画。

（7）“重置”按钮。允许将速率曲线重置为默认的线性状态。

单击曲线上任意控制点之外的位置，可在该曲线上创建新的控制点。单击曲线和控制点之外的任意位置，可以取消选择当前选择的控制点。

5．设置物体逐步消失的效果

逐步消失的运动效果是通过设置运动补间动画的结束关键帧中物体的 Alpha 值为 0%来实现的。此设置可通过“属性”面板中“色彩效果”样式中的 Alpha 值来完成，如图 3.50 所示。

图 3.50　Alpha 值的设置

3.4　导入案例：闪闪的红星

闪闪的红星

3.4.1　案例效果

“红星闪闪放光彩，红星灿灿暖胸怀”。红色五角星是对共产主义和社会主义的象征性标志。生在和平年代的我们更要传承红色血脉，坚定践行“二十大”精神，以青春之名续写时代华章！本节讲述“闪闪的红星”案例。看过电影《闪闪的红星》的读者对片头那颗不断闪烁发光的五角星应该都有印象。本案例通过使用遮罩动画，制作一颗不断发光的红星，效果如图 3.51 所示。

图 3.51　“闪闪的红星”效果

3.4.2　重点与难点

遮罩动画的制作方法与技巧。

3.4.3　操作步骤

1．新建文档并命名

启动 Animate CC 后，新建一个文档，背景颜色和舞台大小都使用默认值，帧频设为 12 帧/秒，保存文档，命名为“闪闪的红星”。

2．绘制“放射圆”元件

（1）使用工具箱中的“线条工具”绘制一条大小为 4 像素的水平直线。

（2）使用“选择工具”选中绘制好的直线，使用“任意变形工具”调整其变形中心，使其位于直线左端的正上方，如图 3.52 所示。

图 3.52　调整直线变形中心

（3）按【Ctrl+T】组合键打开"变形"面板，设置旋转角度为"10°"。单击"重制选区和变形"按钮 ▣ 多次，得到如图 3.53 所示的图形。选中所有线条，执行"修改"→"形状"→"将线条转化为填充"菜单命令，按【Ctrl+B】组合键把对象打散为矢量图，然后按【F8】键把图形转换为图形元件"放射圆 1"，如图 3.53 所示。

（4）选中图形元件"放射圆 1"，执行"修改"→"变形"→"水平翻转"菜单命令进行水平翻转，然后转换为图形元件"放射圆 2"，如图 3.54 所示。

图 3.53　放射圆 1　　　　　　　　图 3.54　放射圆 2

3．制作"光芒闪闪"影片剪辑

（1）执行"插入"→"新建元件"菜单命令，新建一个"影片剪辑"元件，命名为"光芒闪闪"。从"库"中把"放射圆 1"拖到舞台中央，使用"对齐"面板把"放射圆 1"的中心和舞台的中心对齐。然后修改该实例的"属性"面板，将"颜色"的"色调"设为黄色，如图 3.55 所示。

（2）在图层的第 100 帧处按【F6】键插入关键帧，用鼠标右键单击第 1～100 帧之间的任意帧，在弹出的快捷菜单中选择"创建传统补间"命令，然后设置"属性"面板中的"旋转"选项为"逆时针"旋转"1"次，如图 3.56 所示。

（3）新建一个"图层 2"，把"放射圆 2"拖到该图层上，注意使用"对齐"面板使"放射圆 1"和"放射圆 2"的中心对齐。用鼠标右键单击"图层 2"，在弹出的快捷菜单中选择"遮罩层"命令，这时效果如图 3.57 所示。按【Enter】键就可以看到动态的效果了。

图 3.55　颜色设置　　　　图 3.56　补间动画设置　　　图 3.57　光芒闪闪的效果

> **提　示**　遮罩层上的图形无论采用何种颜色、渐变色、位图或透明度，遮罩效果都相同，在播放时都不会显示。

在制作动画时，遮罩层上的对象经常挡住下层的对象。为了方便编辑，可以单击遮罩层上的按钮 ■，这样可以只显示该图层上对象的轮廓线，便于编辑和调整图形的位置。

4．制作"五角星"图形元件

（1）新建一个图形元件"五角星"，使用"多角星形工具" ⬡ 和"线条工具"绘制一颗如图 3.58 所示的五角星。

（2）打开"颜色"面板，设置"填充颜色"为"线性渐变"类型，颜色从"红色（#BB1111）"到"深灰色（#373737）"，填充五角星，并使用"渐变变形工具" ▣ 进行调整，删除轮廓线，最后效果如图 3.59 所示。

图 3.58　绘制五角星　　　　图 3.59　填充五角星

5．整合图形

（1）单击时间轴上的  按钮，回到主场景，新建 3 个图层，分别命名为"背景""光芒""五角星"，图层之间的关系如图 3.60 所示。

图 3.60　图层关系

（2）在"背景"图层中使用"矩形工具" 绘制一个和舞台大小一样的无边框矩形，在"颜色"面板中设置"填充颜色"为"径向渐变"类型，颜色从"淡蓝（#D7F4F1）"到"深蓝（#3780C8）"，填充矩形。

（3）把"光芒闪闪"影片剪辑拖到"光芒"图层的第 1 帧，把"五角星"图形元件拖到"五角星"图层的第 1 帧。注意使两个元件均与舞台中央对齐，并适当调整大小。

6．测试影片，保存文件，并导出影片

执行"控制"→"测试影片"→"在 Animate 中"菜单命令（或按【Ctrl+Enter】组合键），测试影片的动画效果。执行"文件"→"保存"菜单命令，将影片进行保存。执行"文件"→"导出"→"导出影片"菜单命令，将导出的影片保存为"闪闪的红星.swf"文件。

3.4.4　技术拓展

1．制作遮罩动画

遮罩动画是利用遮罩层制作的一种重要动画，利用遮罩动画可以制作出许多特殊的动画效果，如放大镜效果、卷轴效果、百叶窗效果等。

在制作遮罩动画时用到两个图层：遮罩层和被遮罩层。被遮罩层上的图形会通过遮罩层显示出来。图 3.61 所示为由两个图层组成的遮罩效果图。图 3.62 中图层 2 为遮罩层，在该图层上绘制的就是一个圆形；图层 1 为被遮罩层，上面放置的是一张图片。在播放动画时，遮罩层上的内容不会被显示出来，被遮罩层上位于遮罩层之外的内容也不会被显示出来。

在遮罩层上可以创建的对象包括元件实例、矢量图形、位图、文字，但不能是线条，如果是线条，则一定要将其转换为填充；在被遮罩层上可以创建的对象包括元件实例、矢量图形、位图、文字或线条等。

以图 3.61 所示的遮罩动画为例来说明创建遮罩动画的方法，具体步骤如下。

（1）选择本案例对应的素材文件夹中的图片文件"可爱宝宝.jpg"，导入图层 1 的第 1 帧，使用"对齐"面板把图片放到舞台的中央。

（2）新建一个"图层 2"，单击"椭圆工具"按钮 ，把"笔触颜色"设置为无 ，在图层 2 的第 1 帧处绘制一个椭圆。

（3）用鼠标右键单击图层 2，弹出快捷菜单，选择"遮罩层"命令。这时，图层 1 和图层 2 就会被锁定 。按【Ctrl+Enter】组合键测试一下动画效果。

图 3.61　遮罩效果　　　　图 3.62　遮罩与被遮罩图层

提 示　如果要在场景中观看遮罩效果，则可以单击选中遮罩层和被遮罩层的 🔒 按钮。

2．设置一个图层遮罩多个图层

在 Animate CC 中，一个遮罩层可以同时遮罩多个被遮罩层。当把某个图层设置为遮罩层时，它下面的图层自动被设置为被遮罩层。当需要使一个图层遮罩多个图层时，可以通过下面的两种方法实现。

（1）当需要添加为被遮罩层的图层位于遮罩层的上方时，选中该图层，单击并拖动它到遮罩层下方。

（2）当需要添加为被遮罩层的图层位于遮罩层的下方时，在该图层上单击鼠标右键，在弹出的快捷菜单中选择"属性"命令，打开"图层属性"对话框，选中 ⊙ 被遮罩(A) 单选按钮。

如果需要取消遮罩与被遮罩的关系，则可以在被遮罩层上打开"图层属性"对话框，选中 ⊙ 一般(O) 单选按钮，或者把该图层拖到遮罩层上方。

提 示　一个遮罩层不能遮蔽另一个遮罩层。

3.5　导入案例：蝴蝶飞

蝴蝶飞 1　　　　蝴蝶飞 2

3.5.1　案例效果

本节讲述"蝴蝶飞"案例。动画要体现以下内容：花瓣上的露珠闪着光芒，一只蝴蝶停在花朵上拍着翅膀，另一只蝴蝶从远处飞来，似乎和它说了几句悄悄话，然后又飞走了。本案例通过引导动画制作蝴蝶飞，"蝴蝶飞"效果如图 3.63 所示。

图 3.63　"蝴蝶飞"效果

3.5.2　重点与难点

引导动画的制作方法与技巧，以及应用引导路径的技巧。

3.5.3 操作步骤

1. 新建文档并命名

启动 Animate CC 后，新建一个义档，背景颜色和舞台大小都使用默认值，帧频设为 12 帧/秒，保存文档，命名为"蝴蝶飞"。

2. 导入背景图片

修改"图层 1"的名称为"背景"，执行"文件"→"导入"→"导入到舞台"菜单命令，导入本案例对应的素材文件夹中的"花丛.bmp"图片。利用"对齐"面板将图片缩放成与舞台大小一样，覆盖在舞台上，如图 3.64 所示。

图 3.64 设置背景图片

3. 制作"蝴蝶飞 1"元件和"蝴蝶飞 2"元件

（1）新建一个图层，导入本案例对应的素材文件夹中的"蝴蝶.jpg"图片，然后执行"修改"→"位图"→"转换位图为矢量图"菜单命令，设置如图 3.65 所示。

图 3.65 转换位图为矢量图设置

（2）使用"选择工具"选中右边的翅膀，按【F8】键，将其转换为"翅膀 1"元件；选中中间的身体，转换为"身体"元件；选中左边的翅膀，利用颜色设置相关工具修改左边翅膀的颜色（颜色可自行确定），并转换为"翅膀 2"元件，注意删除多余的图形，最终效果如图 3.66 所示。然后删除舞台上的 3 个元件。

图 3.66 转换元件"身体""翅膀 1""翅膀 2"

（3）新建一个"影片剪辑"元件，命名为"蝴蝶飞 1"。把"图层 1"改名为"身体"，从"库"中把"身体"元件拖到该图层中，使用"任意变形工具" 适当调整其大小。在影片剪辑中新建一个图层，命名为"翅膀"，将"翅膀 1"元件拖到该图层中，并适当缩放，放在"身体"的右侧；复制"翅膀 1"元件，并做"水平翻转"，放在"身体"的左侧，组成一只完整的蝴蝶，效果如图 3.67 所示。

（4）在"蝴蝶飞 1"影片剪辑的"身体"图层的第 25 帧处插入扩展帧，将"身体"元件延伸到此帧；在"翅膀"图层的第 2 帧处插入关键帧，然后单击"任意变形工具"按钮▦，将左边"翅膀 1"元件的变形中心点调整到与身体接触位置，然后向里压，使用同样的方法调整右边的元件，效果如图 3.68 所示。

（5）为了让蝴蝶有节奏地拍动翅膀，同时选中"翅膀"图层的第 1、2 帧，单击鼠标右键，在弹出的快捷菜单中选择"复制帧"命令，然后将其粘贴到第 6、7、9、10、12、13、17、18、22、23 帧，最后在第 25 帧处插入扩展帧，这样就有了蝴蝶不断拍动翅膀的效果。"蝴蝶飞 1"帧的设置如图 3.69 所示。

图 3.67　完整的蝴蝶（1）

图 3.68　制作拍翅膀的效果

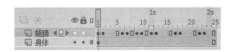

图 3.69　"蝴蝶飞 1"帧的设置

（6）使用同样的方法制作"蝴蝶飞 2"影片剪辑元件，完整的蝴蝶效果如图 3.70 所示。为了让两只蝴蝶拍动翅膀的频率不同，帧的设置稍有差异，"蝴蝶飞 2"帧的设置如图 3.71 所示。

图 3.70　完整的蝴蝶（2）

图 3.71　"蝴蝶飞 2"帧的设置

4．制作"闪烁文字"元件

（1）修改舞台背景颜色为"黑色"，新建一个"图形"元件，命名为"星星"，在"颜色"面板中设置"填充颜色"类型为"径向渐变"填充，左右"色标"都为"白色"，右边"色标"的透明度为"0%"。设置好后，使用"多角星形工具"⬡绘制一颗八角星，参数设置如图 3.72 所示，得到如图 3.73 所示的效果。

图 3.72　多角星形工具参数

图 3.73　绘制"星星"元件

（2）新建一个"影片剪辑"元件，命名为"星星旋转"，将"星星"元件拖到影片剪辑中，适当调整大小，然后在第 15 帧处插入关键帧，创建传统补间动画。在"属性"面板中设置"逆时针"旋转"1"次。"星星旋转"元件的时间轴如图 3.74 所示。

（3）新建一个"图形"元件，命名为"文字"，使用"文本工具"Ｔ输入"I love you"，设置字体颜色为"粉色（#FF33CC）"。然后打散文字，使用"画笔工具"✎适当调整大小，把字母连起来，效果如图 3.75 所示。

图 3.74　"星星旋转"元件的时间轴　　图 3.75　"文字"元件

（4）新建一个"影片剪辑"元件，命名为"闪烁文字"，将"文字"元件拖到影片剪辑中，并把"图层 1"命名为"文字"，然后在第 40 帧处按【F5】键插入扩展帧；新建一个图层，命名为"星星 1"，从"库"面板中将"星星旋转"元件拖到该图层中，放在"文字"图层的顶部，如图 3.76（a）所示。

（5）在"星星 1"图层的第 40 帧处插入关键帧，将该帧的"星星旋转"元件拖到"文字"图层的底部，如图 3.76（b）所示，然后在第 1～40 帧之间创建传统补间动画。在"星星 1"图层上方新建一个图层，用鼠标右键单击该图层，在弹出的快捷菜单中选择"引导层"命令，将"文字"图层的第 1 帧复制到引导层的第 1 帧，并将文字打散成矢量图形，这样文字将成为引导线。按【Enter】键，观察星星是否沿着文字线条运动。如果没有，则调整一下"星星 1"图层第 1～40 帧中星星的位置，直至其沿着文字线条运动为止。

（a）　　　　　　　　　（b）

图 3.76　"闪烁文字"元件

（6）在"星星 1"图层的上方新建两个图层，分别命名为"星星 2"和"星星 3"，这两个图层自动成为被引导层。从"库"面板中将"星星旋转"元件拖到这两个图层中，参照前面的步骤制作星星沿着"love"和"you"线条运动的动画。在本案例中，各图层第 1 帧星星的位置如图 3.77（a）所示，第 40 帧星星的位置如图 3.77（b）所示，"闪烁文字"元件的时间轴如图 3.78 所示。

（a）　　　　　　　　　（b）

图 3.77　"闪烁文字"元件第 1、40 帧星星的位置

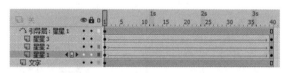

图 3.78　"闪烁文字"元件的时间轴

5．布置主场景

（1）单击 [场景 1] 按钮回到主场景，新建 4 个图层，从上到下分别为"文字""蝴蝶 2""闪烁""蝴蝶 1"。主场景的图层关系如图 3.79 所示。

图 3.79　主场景的图层关系

（2）从"库"面板中将"星星"元件拖到"闪烁"图层中，使用"任意变形工具" 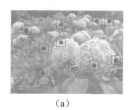 适当调整图形大小，并多复制几个"星星"元件。选中该图层的第 1 帧，按【F8】键将这些星星转换为"影片剪辑"元件，命名为"闪烁星星"。单击"选择工具"按钮 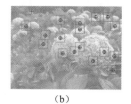，双击"影片剪辑"元件，进入其内部，其第 1 帧的星星效果如图 3.80（a）所示，然后在第 3 帧处插入关键帧。重新调整这些星星的位置并多复制几个，效果如图 3.80（b）所示，然后在第 4 帧处插入扩展帧。

（a）　　　　　　　　　（b）

图 3.80　"闪烁星星"元件第 1、3 帧的星星效果

（3）单击 场景 1 按钮回到主场景，在"背景"和"闪烁"图层的第 300 帧处插入扩展帧。接着从"库"面板中把"蝴蝶飞 1"影片剪辑拖到"蝴蝶 1"图层中，使用"任意变形工具"调整其大小并旋转一定的角度，且在第 300 帧处插入扩展帧，效果如图 3.81 所示。

图 3.81　"蝴蝶 1"图层中的大小和位置

（4）从"库"面板中把"蝴蝶飞 2"影片剪辑拖到"蝴蝶 2"图层的第 1 帧中，并调整其大小和旋转角度，在第 150 帧处插入关键帧，并创建传统补间动画。在"蝴蝶 2"图层的上方新建一个图层，并将其设置为"引导层"，在引导层上使用"铅笔工具" 绘制一条引导线，如图 3.82 所示。

图 3.82　绘制引导线

（5）调整"蝴蝶 2"图层第 1 帧上实例的位置，使其位于引导线开始的地方，变形中心和引导线对齐，并旋转方向，使切线方向与引导线相同，如图 3.83（a）所示。将第 150 帧处的"蝴蝶飞 2"影片剪辑调整到引导线的末端，并旋转方向，使其切线方向与引导线相同，如图 3.83（b）所示。

（a）　　　　　　　　　　（b）

图 3.83　设置"蝴蝶 2"图层第 1、150 帧的实例位置

（6）选中"蝴蝶 2"图层第 1～150 帧的任意帧，在"属性"面板中勾选 ☑调整到路径 复选框，然后按【Enter】键，看看"蝴蝶飞 2"元件是不是沿着引导线运动。如果没有，则重新调整蝴蝶的位置，直到其沿着引导线运动为止。

（7）在"蝴蝶 2"图层的第 250、300 帧处插入关键帧，并在这两帧之间创建传统补间动画；在引导层的第 151 帧处插入空白关键帧，在第 250 帧处插入关键帧，并在第 250 帧处绘制一条引导线，如图 3.84 所示。参考前面的方法，将"蝴蝶 2"图层第 250、300 帧上的蝴蝶分别对齐到引导线的首端和末端，制作引导动画。

（8）在"文字"图层的第 150 帧处插入关键帧，将"闪烁文字"元件拖动到该帧，放在舞台左下方，如图 3.85 所示。在该图层的第 200 帧处插入关键帧，然后将第 150 帧上的文字设置为透明，并在两个关键帧之间创建传统补间动画，最后在第 300 帧处插入扩展帧。

 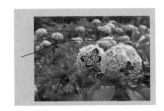

图 3.84　"蝴蝶 2"图层引导层的引导线　　　图 3.85　"闪烁文字"元件的放置位置

6. 测试、保存文件，并导出

执行"控制"→"测试影片"→"在 Animate 中"菜单命令（或按【Ctrl+Enter】组合键），测试影片的动画效果。执行"文件"→"保存"菜单命令，将影片进行保存。执行"文件"→"导出"→"导出影片"菜单命令，将导出的文件保存为"蝴蝶飞.swf"。

3.5.4　技术拓展

1. 制作逐帧动画

逐帧动画是 Animate CC 中最基本的动画形式。由于逐帧动画的每一帧都是独一无二的图片，所以对于需要细微变化的复杂动画来说，这种形式是很理想的。

逐帧动画通常用来解决 Animate CC 中无法通过演算完成的部分，如面部表情、动物的奔跑等。此外，含有少量帧的逐帧动画还可以用来做重复的效果，如振动效果的动画就是应用了两个在舞台上位置有微妙差异的关键帧来实现的。

然而，逐帧动画也有其缺点。由于在逐帧动画中几乎每一帧都是关键帧，所以可能工作很单调，而且很费时间。此外，图片总和起来将会是一个很大的文件。

创建逐帧动画的基本步骤如下。

（1）选择某一帧作为逐帧动画的开始帧。如果它还不是一个关键帧，则把它转变为一个关键帧（按【F6】键）。

（2）在开始帧中绘制或导入动画序列中的第一张图片。

（3）选择下一帧，添加关键帧（按【F6】键）并进行任意修改，或创建一张全新的图片，或导入一张图片。

（4）继续添加关键帧并改变相应关键帧的内容，直到最终完成动画。

（5）回到第一个关键帧，执行"控制"→"播放"菜单命令（或按【Ctrl+Enter】组合键）对动画进行预览，也可以执行"控制"→"测试影片→"在 Animate 中"菜单命令来演示并导出一个.swf 文件。

2. 制作引导动画

引导动画是利用引导层制作的一种重要动画，在制作引导动画时会用到"引导层"（图标为 ）和"被引导层"（图标为 ▢）。在引导层中绘制线条，便可以让被引导层上的对象沿线条运动。在播放动画时，引导层上的内容不被显示。

在引导层上绘制的是引导路径，这些线条可以是使用钢笔工具、铅笔工具、线条工具、椭圆工具、矩形工具或画笔工具绘制出来的。

在被引导层上可以创建的对象包括元件、文字或群组等，也可以是分散的矢量图形。

引导动画的创建主要分为三大步骤。

（1）创建传统补间动画，如在本案例中创建"蝴蝶 2"图层第 1～150 帧的传统补间动画。

（2）创建引导层，在引导层中绘制引导线。

创建引导层的方法如下。

用鼠标右键单击需要转换为引导层的图层，在弹出的快捷菜单中选择"引导层"命令，将该图层先转换为"引导层"（图标为 ⌐。需要注意的是，此时并未建立引导关系）；然后用鼠标右键单击该图层下需要转换为被引导层的图层，在弹出的快捷菜单中选择"属性"命令，打开"图层属性"对话框，选中 ⊙被引导(U) 单选按钮，确定后引导层上的图标变为 ，确立引导关系（或直接用鼠标拖到引导层下，使其往右缩进，也可变为被引导层）。

📖 提 示　可以在一个引导层下设置多个被引导层。

（3）调整被引导层上对象的位置。引导动画首帧上元件中心点与运动引导线的首端对齐，引导动画末帧上元件中心点与运动引导线的末端对齐。

3. 应用引导路径的技巧

（1）引导线要平滑、流畅。转折点过多或转弯过急，线条中断或交叉重叠，都可能导致引导线不能成功引导。

（2）被引导层上元件的变形中心一定要位于引导线上，否则无法引导。如果为不规则元件，则可以适当调整其变形中心的位置。另外，单击工具箱中的"贴紧至对象"按钮 ，可以使元件更容易被吸附到引导线上。

（3）在默认情况下，被引导层上的元件按引导路径平移，与切线方向无关。如果希望沿切线运动，则可在设置被引导层上元件的补间动画后，勾选 ☑调整到路径 复选框。在本案例中就是如此。

（4）当对齐引导线和元件时，勾选 ☑贴紧 复选框可以让元件自动捕捉路径。

3.6　综合项目：防治环境污染公益广告

3.6.1　项目概述

公益广告是指为实现公共利益而

公益广告 1　公益广告 2　公益广告 3　公益广告 4　公益广告 5

实施的广告。公益广告同商业广告相比有两个特征：非营利性和观念性。它一般向大众阐述社会道德和行为规范，告诉大家应该做什么、不该做什么。它的目的是提倡一种社会风尚，对人们的社会行为提出一定的要求。

环境保护是典型的公益广告主题。现在涉及环境保护方面的作品有很多，怎样才能让自己的设计与众不同呢？这里选择"沉鱼、落雁、闭月、羞花"来表现被污染的环境。根据这样的设计思路，动画分为9大部分：活泼的鱼儿、飞翔的大雁、明亮的月空、盛开的花朵、污染现象、沉鱼、落雁、闭月、羞花。这样，人们在看了动画之后，就会记忆深刻，不易忘记。

由于环境保护的公益广告可能在网上和电视上播放，因此制作出来的动画要适合各种年龄和身份的人观看。这就要求动画的界面既要明亮大方、通俗直观，又要兼顾轻松幽默，切不可只是说教和简单的图片堆叠，各方面的因素都要仔细思考。考虑到网络播放效果的要求，项目中涉及的内容都是在 Animate CC 中制作完成的，这样可减小文件尺寸。

项目的设计步骤分为片头、活泼的鱼儿、飞翔的大雁、明亮的月空、盛开的花朵、美丽环境动画制作、污染现象、沉鱼、落雁、闭月、羞花、污染后动画效果制作和恢复美好生活环境画面的动画制作，以及声音的添加。首先进入片头动画；单击"play"按钮开始播放公益广告；出现曾经拥有的美好生活画面（4幅图）；接着切换到工业迅速发展，带来了环境污染的画面；然后切换到"沉鱼""落雁""闭月""羞花"4个画面，说明若人们能保护环境，就能恢复鸟语花香的日子。

3.6.2　项目效果

本项目是以"爱护环境，防止污染"为主题的公益广告。环境污染一直是人们所关心的话题，那么，用怎样的动画形式表现出来，才能让人们印象深刻，起到公益广告的作用呢？我们想到了"沉鱼、落雁、闭月、羞花"，让"活泼的鱼儿"和"沉鱼"进行对比；让"飞翔的大雁"和"落雁"进行对比；让"明亮的月空"和"闭月"进行对比；让"盛开的花朵"和"羞花"进行对比。通过鲜明的对比，使人们认识到：为了自己和子孙后代，我们要爱护家园，才会拥有往日宁静和谐的生活环境，才不会出现短片中所出现的"沉鱼""落雁""闭月""羞花"那样的画面。项目中的主要画面效果如图3.86所示。

图 3.86　项目中的主要画面效果

3.6.3　重点与难点

如何设计公益广告，常用镜头和镜头切换的应用方法和技巧。

3.6.4　操作步骤

1．制作片头动画

（1）启动 Animate CC 后，执行"文件"→"新建"菜单命令，在打开的"新建文档"对话框的"常规"选项卡中选择"ActionScript 3.0"选项，新建一个文档，设置文档大小为 550 像素×400 像素，帧频为 12 帧/秒，背景颜色为"白色"。

（2）执行"文件"→"保存"菜单命令，将新文档保存，并命名为"公益广告"。

（3）双击时间轴上的"图层 1"，将名称改为"bg"。选择"矩形工具"，"笔触颜色"设置为无，"填充颜色"设置为"绿色（#E1FE6F）"，绘制一个高为 350 像素、宽为 550 像素的矩形，设置其相对于舞台进行居中对齐、顶端对齐，并将此矩形转换成"beijing"图形元件。双击进入该元件中，将"图层 1"改名为"bg1"。新建一个图层，命名为"hua"。选择"椭圆工具"，将"填充颜色"设为"深绿色（#BDEC02）"，绘制一个小圆，再复制 5 个，围成一圈，就像梅花一样；选中这 5 个小圆，再复制多个，并适当调整大小，随意地放在不同的位置，效果如图 3.87 所示。

图 3.87　"beijing"图形元件效果

（4）执行"插入"→"新建元件"菜单命令，创建一个名为"bt1"的图形元件，将"图层 1"命名为"lan"。选择"矩形工具"，"笔触颜色"设置为无，"填充颜色"设置为"黑色"，然后按住【Shift】键的同时在舞台上绘制一个正方形，再复制一个，并将其旋转 45°，单击"对齐"面板中的"垂直中齐"和"水平中齐"按钮，将它们合并成一个多边形。打开"颜色"面板，"填充颜色"设置为"径向渐变"，蓝色（#1C51CA）至白色（#FFFFFF）渐变，对多边形进行填充。再选择"渐变变形工具"修改填充的中心点，将其放在左上方。复制该多边形，并将"lan"图层锁定。

新建一个图层，命名为"shenlan"，将这个图层拖到"lan"图层的下方。将"填充颜色"改为"深蓝色（#000066）"，将蓝白渐变多边形放在深蓝色多边形的上方偏左几像素处，这样就能形成立体的效果。选择"文本工具"，在"属性"面板中设置文本类型为"静态文本"，字体为"黑体"，字号为"55"，颜色为"红色"，在舞台中输入"爱"字，并将它移到多边形的最上面，效果如图 3.88 所示。

图 3.88　制作"bt1"图形元件

（5）执行"窗口"→"库"菜单命令，将"库"面板调出。选中"bt1"图形元件，单击鼠标右键，在弹出的快捷菜单中选择"直接复制"命令，将新复制的元件命名为"bt2"。依照此方法继续复制 6 个图形元件，将新复制的元件分别命名为"bt3…bt8"。双击进入"bt2…bt8"7 个元件中，将里面的文字分别改为"护""环""境""保""护""家""园"，适当改变填充渐变的方向，效果如图 3.89 所示。

图 3.89   改变文字背景的填充渐变方向

（6）执行"插入"→"新建元件"菜单命令，创建一个名为"bt"的影片剪辑元件。将"图层 1"命名为"爱"。将"bt1"图形元件拖入舞台中，在第 9 帧处插入关键帧，在第 47 帧处插入普通帧。新建一个引导层，命名为"线 1"，在第 1 帧处用"铅笔工具"在舞台上绘制一条带弧度的线，将第一层"爱"设置为被引导层。在第一层"爱"的第 1～9 帧之间创建传统补间动画，将第 1 帧上的图形元件移动到弧线的首端，将第 9 帧上的图形元件移动到弧线的末端，设置补间顺时针旋转 2 次。

新建一个图层，命名为"护"。在第 10 帧处插入空白关键帧，并将"bt2"图形元件拖入舞台中，在第 19 帧处插入关键帧，在第 47 帧处插入普通帧。新建一个引导层，命名为"线 2"，在第 10 帧处插入关键帧，再绘制一条有弧度的线，将第三层"护"设置为被引导层。在第三层"护"的第 10～19 帧之间创建传统补间动画，将第 10 帧上的图形元件移动到弧线的首端，将第 19 帧上的图形元件移动到弧线的末端，设置补间逆时针旋转 3 次。

新建一个图层，命名为"环境"。在第 22 帧处插入空白关键帧，将"bt3"图形元件拖入舞台中，放在"bt2"图形元件的右侧。然后在第 27 帧处插入关键帧，将"bt4"图形元件拖入舞台中，放在"bt3"图形元件的右侧。再次新建一个图层，命名为"保护家园"。在第 32 帧处插入空白关键帧，将"bt5"图形元件拖入舞台中，放在"bt3"图形元件的右下方。在第 37 帧处插入关键帧，将"bt6"图形元件拖入舞台中，放在"bt5"图形元件的右侧。在第 42 帧处插入关键帧，将"bt7"图形元件拖入舞台中，放在"bt6"图形元件的右侧。在第 47 帧处插入关键帧，将"bt8"图形元件拖入舞台中，放在"bt7"图形元件的右侧。给第 47 帧添加动作脚本"stop();"，效果如图 3.90 所示。

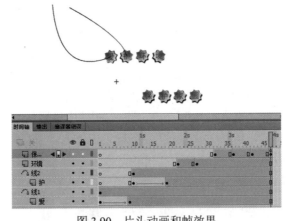

图 3.90   片头动画和帧效果

（7）回到主场景中，将"bt"影片剪辑元件拖入"bg"图层的舞台外左上角处，在第 84 帧处插入空白关键帧。新建一个图层，命名为"黑条"。绘制一个宽为 550 像素、高为 50 像素的矩形，"填充颜色"设置为"黑色"。将它放到场景的底部，刚好和"beijing"图形元件连接在一起，然后将此图层锁定。

（8）新建一个名为"解说 1"的影片剪辑元件，在其中制作帧动画，让每隔一帧就出现"曾经我们拥有着"其中的一个字，在末帧上添加动作脚本"stop();"。帧的设置和效果如图 3.91 所示。

图 3.91　"解说 1"影片剪辑元件的帧和文字效果

（9）回到主场景中，新建一个名为"文字"的图层，在第 84 帧处插入关键帧后，将"解说 1"影片剪辑元件从"库"面板中拖到舞台的中上部。

（10）新建一个图层，命名为"按钮"。在第 60 帧处插入空白关键帧，在舞台右下角输入绿色（#CCFF00）的文字"play"，并将它转换为"播放"按钮元件。双击进入此元件，在"指针经过"帧处插入关键帧，将其颜色设置为"橙色（#FF9900）"。在"点击"帧处插入关键帧，绘制一个能覆盖文字的矩形。

（11）回到主场景中，新建一个图层，命名为"Actions"，用来添加脚本，在第 60 帧处插入空白关键帧，并添加动作脚本"stop();"。选中"播放"按钮元件，打开"属性"面板，将其名称设置为"button_1"；再打开"代码片断"面板，依次打开"ActionScript"和"时间轴导航"文件夹，选择"单击以转到帧并播放"命令，系统自动为"播放"按钮元件 button_1 添加到动作脚本中，将"gotoAndPlay(5);"改成"gotoAndPlay(84);"，如图 3.92 所示。在"按钮"图层的第 84 帧处插入空白关键帧。

图 3.92　"播放"按钮元件上的动作脚本

（12）单击"库"面板左下角的"新建文件夹"按钮，新建一个文件夹，命名为"片头"，将"bt"影片剪辑元件、"解说 1"影片剪辑元件和"bt1""bt2""bt3""bt4""bt5""bt6""bt7""bt8"图形元件拖到"片头"文件夹中，如图 3.93 所示。

图 3.93　在"库"面板中新建文件夹

2．制作"活泼的鱼儿"画面

（1）将"bg"图层锁定，在其上方新建一个名为"鱼"的图层，绘制一个边框为黑色、无填充色、高为 350 像素、宽为 550 像素的矩形，并将其转换为"fish1"影片剪辑元件。双击进入此元件，将"图层 1"命名为"bg"，再将矩形转换为"fishbg"图形元件。双击进入该图形元件，将"图层 1"命名为"蓝白背景"。用"铅笔工具"在矩形中间绘制一条波浪线，填充自上而下的蓝色（#29A2FD）到白色（#FFFFFF）的线性渐变，占矩形的一半，如图 3.94 所示。双击矩形的黑边框，按【Delete】键将其删除。

新建一个图层，命名为"波浪 1"。用"铅笔工具"绘制一条波浪线作为海水，填充从青色（#6EDEE0）到青白色（#DDF0F4）的线性渐变，各颜色值都设置为"60%"的透明度。再新建一个图层，命名为"波浪 2"，绘制一条与"波浪 1"形状有所不同的波浪线，效果如图 3.95 所示。

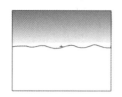

图 3.94　蓝白色渐变背景

图 3.95　两条波浪的形状

（2）执行"插入"→"新建元件"菜单命令，创建一个名为"lanyu"的影片剪辑元件。用"钢笔工具"和"填充工具"绘制一条小蓝鱼，如图 3.96 所示。新建一个"qipao"图形元件，将舞台颜色设置为黑色，用"椭圆工具"绘制一个无填充色、白色边框线的圆，再用"画笔工具"在左上角绘制出高光。

新建一个"qipaopiao"影片剪辑元件，将"库"面板中的"qipao"图形元件拖入舞台中。在第 4、8、16、26 和 40 帧处分别插入关键帧，将各帧上的对象向左上方和右上方拖动。选中这个图层，创建传统补间动画。将第 40 帧上气泡的透明度设置为"0%"，然后将主场景设置为白色背景。气泡上升效果如图 3.97 所示。

图 3.96　小蓝鱼

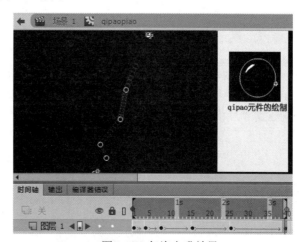

图 3.97　气泡上升效果

（3）新建一个"lanyuyou"影片剪辑元件，将"图层 1"命名为"小鱼"。将"lanyu"影片剪辑元件拖入舞台中，在第 45 帧处插入关键帧，在第 1～45 帧之间创建传统补间动画。新建一个引导层，命名为"线"。用"铅笔工具"绘制一条曲线，选中图层 1 的第 1 帧，使"lanyu"

影片剪辑元件吸附到直线的一端；选中第 45 帧，使"lanyu"影片剪辑元件吸附到直线的另一端。然后在引导层的上方新建一个图层，命名为"气泡"。将"qipaopiao"影片剪辑元件拖到小蓝鱼的嘴边（重复拖两三次），并调整它们的大小。

📖 **提　示**　若希望出现的小鱼品种多一些，就要依照上述方法多创建几条不同颜色的小鱼，并制作动画。

（4）回到"fish1"影片剪辑元件中，新建一个图层，命名为"鱼游"。将"lanyuyou"影片剪辑元件拖入舞台中（重复拖 3 次），将其中的一条小鱼进行水平翻转，这样可以改变它游动的方向。把当前的图层 1 和图层 2 锁定。再次新建一个图层，命名为"水草"。用"画笔工具"绘制出绿色的水草和海螺，效果如图 3.98 所示。

图 3.98　"fish1"影片剪辑制作

（5）新建一个名为"鱼字"的影片剪辑元件，在第 1 帧上输入"蔚蓝的海水，活泼的小鱼"几个字。在第 10 帧处插入关键帧，并给它加上动作脚本"stop();"。在第 1～10 帧之间创建传统补间动画。将第 1 帧上对象的透明度改为"0%"。

（6）单击"库"面板左下角的"新建文件夹"按钮，新建一个文件夹，命名为"yu1"。将"lanyuyou"影片剪辑元件、"qipao"图形元件、"fishbg"图形元件、"qipaopiao"影片剪辑元件、"lanyu"影片剪辑元件和"fish1"影片剪辑元件拖到"yu1"文件夹中。

3．制作"飞翔的大雁"画面

（1）新建一个"蓝天和海"图形元件，用"钢笔工具"和"画笔工具"绘制出与舞台相同大小的蓝天和海的效果，如图 3.99 所示。新建一个"椰树和沙滩"图形元件，用"钢笔工具"和"颜料桶工具"绘制出椰树和沙滩的样子，如图 3.100 所示。

图 3.99　蓝天和海　　　图 3.100　椰树和沙滩

（2）新建一个"大雁"影片剪辑元件，用"铅笔工具""直线工具""画笔工具"绘制第 1～6 帧中大雁的变化，这样就可以让大雁动起来了，如图 3.101 所示。

图 3.101　大雁的变化

📖 **提　示**　在绘制完大雁后，请注意各帧上大雁身体的位置。在飞行类动物的运动规律中，当翅膀向上时，身体则往下；当翅膀向下时，身体则往上。

（3）新建一个名为"雁和天空"的影片剪辑元件，将"图层 1"命名为"海"。将"库"面板中的"蓝天和海"图形元件拖入舞台中，在第 50 帧处插入关键帧。新建一个图层，命名为"雁1"。将"大雁"影片剪辑元件拖入舞台中，放在大海的右侧；在第 30 帧处插入关键帧，将"大雁"影片剪辑元件拖到大海的左外侧。在第 1～30 帧之间创建传统补间动画。

依照此方法，再新建 4 个图层，分别命名为"雁2""雁3""雁4""雁5"。接着在这 4 个图层上分别拖入 4 个"大雁"影片剪辑元件，并为它们创建传统补间动画。最后新建一个图层，命名为"椰树"。将"椰树和沙滩"图形元件拖到舞台中大海的左侧，效果如图 3.102 所示。

图 3.102　大雁飞翔的帧效果

（4）单击"库"面板左下角的"新建文件夹"按钮，新建一个文件夹，命名为"雁"。将"雁和天空"影片剪辑元件、"大雁"影片剪辑元件、"椰树和沙滩"图形元件和"蓝天和海"图形元件拖到"雁"文件夹中。

（5）新建一个名为"雁字"的影片剪辑元件，在第 1 帧上输入"美丽的椰树，自由飞翔的大雁"几个字，在第 11、21 和 35 帧处分别插入关键帧。然后单击此图层，在帧上单击鼠标右键，在弹出的快捷菜单中选择"创建传统补间"命令，对每个关键帧上的元件都设置不同的颜色，并给第 35 帧加上动作脚本"stop();"，如图 3.103 所示。

图 3.103　"雁字"影片剪辑元件的帧设置

4．制作"明亮的月空"画面

（1）新建一个"star"图形元件，用"铅笔工具"和"变形"面板中的"重制选区和变形"按钮 制作出星星的效果。新建一个"starmove"影片剪辑元件，在第 1 帧处将"star"图形元件拖入舞台中，在第 13 帧处插入关键帧，在第 1～13 帧之间创建传统补间动画。在"属性"面板中设置"顺时针"旋转"2"次。

新建一个"月 0"图形元件，绘制一个黄色的圆。执行"修改"→"形状"→"柔化填充边缘"菜单命令，在打开的对话框中设置距离为"20 像素"，步骤数为"50"，方向为"扩展"，制作出光晕效果，星星和月亮效果如图 3.104 所示。

图 3.104　星星和月亮效果

（2）新建一个"月动"影片剪辑元件，将"月 0"图形元件拖入舞台中，在第 8、16 帧处分别插入关键帧，选中这个图层，创建传统补间动画。将第 8 帧上的元件放大 10 像素。

（3）新建一个"月亮"影片剪辑元件，将"图层 1"命名为"蓝背景"。选择"矩形工具"，填充色为"深蓝色（#000066）"到"浅蓝色（#0066CC）"的线性渐变，在舞台上绘制一个 550 像素×400 像素的矩形。新建一个图层，命名为"月"。将"库"面板中的"月动"影片剪辑元件拖到舞台中。选择"画笔工具"，"填充颜色"设置为"白色"，在矩形上绘制出一些点，制作星空效果。新建一个图层，命名为"星"。将"库"面板中的"starmove"影片剪辑元件拖到舞台中（重复拖 3 次），并适当调整其大小和位置，星空与月亮效果如图 3.105 所示。

图 3.105　星空与月亮效果

（4）单击"库"面板左下角的"新建文件夹"按钮，新建一个文件夹，命名为"月"。将"月 0"图形元件、"starmove"影片剪辑元件、"月动"影片剪辑元件、"月亮"影片剪辑元件和"star"图形元件拖到"月"文件夹中。

（5）新建一个名为"月字"的影片剪辑元件，在第 1 帧上输入"深邃的夜空，皎洁的月光"几个字，在第 15、35 和 55 帧处分别插入关键帧。然后选中此图层，在帧上单击鼠标右键，在弹出的快捷菜单中选择"创建传统补间"命令。改变第 1 帧上对象的透明度为"0%"，将第 15、35 和 55 帧上的元件都设置为不同的颜色，并给第 55 帧加上动作脚本"stop();"。

5. 制作"盛开的花朵"画面

（1）新建一个"flower1"图形元件，用"钢笔工具"和"变形"面板中的"重制选区和变形"按钮 制作出小花的效果，如图 3.106 所示。新建一个"flowerdong"影片剪辑元件，在第 1 帧处将"flower1"图形元件拖入舞台中，在第 20 帧处插入关键帧，在第 1～20 帧之间创建传统补间动画。在"属性"面板中设置"逆时针"旋转"2"次。新建一个"叶子"图形元件，用"钢笔工具"绘制出绿色的草叶，效果如图 3.107 所示。

图 3.106　"flower1"图形元件

图 3.107　"叶子"图形元件

（2）新建一个"鲜花"影片剪辑元件，将"图层 1"命名为"背景"。绘制一个与舞台相同大小的矩形，填充色设置为"蓝色（#3399FE）"到"淡蓝色（#C7E2FF）"的线性渐变。新建一个图层，命名为"叶"。将"叶子"图形元件拖到矩形的下方，适当调整大小和位置。

新建一个图层，命名为"花"，将"flower1"图形元件和"flowerdong"影片剪辑元件拖入舞台中（重复拖多次），可以用"任意变形工具"将一些花朵扭曲变形一下。再新建一个图层，命名为"云"，用"椭圆工具"绘制出云彩的效果。为了增加美感，再新建一个图层，命名为"絮"，添加一些花絮，"鲜花"影片剪辑元件效果如图 3.108 所示。

图 3.108 "鲜花"影片剪辑元件效果

（3）单击"库"面板左下角的"新建文件夹"按钮，新建一个文件夹，命名为"花"。将"叶子"图形元件、"flowerdong"影片剪辑元件、"鲜花"影片剪辑元件和"flower1"图形元件拖到"花"文件夹中。

（4）新建一个名为"花字"的影片剪辑元件，在第 1 帧上输入"怒放的花朵"几个字，在第 11、21 和 35 帧处分别插入关键帧。然后选中此图层，在帧上单击鼠标右键，并在弹出的快捷菜单中选择"创建传统补间"命令。将每个关键帧上的元件都设为不同的颜色，并给第 35 帧加上动作脚本"stop();"。

6．制作"美丽环境"动画

（1）回到主场景中，选中"鱼"图层，将第 1 帧移动到第 115 帧，在第 135 帧处插入关键帧，并在第 115~135 帧之间创建传统补间动画。改变第 115 帧的透明度为"0%"。在第 198 帧处插入空白关键帧。新建一个图层，命名为"雁"。在第 198 帧处插入空白关键帧，将"雁和天空"影片剪辑元件拖到舞台中，在第 279 帧处插入空白关键帧。

新建一个图层，命名为"月"。在第 279 帧处插入空白关键帧，将"月亮"影片剪辑元件拖到舞台中，在第 339 帧处插入空白关键帧。新建一个图层，命名为"花"。在第 339 帧处插入关键帧，将"鲜花"影片剪辑元件拖到舞台中，在第 420 帧处插入空白关键帧。

（2）选择主场景中的"黑条"图层，在第 1105 帧处插入普通帧。选择主场景中的"文字"图层，在第 115 帧处插入空白关键帧，将"鱼字"影片剪辑元件拖到舞台下方的黑条上。在第 198 帧处插入空白关键帧，将"雁字"影片剪辑元件拖到舞台下方的黑条上。在第 279 帧处插入空白关键帧，将"月字"影片剪辑元件拖到舞台下方的黑条上。在第 339 帧处插入空白关键帧，将"花字"影片剪辑元件拖到舞台下方的黑条上。

提示 要在第 1105 帧处插入普通帧，但因为才制作到 400 多帧，没有第 1105 帧。第 1105 帧若不出现，则可先在第 800 帧处插入普通帧，这时就可以看到第 1105 帧，然后插入普通帧即可。在两个动画之间可以添加遮罩的切换效果，这样在切换时就不会显得太突然，也比较好看一些。

7．制作"污染现象"画面

（1）新建一个"工厂"图形元件，用"线条工具"和"颜料桶工具"绘制出工厂的效果。新建一个"废气"图形元件，选择本案例对应的素材文件夹中的废气图片文件"cloud.png"，将其导入舞台中，效果如图 3.109 所示。新建一个"气动"影片剪辑元件，将"废气"图形元件拖到舞台中，在第 50 帧处插入关键帧，在第 1~50 帧之间创建传统补间动画，并将第 50 帧上的对象放大 2 倍。

图 3.109 "工厂"图形元件与"废气"图形元件

（2）新建一个"烟动"影片剪辑元件，将"图层 1"命名为"工厂 1"。将"工厂"图形元件拖到舞台中，在第 25 帧处插入关键帧，在第 1～25 帧之间创建传统补间动画。将第 1 帧上元件实例的中心点调节到底部后，将高度设置为"12"，在第 56 帧处插入帧。新建一个图层，命名为"工厂 2"。在第 22 帧处插入空白关键帧后，将"工厂"图形元件拖到舞台中，在"属性"面板中调节它的色调为"紫色（#666699）"，接下来的动画制作同"工厂 1"图层。

再新建一个图层，命名为"工厂 3"。在第 39 帧处插入空白关键帧后，将"工厂"图形元件拖到舞台中，在"属性"面板中调节它的色调为"橘红色（#FF6600）"，接下来的动画制作同"工厂 1"图层。

再次新建一个图层，命名为"浓烟"。在第 26 帧处插入空白关键帧后，将"气动"影片剪辑元件拖到"工厂 1"元件的上方。在第 42 帧处插入关键帧后，将"气动"影片剪辑元件拖到"工厂 2"元件的上方。在第 56 帧处插入关键帧后，将"气动"影片剪辑元件拖到"工厂 3"元件的上方，并给第 56 帧添加动作脚本"stop();"，"烟动"影片剪辑元件效果如图 3.110 所示。

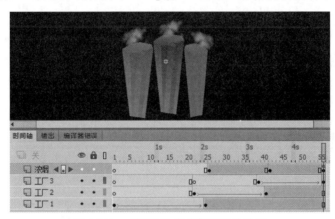

图 3.110　"烟动"影片剪辑元件效果

（3）新建一个名为"一条污水"的图形元件，用"线条工具"和"颜料桶工具"绘制出河流污染的效果，再用"画笔工具"绘制一些碎屑。接着在第 3、5、7、9、11 帧处分别插入关键帧，并适当改变它们的形状。

（4）新建一个名为"污水"的影片剪辑元件，将"一条污水"图形元件拖到舞台中，在第 20 帧处插入关键帧，在保持图形左上角不动的情况下，将它向右下角放大一些。在第 1～20 帧之间创建传统补间动画。复制一个"库"面板中的"污水"影片剪辑元件，命名为"污水 2"。将第 1～20 帧上的对象顺时针旋转 30°，把第 20 帧移到第 22 帧处，并将它放大一定的比例。

（5）新建一个"污染动画"影片剪辑元件，将"图层 1"命名为"工厂和浓烟"。将"烟动"影片剪辑元件拖到舞台中，分别在第 100、105 帧处插入关键帧，将第 105 帧上的元件向上移动约 150 像素，在第 100～105 帧之间创建传统补间动画，在第 130 帧处插入普通帧。

新建一个图层，命名为"污水"。将它移到"工厂和浓烟"图层的下方，在第 105 帧处插入关键帧，将"污水"和"污水 2"影片剪辑元件拖到"烟动"影片剪辑元件下方（重复拖两三次），制作工厂污水流动效果，如图 3.111 所示。新建一个图层，命名为"代码"，在第 130 帧处插入关键帧，添加动作脚本"stop();"。

（6）新建一个"后来"影片剪辑元件，在其中输入"但是，现在……"。新建一个"环境文字"影片剪辑元件，在其中输入"工业迅速发展，人们的生活条件好了，生态环境却变了"，在第 100 帧处插入关键帧，并将它向左端平行移动一段距离，在第 1～100 帧之间创建传统补间动画，并给第 100 帧加上动作脚本"stop();"。

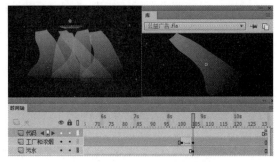

图 3.111　工厂污水流动效果

（7）新建一个"污染的波纹"图形元件，绘制一个像云彩一样的灰色波纹，效果如图 3.112 所示。

图 3.112　"污染的波纹"图形元件效果

（8）单击"库"面板左下角的"新建文件夹"按钮，新建一个文件夹，命名为"污染现象"。将"污染动画"影片剪辑元件、"一条污水"图形元件、"烟动"影片剪辑元件、"工厂"图形元件、"废气"图形元件、"气动"影片剪辑元件、"污水"和"污水 2"影片剪辑元件拖到"污染现象"文件夹中。

8．制作"沉鱼"画面

（1）将"库"面板中的"fish1"影片剪辑元件复制一份，命名为"fish2"。双击进入其中，并将"鱼"图层删掉。

（2）新建一个名为"鱼落"的影片剪辑元件，将"图层 1"命名为"小鱼"。将"lanyu"影片剪辑元件拖到舞台中，在第 6 帧处插入关键帧，并将此帧上的元件进行水平翻转，在第 1～6 帧之间创建传统补间动画。

新建一个引导层，在第 6 帧处插入关键帧，画一条从右向左下方运动的直线，在第 20 帧处插入关键帧。在"小鱼"图层的第 15、20 帧处插入关键帧，并在第 6～15 帧、第 15～20 帧之间创建传统补间动画。设置第 6 帧元件吸附到引导层直线的右端点，第 15 帧元件吸附到引导层直线的中间，第 20 帧元件吸附到引导层直线的左端点。在第 29 帧处插入关键帧，在第 41 帧处插入空白关键帧，绘制一条鱼骨。在第 29～41 帧之间创建传统补间动画，并给第 41 帧加上动作脚本"stop();"，"鱼落"影片剪辑元件的帧效果如图 3.113 所示。

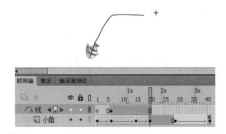

图 3.113　"鱼落"影片剪辑元件的帧效果

9．制作"落雁"画面

（1）在"大雁"影片剪辑元件中复制一个名为"雁子 luo"的元件，删掉其中的第 3～5 帧。将"库"面板中的"雁和天空"影片剪辑元件进行复制，命名为"雁和天空 2"。双击进入其中，将"海"和"椰树"图层保留，其他图层全部删掉。

（2）在"海"图层的上方新建一个图层，命名为"落雁 1"。将"雁子 luo"影片剪辑元件拖到舞台外面的右上侧，在第 11 帧处插入关键帧，将此帧上的元件移到舞台中；在第 13 帧处插入关键帧，向上移动约 10 像素；在第 15 帧处插入关键帧，向下移动约 13 像素；在第 19 帧处插入关键帧，向下移动到海水下方；在第 22 帧处插入关键帧，选中整个图层，创建传统补间动画，并将第 22 帧上元件的透明度设置为"0%"，大雁落海时各帧对应的位置如图 3.114 所示。

> 📖 **提示**　这里的动画是为了制作大雁想飞但飞不上去，后来掉落大海的效果。

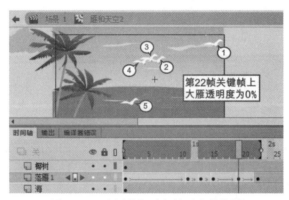

图 3.114　大雁落海时各帧对应的位置

（3）依照步骤（2）的方法，再创建 4 个图层，分别命名为"落雁 2""落雁 3""落雁 4""落雁 5"，制作 4 个大雁在飞行中由于受到环境污染而掉落大海的效果。在"椰树"图层上方新建一个图层，命名为"代码"，在第 50 帧处插入空白关键帧并添加动作脚本"stop();"，具体的帧效果如图 3.115 所示。

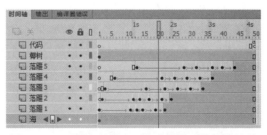

图 3.115　"雁和天空 2"影片剪辑元件的帧效果

10．制作"闭月"画面

选择"库"面板中的"月亮"影片剪辑元件，复制一个名为"月亮 2"的影片剪辑元件。双击进入其中，将"月"图层中的"月亮"元件删掉。

11．制作"羞花"画面

选择"库"面板中的"鲜花"影片剪辑元件，复制一个名为"鲜花 2"的影片剪辑元件。双击进入其中，将它的"花"图层删掉。新建一个名为"flower0"的影片剪辑元件，将"flower1"图形元件拖到舞台中，在第 15 帧处插入关键帧，然后在第 1～15 帧之间创建补间形状动画，将第 15 帧上的元件实例缩到最小，并给第 15 帧添加动作脚本"stop();"。

12．制作"共建美好的家园"画面

新建一个名为"zuihou"的影片剪辑元件，将"图层 1"命名为"背景"。将"雁和天空"影片剪辑元件拖到舞台中。新建一个图层，命名为"鱼"。将"lanyuyou"影片剪辑元件拖到舞台的海水中（重复拖 3 次）。新建一个图层，命名为"花"。将"叶子"图形元件、多个"flowerdong"影片剪辑元件和"flower1"图形元件拖到沙滩上，"zuihou"影片剪辑元件的效果效果如图 3.116 所示。

图 3.116 "zuihou"影片剪辑元件的效果

13．制作污染后动画

（1）回到主场景中，在"文字"图层的第 420 帧处插入空白关键帧，将"库"面板中的"后来"影片剪辑元件拖到舞台中。在第 457 帧处插入空白关键帧，将"环境文字"影片剪辑元件拖到舞台下端黑条的右侧。

（2）选择"花"图层，在其上方新建一个名为"污染"的图层。在第 457 帧处插入空白关键帧，将"污染动画"影片剪辑元件拖到舞台下部。在第 578 帧处插入空白关键帧。

（3）在"污染"图层的上方新建一个图层文件夹，命名为"沉鱼"。新建一个图层，命名为"背景"，在第 578 帧处插入空白关键帧，将"fish1"影片剪辑元件拖到舞台中，在第 607、623 帧处分别插入关键帧，在两帧之间创建传统补间动画，并将第 623 帧上的元件放大到原来的 2 倍。在第 670 帧处插入空白关键帧，将"fish1"影片剪辑元件拖到舞台中，将它的色调设置为"灰色"，透明度设置为"50%"。在第 734 帧处插入空白关键帧。

（4）新建一个图层，命名为"鱼落"，在第 670 帧处插入关键帧，将"鱼落"影片剪辑元件拖到舞台中偏右一些，在第 734 帧处插入空白关键帧。

（5）新建一个图层，命名为"污染波纹"，在第 578 帧处插入空白关键帧，将"污染的波纹"图形元件拖到舞台外侧右侧，设置它的色调为"土黄色（#764701）"，透明度为"0%"，如图 3.117 所示。在第 607 帧处插入关键帧，将它向左放大一定的比例。在第 623 帧处插入关键帧，将它放到更大，要覆盖在舞台中。在第 578～607 帧、第 607～623 帧之间创建传统补间动画。在第 734 帧处插入空白关键帧。

图 3.117 "污染波纹"图层和帧的设置

（6）新建一个图层，命名为"鱼骨"，在第 705 帧处插入关键帧，并在舞台下端绘制几条鱼的白骨，在第 734 帧处插入空白关键帧，效果如图 3.118 所示。

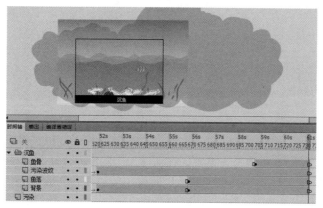

图 3.118 沉鱼效果

提示 这 4 个图层若同时在第 734 帧上停止，不再显示画面，则可分别对每个图层插入空白关键帧；也可同时选中这 4 个图层的第 734 帧，一起插入空白关键帧。

（7）选中"沉鱼"文件夹，在它上方新建一个图层文件夹，命名为"落雁"。新建一个图层，命名为"雁和天空 2"，将它拖到"落雁"文件夹中。在第 734 帧处插入空白关键帧，将"雁和天空 2"影片剪辑元件拖到舞台中，适当调整它的位置。在第 781 帧处插入空白关键帧。

（8）新建一个图层，命名为"污染的波纹"，在第 734 帧处插入空白关键帧，将"污染的波纹"图形元件拖到舞台外侧左上方，设置"颜色"为"色调、黑色、82%"，如图 3.119 所示。在第 780 帧处插入关键帧，将它向右放大一定的比例，要覆盖在舞台中。在第 734～780 帧之间创建传统补间动画。在第 781 帧处插入空白关键帧。"落雁"文件夹的帧效果及波纹形状的变化如图 3.120 所示。

图 3.119 第 734 帧处"污染的波纹"的位置和颜色设置

图 3.120 "落雁"文件夹的帧效果及波纹形状的变化

（9）选中"落雁"文件夹，在它上方新建一个图层文件夹，命名为"闭月"。在该文件夹中新建一个图层，命名为"背景"。在第 780 帧处插入空白关键帧，将"月亮"影片剪辑元件拖到舞台中，设置"相对于场景左端对齐""上端对齐"，如图 3.121 所示。在第 810 帧处插入空白关键帧，将"月亮 2"影片剪辑元件拖到舞台中，设置"相对于场景左端对齐""上端对齐"。在第 858 帧处插入空白关键帧。

图 3.121 "对齐"面板

（10）新建一个图层，命名为"月亮"。在第 810 帧处插入空白关键帧，将"月 0"图形元件拖到舞台中，在第 838 帧处插入关键帧，在第 810～838 帧之间创建传统补间动画。选择第 838 帧上的"月 0"图形元件实例，将"属性"面板中的"颜色"设置为"色调、灰色、82%"。在第 858 帧处插入空白关键帧。

（11）新建一个图层，命名为"污染的波纹"。在第 781 帧处插入空白关键帧，将"污染的波纹"图形元件拖到舞台外侧左上方，将"属性"面板中的"颜色"设置为"色调、黑色、82%"。在第 802 帧处插入关键帧，将它向右放大一定的比例，要覆盖在舞台中。在第 781～802 帧之间创建传统补间动画。在第 858 帧处插入空白关键帧。"闭月"文件夹的帧和图形效果如图 3.122 所示。

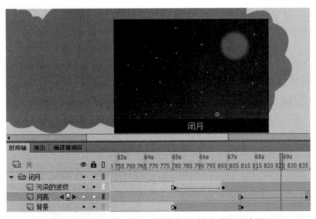

图 3.122 "闭月"文件夹的帧和图形效果

（12）选中"闭月"文件夹，在它的上方新建一个图层文件夹，命名为"羞花"。新建一个图层，命名为"背景"。在第 858 帧处插入空白关键帧，将"鲜花"影片剪辑元件拖到舞台中，在第 885、947 帧处分别插入关键帧，在第 885～947 帧之间创建传统补间动画。将第 947 帧上的元件实例放大到原来的 2 倍，在第 948 帧处插入空白关键帧。将"鲜花 2"影片剪辑元件拖到舞台中，适当调整它的大小，并设置它的 X、Y 轴的坐标值与第 947 帧上元件实例的 X、Y 轴的坐标值相同。在第 983 帧处插入空白关键帧。

（13）新建一个图层，命名为"污染的波纹"。在第 858 帧处插入空白关键帧，将"污染的波纹"图形元件拖到舞台外侧右上方，将"属性"面板中的颜色设置为"色调、黑色、82%"。在第 879 帧处插入关键帧，将它向左放大一定的比例，要覆盖在舞台中。在第 858～879 帧之间创建传统补间动画。在第 983 帧处插入空白关键帧。"污染的波纹"放大的效果如图 3.123 所示。

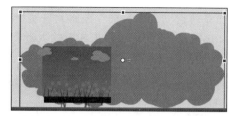

图 3.123　"污染的波纹"放大的效果

（14）将"污染的波纹"图层和"背景"图层锁定，并且只显示"背景"图层的轮廓。新建一个图层，命名为"花"，将它拖动到"污染的波纹"图层的下方。在第 947 帧处插入空白关键帧，将"flower0"影片剪辑元件拖到舞台中（重复拖多次），如图 3.124 所示，适当调整其扭曲度和大小，使其与"背景"图层上的花重合。然后将第 947 帧移动到第 948 帧处，在第 983 帧处插入空白关键帧。

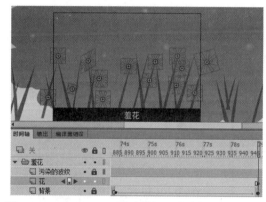

图 3.124　"flower0"影片剪辑元件在舞台上的位置

（15）在"文字"图层的第 578 帧处插入空白关键帧，在舞台下部的黑色矩形条上输入"沉鱼"两个字。在第 734 帧处插入关键帧，将文字改为"落雁"。在第 781 帧处插入关键帧，将文字改为"闭月"。在第 858 帧处插入关键帧，将文字改为"羞花"。在第 983 帧处插入空白关键帧，在舞台中央输入"请停止污染，爱护我们的家园！"。在第 1023 帧处插入关键帧，再输入文字"回到那没有污染的日子！"。在第 1058 帧处插入空白关键帧。

（16）选中"羞花"文件夹，在它的上方新建一个图层，命名为"恢复美好环境"。在第 1058帧处插入空白关键帧，将"zuihou"影片剪辑元件拖到舞台中，在第 1105 帧处插入普通帧。

14．添加声音

执行"文件"→"导入"菜单命令，导入两个声音文件"happy.mp3"和"shanggan.mp3"。新建一个图层，命名为"声音"。在第 84 帧处插入空白关键帧，将"happy.mp3"拖到舞台中。在第 457 帧处插入空白关键帧，将"shanggan.mp3"拖到舞台中。

15．制作"重播"按钮

选择"按钮"图层，在第 1105 帧处插入关键帧，输入绿色的文字"replay"，并将其转换为"重播"按钮元件。双击进入其中，在"指针经过"帧处插入关键帧，将文字颜色改为"橙色"；在"点击"帧处插入关键帧，绘制一个能覆盖文字的矩形。

返回主场景中，给"Actions"图层的第 1105 帧添加动作脚本"stop();"。然后给"重播"按钮元件添加动作脚本。选中"重播"按钮元件实例，打开"属性"面板，将其实例名称设置为"button_2"。打开"代码片断"面板，依次打开"ActionScript"和"时间轴导航"文件夹，双击"单击以转到帧并停止",在系统自动为"重播"按钮元件实例 button_2 添加的动作脚本中,将"gotoAndStop(5);"改成"gotoAndStop (60);",并在其后输入动作脚本"SoundMixer.stopAll();"以停止所有音乐,如图 3.125 所示。

图 3.125 "重播"按钮的动作脚本

16. 整理作品

双击"库"面板中的"类型",使所有元件按类型排列,把相似的元件放入一个文件夹中管理,里面共有6个文件夹,每个文件夹中放置的元件如图3.126所示。"库"面板中的所有元件如图3.127所示。主场景的图层关系如图3.128所示。

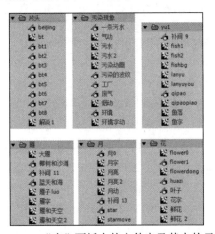

图 3.126 "库"面板中的文件夹及其中的元件

图 3.127 "库"面板中的所有元件　　图 3.128 主场景的图层关系

至此,环境污染公益广告就制作完成了,按【Ctrl+Enter】组合键查看效果,并保存文档。

3.6.5 技术拓展

1. 公益广告创作的个性原则

公益广告的创作既要遵循一般广告的创作原则，又要体现公益广告创作的个性原则。公益广告创作的个性原则包括以下几个方面。

1）思想性原则

公益广告推销的是观念。观念属于"上层建筑"，思想性原则是第一要旨。思想性原则还要求公益广告的品位高雅。也就是说，要把思想性和艺术性统一起来，融思想性于艺术性之中。在第 43 届戛纳国际广告节上，有一则反种族歧视的广告，画面是四个大脑，前三个大小相同，最后一个明显小于前三个，文字说明依次是非洲人、欧洲人、亚洲人和种族主义者（均标在相应大脑下），让受众自己去思考、去体会。独特创意令人叫绝。

2）倡导性原则

公益广告向公众推销观念或行为准则，应以倡导方式进行。传受双方应进行平等的交流。摆出教育者的架势，居高临下，以教训人的口气说话，是万万要不得的。这并不是说公益广告不能对不良行为和不良风气发言。公益广告的倡导性原则要求我们采取以正面宣传为主、以提醒规劝为辅的方式，与公众进行平等的交流。这方面成功的例子很多，如"珍惜暑假时光""家人盼望您安全归来""保护水资源""孩子，不要加入烟民的行列"等。

3）情感性原则

人的态度是扎根于情感之中的。如果能让观念依附在较易被感知的情感成分上，就会引起人们的共鸣，更何况东方民族尤重感情。例如，福建电视台播出的一则"两岸情依依，骨肉盼团圆"广告，成功地将祖国统一的观念诉之于情。

4）公益广告的创意

如何让公众感到有趣、好奇、轻松、耐看，从而巧妙地使公众发自内心地接受，是广告制作者的首要课题，例如"节约用电，出门关灯"，我们看看俄罗斯广告制作者是如何做的。一组动画画面，一对夫妇吵得天翻地覆，丈夫不堪忍受，收拾衣物离家出走。妻子如梦方醒，抱着孩子们失声痛哭。不一会儿，房门突然开了，丈夫出现在门口。丈夫回来了！妻儿正欲破涕为笑，哪知丈夫手一伸，"啪"地把墙上的开关关掉，扬长而去。房内顿时一片漆黑。出现字幕：节约用电，人走灯灭。这就是创意，一个出乎所有人预料的结局。

比起商业广告，公益广告在创意上相对自由。因为商业广告会受到广告客户的制约，而公益广告只需符合本国的道德规范和法律即可，受制约较小，广告制作者有更大的发挥余地。

一条好的公益广告创意，大致应具备以下特点。

（1）深刻揭示本质，透彻剖析事理。

中央电视台曾播出过一条警告吸烟危害生命的公益广告。在电视画面中，在醒目的位置上突显出"吸烟"两个大字，背景上是吸烟危及健康的组合画面，"烟"字左半边的"火"将一支香烟点燃后熊熊地燃烧着，烧出了一连串惊人的数字：全世界每年因吸烟所引起的死亡人数达 300 万人，占全年死亡人数的 5%；世界上每 10 秒就有 1 人因吸烟而丧命；我国 15 岁以上男性吸烟率平均为 61%……深沉的画外音进一步做出了本质的揭示：吸烟是继战争、饥饿和瘟疫之后，对人类生存的最大威胁。一组惊人的数字，一句振聋发聩的警告，从本质上道出了吸烟的危害，让人们看后胆战心惊、利害自明，从而收到了良好的宣传警示效果。

一条好的公益广告创意是智慧的结晶，会使公益广告的警示教化效果倍增。

（2）高度艺术浓缩，巧妙含蓄比喻。

电视公益广告必须紧凑简短，不应拖泥带水。而对其宣传效果却要求虽短犹精、情真味浓。这就要求把告诉人们的信息高度浓缩于耀眼的一瞬间。

山东省的一则获奖公益广告堪称令人难忘的佳作。广告一开始，——枝苹果花充满屏幕，繁花凋谢后，绿叶枝头结出一个苹果，越长越大，长成一个硕大鲜美的苹果；果实隐去，又结出两个小苹果；果实再隐去，又结出 4 个小苹果……几经隐显，果实累累的枝头上全是瘦小的残次果。这时，不堪重负的苹果枝"咔嚓"一声被压断——画面定格。远处传来一声意蕴深厚的画外音：人类也要控制自己。

艺术的浓缩，比喻的精巧，可以十倍地缩短时间和篇幅，可以百倍地增加感染力与说服力。

（3）适度地夸张，精辟地警策。

好的广告创意离不开精妙的比喻，更离不开适度而准确的夸张。中央电视台曾播出的珍惜水资源的公益广告，在直言相告我们"中国是一个水资源匮乏的国家"后，不无夸张地警告说："如果肆无忌惮地破坏水资源，那么我们最后看到的一滴水将是自己的眼泪！"画面上，一滴晶莹的泪水从一只美丽的大眼睛中滴落，让人闻言慑服、触目惊心，实在是警世箴言、点睛妙笔。

2. 影视语言在 Animate CC 中的运用

影视语言是一种艺术语言，它直接诉诸观众的视听感官，并且以直观的、具体的、鲜明的形象传达含义，具有强烈的艺术感染力。由摄像机的运动和不同镜头的剪辑所产生的蒙太奇不仅形成了银幕形象的构成法则，也完善了影视语言的语法修辞规律。动画是一种动态的画面语言，它有自己的单词、造句措辞、语型变化和文法，影视镜头语言的加入可以使动画视觉效果更加丰富。随着科技的发展，它们的结合也越来越紧密。

动画片的世界是虚拟的，动画片的镜头设计也是虚拟摄像机的镜头设计，但其画面的构成元素相同——光、角度、景别、运动和色彩。在平面动画制作中，运动是指模拟摄像机运动所产生的运动视觉效果，在 Animate CC 中需要通过分层、移动的技法来表现。运动是最具有外部特征的视觉形式，它可以形成节奏，营造一种视觉冲击力。

1）摄像机的运动方式分为在平面上的运动方式和在高度上的运动方式。

（1）在平面上的运动方式有 4 种基本类型：推、拉、摇、移。由这些运动方式拍摄的影像（镜头）也被称为推镜头、拉镜头、摇镜头、移镜头。

① 推镜头就是摄像机向前推进所拍摄的镜头。这时候，摄像机可以代表人物的视点，也可以代表观众的视点。如果主体已经出现在画框内，那么推镜头的作用是接近主体，让主体在画面中越来越大，而环境越来越小，直至消失，它起到了对主体的突出、强调作用。如果主体还没有在画框内出现，那么推镜头的作用就是寻找主体。在 Animate CC 动画制作中，可以以边框作为镜头视点，通过放大当前画面的方法来实现这个镜头技巧。

② 拉镜头的运动方式、视觉效果及心理作用与推镜头恰恰相反。它相当于人眼的后退，将观众的注意力从主体引向环境，并交代、揭示主体与所处环境之间的关系，以及局部与整体的关系。拉镜头的景别逐渐变大，主体越来越小，环境越来越大。在"拉"的过程中，接下来会出现什么情形，观众无法预知，因而会产生隐隐的期待——悬念。在 Animate CC 动画制作中，可先将画面放大，以此为起始帧，在最终要拉至的位置将当前画面缩小来实现这个镜头技巧。

③ 摇镜头同推镜头和拉镜头最明显的区别是机位不动，即摄像机不发生空间位移，只有镜头（机身）借助三脚架上的圆盘摇动。摇镜头的视点不动，动的是视线，制造"环视"效果。

它有左右、上下、旋转 3 种摇法。在 Animate CC 动画制作中，这种透视变化的旋转镜头比较难实现，但可以采取略写的方式（摇过去的中间镜头用快速模糊来表现，直到最后定格的镜头）来实现这个镜头技巧。

④ 移镜头的运动方式是镜头朝向不动、机位整体移动，但并不靠近或远离拍摄对象（主体）。在实际运用中，移镜头往往与推镜头容易混淆。其实，移镜头和推镜头最本质的区别是，移镜头可以改变环境的透视，而推镜头无法做到。在 Animate CC 动画制作中，可以采取分层的方法来实现这个镜头技巧。

（2）在高度上的运动方式即升降镜头，用于模拟人上升、下降、站起、蹲下的视点。在 Animate CC 动画制作中，要表现一个镜头的"下降"，通常是使用向上拉动背景层的方式来实现的。

2）电影镜头蒙太奇手法用于动画的分镜头

在日常生活中，我们观察和认识周围的事物，既可以通过连续的跟踪而不破坏时空统一来进行，也可以通过分割现实、打乱现实的时空来进行；既可以连着看（或想），也可以跳着看（或想）。这是人们观察和认识现实生活的两种基本方法。人们通常把这种跳跃、分割、离散的思维方式称为蒙太奇思维。电影蒙太奇手法是根据影片所要表达的内容和观众的心理顺序，将一部影片分别拍摄成许多镜头，然后按照生活逻辑、推理顺序、作者的观点倾向及美学原则连接起来。首先，它是使用摄像机的手段；其次，它是使用剪刀的手段。电影的基本元素是镜头，而连接镜头的主要方式和手段是蒙太奇。可以说，蒙太奇是电影艺术独特的表现手段。

随着电影蒙太奇手法的发展，动画中的分镜头同样可以借鉴电影镜头的运用和剪辑方式，把计算机镜头与手工绘制镜头结合在一起，从而为动画艺术的形式美开拓一种新的表现形式。把电影蒙太奇理论与动画片技巧结合起来，如不同景别镜头的组合、不同角度镜头的组合、不同长度镜头的组合、不同镜头运动方式的组合等。各种不同的镜头加以组合和对比，注重镜头之间的切换，表达有序的视觉效果，从节奏中去确定顺序和长度，这样的动画片会显得更加生动，审美性也更强。在我国动画片《大闹天宫》中就运用了不少蒙太奇手法，如猴王拔取了定海神针，转身就走，龙王气得直跺脚，指着远去的孙悟空说："你强借我镇海之宝，我要到玉帝面前告你一状。"此话刚了，场景迅速转到天庭，龙王匍匐在玉帝面前诉道："求玉帝为小臣做主。"场景的迅速变换对开展情节、深化矛盾有很大的帮助。运用蒙太奇手法可以使动画的衔接产生新的意义，创造特殊的银幕时间与空间，生动地表述故事情节。

动画可以表现出与影视不同的意境与风格，可以任想象自由地飞翔，但如果没有影视手法的辅助就会显得呆板，只有将动画与影视手法结合起来才能使动画艺术更加充满魅力。要使它们很好地结合，不光要有较强的艺术功底，还需要熟练掌握影视手法技术，所以这两种领域的交流是必然的。

3. 镜头切换的效果设定

在电影制作中，镜头的切换很常用。切换镜头能让影片不至于很快变得单调乏味。在 3～5 秒后，经常给观众以新的影像和角度刺激很重要。

镜头切换的几种方式如下。

（1）黑屏：在第一个画面结束，产生 5 帧屏幕全黑的效果后，再进入第二个画面。

（2）模糊：将第一个画面模糊，第二个画面逐渐出现。

（3）部分显示：使用遮罩方法，用一些圆形或菱形、花形来遮罩显示出第二个画面。

3.7 习题

1. 运动补间动画和形状补间动画各擅长制作哪些效果，在制作时各有哪些注意事项？
2. 遮罩动画中的两个图层各有哪些特点？在其上面能放置哪些对象？
3. 在创建遮罩动画时有哪些注意事项？
4. 制作一个折扇遮罩动画效果，如图 3.129 所示。

图 3.129 "折扇"参考效果

5. 引导动画中的两个图层各能放置哪些元件？
6. 在创建引导动画时有哪些注意事项？
7. 制作一个小鸟在天空中飞翔的引导动画。
8. 在 Animate CC 中有几类元件？分析它们各自的特点、制作步骤及应用场合。
9. 拓展题：制作一张祝福贺卡，要有控制动画播放的"play"按钮，动画中要包含两个场景的转换，并用遮罩动画使背景实现水波纹效果，祝福词要一行一行地显现。参考效果如图 3.130 所示。

图 3.130 祝福贺卡参考效果

10. 拓展题：利用本章所学的逐帧动画、形状补间动画、运动补间动画、引导动画、遮罩动画知识，并运用提供的素材，制作出广东省中山市高级技工学校的网站横幅，具体动画效果请参考相应文件夹中的文件"第 3 章综合实训.swf"。网站横幅的 3 个典型画面如图 3.131 所示。

图 3.131 网站横幅的 3 个典型画面

制作说明如下：

第 1 个画面的制作：用逐帧动画制作文字的颤动，用引导动画制作落下的树叶，用遮罩动画制作下面运动的环扣。

第 2 个画面的制作：用遮罩动画制作文字的扫光效果，文字出现则使用运动补间动画。

第 3 个画面的制作：用转换效果来实现。

第4章

MV 制作

教学目标：

知识目标：掌握 Animate CC 中动画角色的绘制技巧、角色运动的制作技巧、声音的编辑处理技巧，了解 MV 动画的制作原理，掌握制作 MV 类 Animate CC 作品的相关知识。

能力目标：能绘制动画角色，会给角色设置运动动画，会对 MV 中的声音进行基本编辑操作，会制作 MV 效果歌词，能完成一首歌曲的 MV 动画效果制作。

思政目标：通过本章案例和项目的讲解，注重素材原创性和知识产权相关信息的传达，培养专注细节，精益求精的工匠精神。

教学重点与难点：

角色绘制、角色运动和 MV 完整制作过程等。

4.1 概述

4.1.1 本章导读

首先通过 3 个案例来讲解 MV 制作的方法及技巧。"小青蛙"案例主要讲解动画角色的绘制技巧；"走路的小青蛙"案例主要讲解角色运动的制作技巧；"宝宝动感相册"案例主要讲解声音的编辑处理和动画切换效果的制作技巧。最后的"《两只老虎》MV"项目主要介绍了 MV 从构思到设计制作的整个流程。

4.1.2 Animate CC 声音文件介绍

Animate CC 本身具有强大的图形绘制功能，但一个动画要具有魅力，不仅要有优美的图形和文字，还要根据动画情节配以声音，特别是 MV 的制作，声音显得尤其重要，只有融入声音的动画，才具有生命力。

Animate CC 支持的声音格式有两种，分别是 MP3 和 WAV。

（1）"MP3"格式。MP3 是使用极为广泛的一种数字音频格式，深受广大用户的青睐。因为它是经过压缩的声音文件，所以体积很小，但是音质好，是非常理想的一种声音格式。

（2）"WAV"格式。WAV 是微软公司开发的一种声音文件格式，它没有压缩数据，而是直接保存对声音波形的采样数据，所以音质一流，但它的体积很大，占存储空间大，这个缺点使得它在各个领域中的应用受阻。

导入声音文件。执行"文件"→"导入"菜单命令，导入"库"面板中，也可直接拖入，然后像元件一样拖到关键帧中。

对于导入的声音，Animate CC 还可以做简单的编辑处理。

4.1.3　Animate CC MV 的特点与应用

Animate CC MV 体积小且效果好，跨媒体性强，最大的优点是制作、改动成本较低。Animate CC MV 除了可以在互联网上进行传播，还可以在电视、广告、手机等载体上进行发布、传播，视觉冲击力强。而且 Animate CC MV 具有亲和力和交互性优势，与网络的开放性结合在一起，使其可更好地满足观众的需求。通过 Animate CC 来表达一首歌曲更有着信息传递效率高、观众接受度高、宣传效果好的显著优势。

4.2　导入案例：小青蛙

绘制小青蛙 1　绘制小青蛙 2

4.2.1　案例效果

在制作动画的过程中往往需要绘制卡通形象，本案例通过一只小青蛙的绘制来了解动画制作中的技巧。小青蛙效果如图 4.1 所示。

图 4.1　小青蛙效果

4.2.2　重点与难点

"选择工具"的使用技巧，图形的排列操作，图形的组合与打散，卡通形象的基本绘制方法。

4.2.3　操作步骤

1. 新建文档并命名

（1）启动 Animate CC，新建一个文档，设置舞台的大小为 550 像素×400 像素，背景颜色设置为"白色"。

（2）执行"文件"→"保存"菜单命令，将新文档保存，命名为"小青蛙"。

2. 绘制"小青蛙"

（1）单击工具箱中的"线条工具"按钮 ，然后修改工具箱中的"笔触颜色" 为"黑色（#000000）"，并把"属性"面板上的"样式"改为"极细线"。

（2）双击时间轴上的"图层 1"名称，重命名为"卡通青蛙"；在舞台中选择合适的位置，单击并拖动鼠标，绘制出一条黑色的线，如图 4.2 所示。用同样的方法绘制出闭合的多边形，如

图 4.3 所示。单击工具箱中的"选择工具"按钮 ，在舞台上将鼠标指针移到线条上，鼠标指针下方会出现一段弧线 ，用来调节线条的弯曲度（在调整弯曲度时，如果发现线条的拐点不够，则可按住【Alt】键，再将鼠标指针移到线条上，轻轻一拖就会出现新的拐点）。将线条调整为如图 4.4 所示的形状。修改工具箱中的"笔触颜色" 为"红色（#FF0000）"，绘制出青蛙头上、下的分界线，如图 4.5 所示（红线与黑线一定要闭合，否则不能填充颜色）。将"填充颜色" 设置为"#70D00F"，然后单击工具箱中的"颜料桶工具"按钮 ，在舞台上单击小青蛙头的上半部分，就将其填充好颜色了；将青蛙头的下半部分的颜色设置为"#DFFE8B"并填充，效果如图 4.6 所示。

图 4.2　绘制一条线条

图 4.3　绘制多边形

图 4.4　调整线条的弯曲度

（3）单击"选择工具"按钮，拖出一个矩形框，选中所绘图形，执行"修改"→"组合"菜单命令，也可按【Ctrl+G】组合键，把图形转换为群组，成功后会出现蓝色边框，如图 4.7 所示。

图 4.5　绘制分界线

图 4.6　填充效果

图 4.7　组合对象

（4）单击时间轴下方的"新建图层"按钮 ，新建一个图层，并重命名为"绘图"。单击工具箱中的"椭圆工具"按钮，在"绘图"图层上画出眼眶和眼珠，并分别填充白色和黑色（注意：在绘制时，可先在舞台的空白位置绘制出 3 个不同大小的圆，填充好颜色后再调整位置），首先按【Ctrl+G】组合键群组对象，然后按【Ctrl+X】组合键剪切组合后的眼睛，最后按【Ctrl+Shift+V】组合键粘贴到"卡通青蛙"图层的当前位置，效果如图 4.8 所示。

（5）在"绘图"图层上单击"线条工具"按钮 ，绘制"嘴巴"。修改工具箱中的"笔触颜色"为"橄榄绿（#475838）"，在舞台上绘制出嘴巴的形状，按【Ctrl+G】组合键群组对象，然后剪切、粘贴到"卡通青蛙"图层，效果如图 4.9 所示。按【Ctrl+G】组合键，组合头、眼睛和嘴巴。

图 4.8　眼睛效果

图 4.9　嘴巴效果

（6）在"绘图"图层上单击"线条工具"按钮 ，绘制"身体"。修改工具箱中的"笔触颜色"为"黑色（#475838）"，参照步骤（2）中头部的绘制方法，绘制小青蛙的身体，如图 4.10～图 4.12 所示。按【Ctrl+G】组合键群组对象，然后剪切、粘贴到"卡通青蛙"图层，调整身体的位置，效果如图 4.13 所示。用鼠标右键单击"身体"，在弹出的快捷菜单中选择"排列"→"下移一层"命令，效果如图 4.14 所示。

图 4.10　身体的多边形

图 4.11　调整身体线条的弯曲度

图 4.12　身体效果

图 4.13　剪切、粘贴后的效果　　　　　图 4.14　下移一层后的效果

（7）在"绘图"图层上绘制"左手"。手部的活动关节最为灵活，绘制起来有一定的难度。这是一只侧面的小青蛙，所以左手的手背对着我们。参照步骤（2）中头部的绘制方法，绘制小青蛙的左手，如图 4.15～图 4.17 所示。绘制完成后，按【Ctrl+G】组合键群组对象，然后参照步骤（6）方法剪切、粘贴及调整左手所在的图层和位置。

图 4.15　左手的多边形　　　图 4.16　调整左手线条的弯曲度　　　图 4.17　左手效果

（8）在"绘图"图层上绘制"右手"。右手的手心对着我们。参照步骤（2）中头部的绘制方法，绘制小青蛙的右手，按【Ctrl+G】组合键群组对象，并调整右手所在的图层和位置。绘制过程如图 4.18～图 4.20 所示。

图 4.18　右手的多边形　　　图 4.19　调整右手线条的弯曲度　　　图 4.20　右手效果

（9）在"绘图"图层上绘制"左脚"。参照步骤（2）中头部的绘制方法，绘制小青蛙的左脚，按【Ctrl+G】组合键群组对象，并调整左脚所在的图层和位置。绘制过程如图 4.21～图 4.23 所示。

图 4.21　左脚的多边形　　　图 4.22　调整左脚线条的弯曲度　　　图 4.23　左脚效果

（10）在舞台上选中左脚群组，按【Ctrl+C】、【Ctrl+Shift+V】组合键原位粘贴，绘制"右脚"。用鼠标右键单击"右脚"，在弹出的快捷菜单中选择"排列"→"移至底层"命令。在舞台上单击，由于前后位置和近大远小的关系，所以要对右脚的位置和大小进行调节。单击"任意变形工具"按钮，向内进行缩放；或者执行"修改"→"变形"→"缩放和旋转"菜单命令，在打开的"缩放和旋转"对话框中将"缩放"的值改为 80%，如图 4.24 所示，效果如图 4.25 所示。

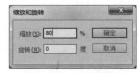

图 4.24　"缩放和旋转"对话框　　　　　图 4.25　左、右脚位置

提示　"缩放和旋转"指在前一次操作的基础上进行递减或递增。

3. 调整元件

（1）选中"卡通青蛙"图层中的各个元件，按照青蛙的结构调整其效果，如图 4.26 所示。

（2）按照常理，左手和左脚上半部分的线条是多余的，因为它们是跟身体连在一起的，不需要用线条来体现层次感。这时会发现选不中这些线条，这是因为刚才执行了"群组元件"操作。可以通过在舞台中双击这两个元件，进入群组元件内部来删除多余的线条，效果如图 4.27 所示。在"绘图"图层上单击鼠标右键，在弹出的快捷菜单中选择"删除图层"命令，删除该图层。最后保存文档。

图 4.26　调整后的效果　　　　图 4.27　删除多余的线条

4.2.4　技术拓展

1. 排列图形

在同一图层上，Animate CC 会根据元件绘制的先后顺序层叠放置，先绘制的放置在最下面，最后绘制的放置在最上面。对于群组、元件和文本，可以改变它们在舞台上的叠放次序。选中元件后，执行"修改"→"排列"菜单命令中的适当选项，或者用鼠标右键单击对象，在弹出的快捷菜单中选择"排列"命令中的适当选项。"排列"命令中各选项的作用如下。

（1）移至顶层：将选中的元件放置在所有层的最上面。

（2）上移一层：将选中的元件在层叠顺序中上移一层。

（3）下移一层：将选中的元件在层叠顺序中下移一层。

（4）移至底层：将选中的元件放置在所有层的最下面。

提示　这里的操作只适用于同一图层上的元件。

2. 图形的组合与打散

在同一图层中，如果当前绘制的线条穿过其他线条或图形，则会把其他线条分割成不同的各个部分，同时线条本身也会被其他线条和图形分成若干部分。为了不破坏画面，需要将图形化零为整，即群组元件，使用【Ctrl+G】组合键，被群组的部分用蓝色外框标识，如图 4.28 所示。当需要编辑元件时，可以在舞台上双击元件，进入元件内部进行编辑；也可以执行"修改"→"分离"菜单命令（组合键为【Ctrl+B】），或者执行"修改"→"取消组合"菜单命令，将对象打散后进行编辑，如图 4.29 所示。

在 Animate CC 中，除传统的"分离"功能外，还新增了"扩展以填充"和"创建对象"功能。当使用"对象绘制"命令来绘制图形时，可以将整个图形都变为"填充"（包含"线条"）。选中舞台上的对象，单击"扩展以填充"按钮将整个图形变为"填充"，也可以单击"创建对象"按钮来使打散的图形变成"对象绘制"模式，如图 4.30 所示。

图 4.28　群组元件　　　　图 4.29　打散元件　　　　图 4.30　新增功能

提 示 图形被打散后，相交的部分就会融为一体。

3. 卡通人物绘制技法

在绘制卡通人物时，首先需要掌握好人体的比例，否则绘制出来的造型可能成为畸形。

1）正常的人体比例

人物的高度以人物头顶到下颌的高度作为 1 个单位，即 1 个头高。一般来说，正常的人体比例应该是"立七坐五盘三半"，也就是成年人站着应等于 7 个头高，坐在凳子上应等于 5 个头高，盘膝而坐应等于 3.5 个头高，如图 4.31（a）所示。另外，人体各部分也可以用头高来衡量，胸部有两个头高，从肘部到指尖有两个头高，小腿也有两个头高，立姿手臂下垂时的指尖位置在大腿 1/2 处，如图 4.31（b）所示。

（a）人体整体比例　　　　　　　　　　（b）人体各部分比例

图 4.31　正常人体比例

2）头部的绘制技法

面部的主要构造线是以鼻梁为垂直中线和眉眼之间的水平线所构成的十字线，如图 4.32（a）所示。脸部正面的五官分布有"三停五眼"之说，"三停"指发际线至眉线、眉线至鼻底线、鼻底线至下颚线，它们的纵向长度全部相等；"五眼"指的是从头部左侧轮廓到左眼外眼角、左眼宽度、两眼间距离、右眼宽度、右眼外眼角到头部右侧轮廓，它们的横向宽度全部相等，如图 4.32（b）所示。

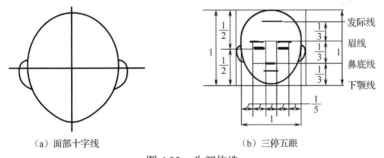

（a）面部十字线　　　　　　　　　　（b）三停五眼

图 4.32　头部构造

3）手部的绘制技法

手部在动画中是人体除头部以外最重要的部位，因为在动画中会有大量与手部有关的镜头。想要制作出色的作品，就必须掌握手部的绘制技法。首先来了解手部的结构，如图 4.33（a）所示。其次，在制作动画时，了解不同的手形和姿态也很重要。例如，在握拳时，手掌的长度就会发生变化，如图 4.33（b）所示。

4）脚部的绘制技法

在制作 Animate CC 动画时，虽然很少绘制脚部，但是，想要使绘制出来的鞋看起来自然，就必须了解脚部的结构。

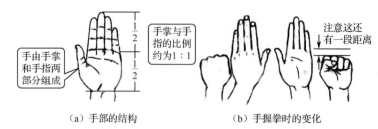

（a）手部的结构　　　　　　　（b）手握拳时的变化

图 4.33　手部结构

脚部的结构如图 4.34（a）所示。此外，还需注意男性的脚部线条粗犷，较宽；女性的脚部线条很均匀，较窄。脚趾一般不显现骨节，脚踝关节也不太突出，如图 4.34（b）所示。

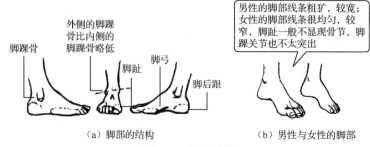

（a）脚部的结构　　　　　　　（b）男性与女性的脚部

图 4.34　脚部结构

在画鞋时，要注意与脚部的协调，应该让鞋与脚部的轮廓吻合，如图 4.35 所示。

图 4.35　鞋应与脚部的轮廓吻合

4.3　导入案例：走路的小青蛙

走路小青蛙 1　走路小青蛙 2　走路小青蛙 3

4.3.1　案例效果

本节讲述"走路的小青蛙"逐帧动画案例。运用骨骼工具的编辑方法，依据逐帧动画的运动规律，制作一组小青蛙走路的动作，效果如图 4.36 所示。

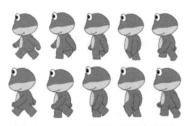

图 4.36　"走路的小青蛙"效果

4.3.2　重点与难点

逐帧动画的运动规律配合"骨骼工具"的使用技巧。

4.3.3　操作步骤

1. 打开素材文件并另存

本案例是在"小青蛙"案例的基础上制作而成的。

启动 Animate CC，打开本案例对应的素材文件夹中"小青蛙"的 Animate CC 工程文件。执行"文件"→"另存为"菜单命令，命名为"走路的小青蛙"。

2. 添加骨骼

（1）将小青蛙的各个部位分散到图层中。框选舞台上的小青蛙，单击鼠标右键，在弹出的快捷菜单中选择"分散到图层"命令，删除原图层后，将分散后的图层按部位重新命名，并根据位置关系调整好图层顺序，如图 4.37 所示。

图 4.37　图层顺序

（2）分别将"左手""左脚""右手""右脚"按【Ctrl+B】组合键打散，并选中每个部位的外部描边，单击"扩展以填充"按钮改为"填充"。

提示　由于手、脚等运动部位不是规则的形状，在有"笔触"填充的状态下添加完骨骼后会出错，所以在这里先将"笔触"填充改为"填充"。

（3）全选各个部位，在工具箱中选择"骨骼工具"，分别为"左手""左脚""右手""右脚"添加骨骼，如图 4.38 所示。

左手骨骼　　　　　　右手骨骼　　　　　　左脚骨骼　　　　　　右脚骨骼

图 4.38　骨骼添加到各个部位图

（4）添加好骨骼后，在图层区相对应的图层上会自动生成对应的骨骼图层。为了区分，请将生成的各个骨骼图层更改为相对应的名称，如图 4.39 所示。

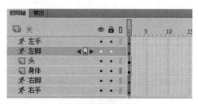

图 4.39　骨骼图层的更改

（5）在舞台空白区域单击鼠标右键，在弹出的快捷菜单中选择"标尺"命令，在水平刻度上按住鼠标左键往下拉一条辅助线，以此来固定小青蛙运动的水平位置，如图 4.40 所示。

提示　受地球引力的影响，人物的运动都是在一条水平线上的，包括走路、跳动等。在动画制作中，这一点往往被初学者所忽视。

图 4.40　绘制一条水平辅助线

（6）按【Shift】键（从上至下）选中第 3 帧，按【F6】键插入关键帧（在"骨骼"图层中应该叫"插入姿势"）。在工具箱中选择"选择工具"，分别在 4 个部位按住骨骼的末端，根据运动规律调整第 3 帧的姿势，同时选中"身体""头""左手""右手"稍向上移动（此时左脚向里收，身体会随之稍高一些），左手稍向前移动，反之右手稍向后移动。为了更好地观察前后重叠对象的位置，可以单击"绘图纸外观"按钮，效果如图 4.41 所示。

图 4.41　第 3 帧的姿势和绘图纸外观效果

提 示　人物在做动作时，手脚总是交叉进行的，初学者经常会做成同手同脚，这一点在制作动画的时候需特别注意。

（7）垂直方向一次性选中各图层的第 5 帧，按【F6】键插入关键帧。这一帧的姿势在走路的运动规律里是单脚站直的，相对高度来说是最高的，选中"身体""头""左手""右手"稍向上移动。分别在 4 个部位按住骨骼的末端，根据运动规律调整第 5 帧的姿势，左脚只在舞台上稍做后移，右脚只向前向上抬起，左手继续向前，右手继续向后，如图 4.42 所示。

（8）全选第 7 帧，按【F6】键插入关键帧。选中"身体""头""左手""右手"向下移动。分别在 4 个部位按住骨骼的末端，根据运动规律调整第 7 帧的姿势，左手继续向前，右手继续向后，如图 4.43 所示。

（9）全选第 9 帧，按【F6】键插入关键帧。选中"身体""头""左手""右手"稍向下移动。分别在 4 个部位按住骨骼的末端，根据运动规律调整第 9 帧的姿势，左手继续向前，右手继续向后，如图 4.44 所示。

图 4.42　第 5 帧的姿势　　　图 4.43　第 7 帧的姿势　　　图 4.44　第 9 帧的姿势

（10）全选第 11 帧，按【F6】键插入关键帧。第 11 帧的姿势在走路的运动规律中处于半步的位置（其实跟第 1 帧相比就是换了左、右脚的位置）。选中"身体""头""左手""右手"稍向下移动。分别在 4 个部位按住骨骼的末端，根据运动规律调整第 11 帧的姿势，左手继续向前，右手继续向后，如图 4.45 所示。完成了这一步，走路动作就完成了一个半步。

（11）全选第 13 帧，按【F6】键插入关键帧。选中"身体""头""左手""右手"稍向上移动。分别在 4 个部位按住骨骼的末端，根据运动规律调整第 13 帧的姿势，左手稍向后移动，右手稍向前移动，如图 4.46 所示。这一帧其实与前面的第 3 帧类似，只是左、右脚的位置不同。

图 4.45　第 11 帧的姿势　　　　图 4.46　第 13 帧的姿势

（12）全选第 15 帧，按【F6】键插入关键帧。选中"身体""头""左手""右手"稍向上移动。分别在 4 个部位按住骨骼的末端，根据运动规律调整第 15 帧的姿势，左手稍向后移动，右手稍向前移动，如图 4.47 所示。这一帧其实与前面的第 5 帧类似，只是左、右脚的位置不同。

（13）全选第 17 帧，按【F6】键插入关键帧。选中"身体""头""左手""右手"稍向下移动。分别在 4 个部位按住骨骼的末端，根据运动规律调整第 17 帧的姿势，左手稍向后移动，右手稍向前移动，如图 4.48 所示。这一帧其实与前面的第 7 帧类似，只是左、右脚的位置不同。

图 4.47　第 15 帧的姿势　　　　图 4.48　第 17 帧的姿势

（14）全选第 19 帧，按【F6】键插入关键帧。选中"身体""头""左手""右手"稍向下移动。分别在 4 个部位按住骨骼的末端，根据运动规律调整第 19 帧的姿势，左手稍向后移动，右手稍向前移动，如图 4.49 所示。这样就形成了一个循环，在 Animate CC 中将自动返回第 1 帧。

图 4.49　第 19 帧的姿势

3．测试影片，保存文件，并导出影片

执行"控制"→"测试影片"→"在 Animate 中"菜单命令（或按【Ctrl+Enter】组合键），测试影片的动画效果。执行"文件"→"保存"菜单命令，将影片进行保存。执行"文件"→"导出"→"导出影片"菜单命令，将导出的影片保存为"走路的小青蛙.swf"文件。

4.3.4 技术拓展

1．走路的基本规律

走路曾被描写成"被控制的跌跤"，是极其纯熟而巧妙地操纵身体平衡和重量的动作。在走路动作中，身体唯一平衡的时候是在前脚后跟接触地面的一刻，这时身体重量平均分配在两脚之间。

在传统动画的制作过程中，一个完整的走路动作需要 13 个姿势来完成，但在本案例中进行了简略，共用了 10 个姿势来完成。本案例采取了"原地循环"的方式，用此方法制作走路动作时需配合背景的运动（使背景往后移动，这样看起来对象就好比往前走一样），但背景的移动速度需与走路的速度保持一致。同时，在制作"原地循环"时，脚后跟是向后滑动的。

2．逐帧动画的运动规律及时间掌握

1）运动规律

在 Animate CC 中，逐帧动画的制作是从传统二维动画中演变而来的，从纸上作画变成了无纸动画，可以提高工作效率。对于制作低成本的动画来说，Animate CC 是很不错的软件。

对于动画片中的活动形象，不像其他影片那样，用胶片直接拍摄客观物体的运动，而是通过对客观物体运动的观察、分析、研究，用动画片的表现手法（主要是夸张、强调动作过程中的某些方面）一张张地画出来，一格格地拍出来（传统二维动画的制作工艺），然后连续放映，使之在银幕上活动起来。因此,动画片表现物体的运动规律既要以客观物体的运动规律为基础，又要有自己的特点，而不是简单的模拟。

研究动画片表现物体的运动规律，首先要弄清时间、空间、张数、速度的概念及彼此之间的相互关系，从而掌握规律，处理好动画片中动作的节奏。

2）时间掌握

时间指影片中物体（包括生物和非生物）在完成某个动作时所需的时间长度，也就是这个动作所占胶片的长度（片格的多少）。这个动作所需的时间长，其所占片格的数量就多；这个动作所需的时间短，其所占片格的数量就少。

由于动画片中的动作节奏比较快，镜头比较短（一部放映 10 分钟的动画片需分切为 100～200 个镜头），因此在计算一个镜头或一个动作的时间（长度）时，要求更精确一些，除以秒为单位外，往往还要以格（帧）为单位（1 秒=24 格）。

时间掌握是动画制作工作的重要组成部分，它赋予动作"意义"。动作不难完成，只要同一物体绘制出两个不同的位置，并在两者之间插入若干中间画（在 Animate CC 中是在两个关键帧之间加入补间动画）就会产生动作，但这不能算是动画。在自然界中，物体不是仅仅在运动的。牛顿运动定律的第一条是：物体自身不会移动，除非有一个力加在物体上。所以，在动画制作工作中，动作本身的重要性只是第二位的，更重要的是要表达出促使物体运动的内在原因。对于无生命物体来说，这些原因可能是自然界的力，主要是地心引力。对于有生命物体来说，外部力量和自身肌肉收缩同样可以产生动作。不过，更重要的是要通过活动着的角色体现出内在意志、情绪、本能等。

先要有足够的时间使观众预感到将会发生什么事情，然后用来表现动作本身，最后用来表

达对动作的反应。在这 3 项中，任何一项所占的时间过多，都会让人感觉节奏太慢，从而使观众的注意力分散；反之，如果时间过短，在观众注意到它之前，动作就已经结束了，那么制作者的意念就得不到充分表达。

3."骨骼工具"的介绍及使用

1）骨骼的介绍

使用骨骼只需做很少的设计工作，就可以使元件实例和形状对象按复杂而自然的方式移动，如胳膊、腿和面部表情等。当一个骨骼移动时，与启动运动的骨骼相关的其他连接骨骼也会移动，这叫作反向运动（Inverse Kinematics，IK）。

反向运动是一种使用骨骼对对象进行动画处理的方式，这些骨骼按父子关系链接成线性或枝状的骨架。当一个骨骼移动时，与其连接的骨骼也会发生相应的移动。

使用反向运动可以方便地创建自然运动。若要使用反向运动进行动画处理，则只需在时间轴上指定骨骼的开始和结束位置即可。Animate CC 会自动在起始帧和结束帧之间对骨架中骨骼的位置进行内插处理。

可通过以下方法使用 IK 骨骼。

（1）使用形状作为多块骨骼的容器。例如，可以向蛇的图形中添加骨骼，以使其逼真地爬行。可以在"对象绘制"模式下绘制这些形状。

（2）将元件连接起来。例如，可以将显示躯干、手臂、前臂和手的影片剪辑元件连接起来，以使其彼此协调而逼真地移动。每个实例只有一个骨骼。

2）骨骼样式

Animate CC 可以使用 4 种样式在舞台上绘制骨骼。

（1）纯色：这是默认样式。

（2）线框：在纯色样式遮住骨骼下的图形太多时很有用。

（3）线：对于较小的骨架很有用。

（4）无：隐藏骨骼，仅显示骨骼下面的图形。

若要设置骨骼样式，请先在时间轴中选择 IK 骨骼范围，然后从"属性"面板的"选项"部分的"样式"菜单中选择样式。

提示 如果将"骨骼样式"设置为"无"并保存文档，那么 Animate CC 在下次打开该文档时会自动将"骨骼样式"更改为"线"。

3）姿势图层

当向元件或形状对象中添加骨骼时，Animate CC 会在时间轴中为它们创建一个新图层，此新图层被称为姿势图层。Animate CC 在时间轴中现有的图层之间添加姿势图层，以使舞台上的对象保持以前的堆叠顺序。

4）向元件中添加 IK 骨骼

可以向影片剪辑、图形和按钮中添加 IK 骨骼。若要使用文本，请先将其转换为元件。在添加骨骼之前，元件实例可能位于不同的图层上，Animate CC 会将它们添加到姿势图层上。

提示 还可以将文本拆分（"修改"→"分离"）为单独的形状，并对各个形状使用骨骼。在链接对象时，请考虑想要创建的父子关系，如从肩膀到肘部再到腕部。

（1）在舞台上创建元件。要想以后节省时间，请对元件进行排列，以使其接近想要的立体造型。

（2）在工具箱中选择"骨骼工具"。

（3）设置即将成为骨架根骨的元件。单击想要将骨骼附加到元件的点。

在默认情况下，Animate CC 会在单击的位置创建骨骼。若要使用更精确的方法添加骨骼，则将 IK 骨骼工具的"自动设置变形点"关闭（"编辑"→"首选参数"→"绘制"）。在"自动设置变形点"处于关闭状态时，当从一个元件到下一个元件依次单击时，骨骼将对齐到元件变形点。

（4）按住鼠标左键拖动至另一个元件，在想要附加的点处松开鼠标左键。

（5）向该骨架中添加其他骨骼，从第一个骨骼的尾部拖动鼠标至下一个元件。

如果关闭了"贴紧至对象"（"视图"→"贴紧"→"贴紧至对象"）选项，则可以更加轻松地准确放置尾部。

（6）创建分支骨架，单击希望分支由此开始的现有骨骼的头部，并拖动鼠标以创建新分支的第一个骨骼。

骨架可以具有所需数量的分支。

提示　分支不能连接到其他分支（其根部除外）。

（7）要调整已完成骨架的元件位置，请拖动骨骼或元件自身。

拖动骨骼会移动其关联的元件，但不允许该元件相对于其骨骼旋转。

拖动元件允许它移动及相对于其骨骼旋转。

拖动分支中间的元件可导致父级骨骼通过连接旋转而相连。子级骨骼在移动时没有连接旋转。

在创建骨架之后，仍然可以向该骨架中添加来自不同图层的新元件。在将新骨骼拖动到新元件后，Animate CC 会将该元件移动到骨架的姿势图层。

5）向形状中添加骨骼

可以将骨骼添加到同一图层的单个形状或一组形状中。无论哪种情况，必须首先选择所有形状，然后才能添加第一个骨骼。在添加骨骼之后，Animate CC 会将所有形状和骨骼转换为一个 IK 形状对象，并将该对象移至一个新的姿势图层。

在将骨骼添加到一个形状中后，该形状将具有以下限制：

- 不能将一个 IK 形状对象与其外部的其他形状进行合并；
- 不能使用任意变形工具旋转、缩放或倾斜该形状；
- 不建议编辑形状的控制点。

（1）在舞台上创建填充的形状。

形状可以包含多个颜色区域和笔触。编辑形状，以便它们尽可能地接近其最终形式。在向形状中添加骨骼后，用于编辑形状的选项变得更加有限。

如果形状太复杂，那么 Animate CC 在添加骨骼之前会提示将其转换为影片剪辑元件。

（2）在舞台上选择整个形状。

如果该形状包含多个颜色区域或笔触，则围绕该形状拖动选择矩形，以确保选择整个形状。

（3）在工具箱中选择"骨骼工具"选项。

（4）使用"骨骼工具"，在该形状内单击并拖动到该形状内的另一个位置。

（5）若要添加其他骨骼，则从第一个骨骼的尾部拖动到形状内的其他位置。

第二个骨骼将成为骨骼根骨的子级。按照要创建的父子关系的顺序，将形状的各区域与骨骼连接在一起，如从肩膀到肘部再到腕部进行连接。

（6）创建分支骨架，单击希望分支由此开始的现有骨骼的头部，并拖动鼠标以创建新分支的第一个骨骼。

骨架可以具有所需数量的分支。

提 示 分支不能连接到其他分支（其根部除外）。

（7）若要移动骨架，可先使用"选取工具"选择 IK 形状对象，然后拖动任何骨骼以移动它们。

在形状成为 IK 形状对象时，它具有以下限制：

- 不能再对该形状变形（缩放或倾斜）；
- 不能向该形状中添加新笔触，仍可以向形状的现有笔触中添加控制点或从中删除控制点；
- 不能就地（通过在舞台上双击它）编辑该形状；
- 形状具有自己的注册点、变形点和边框。

6）舞台用控件

舞台用控件可以借助显示有旋转范围和精确控制的参考线，在舞台上方便地进行旋转和平移调整。使用舞台用控件，还可以继续在舞台上工作，而无须返回属性检查器去做调整旋转，如图 4.50 所示。

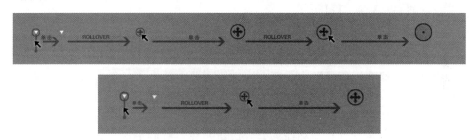

图 4.50 舞台用控件使用指南

使用"骨骼工具"舞台用控件的方法如下。

（1）选择骨骼并使用骨骼头部。

（2）查看舞台用控件时，翻转骨骼的头部会出现一个圆圈，里面由一个加号和四向箭头组成，表示 X 轴和 Y 轴。箭头表示平移属性，圆圈表示旋转属性。

（3）单击骨骼头部的圆圈可编辑旋转属性，单击箭头可编辑平移属性。

（4）要想随时看到旋转和平移时使用的交互手柄，可翻转骨骼的头部。

（5）当单击旋转或平移选项时，用于设置约束的舞台用控件便会显示。

要使用旋转控件，方法如图 4.51 所示：

（1）单击骨骼头部可看到旋转和平移工具；

（2）翻转并单击表示旋转属性的圆圈，圆圈会变为红色；

（3）单击锁定图标可启用自由旋转功能，锁定图标会变为一个圆点；

（4）将鼠标指针从中心移开，可显示旋转半径的一端，单击旋转的起始点；

（5）在圆圈内再次移动鼠标指针，可选择旋转半径的另一端，单击希望该点所落的位置；

（6）单击圆圈，以确认半径定义。

图 4.51 旋转控件的使用指南

提 示 在编辑已经定义好的旋转时，可通过单击边线并拖动的方式扩大或缩小边框。

要使用平移控件，方法如图 4.52 所示：

（1）翻转带有四向箭头的加号并单击它，以选择平移控件；

（2）单击锁定图标可启用平移控件，锁定图标会变为一个圆点；

（3）单击箭头并将其拖到想要将移动范围扩展到的位置。

图 4.52　平移控件的使用指南

7）编辑 IK 的骨架和形状对象

如果姿势图层包括时间轴的第一帧后的姿势，则无法编辑 IK 骨架。在编辑之前，需要从时间轴中删除位于骨架第一帧后的任何附加姿势。

如果只是调整骨架的位置以达到动画处理的目的，则可以在姿势图层的任何帧中进行位置更改，Animate CC 会将该帧转换为姿势帧。

（1）选择骨骼和关联的对象。

若要选择单个骨骼，可使用"选择工具"单击该骨骼。按住【Shift】键并单击可选择多个骨骼。

若要将所选内容移到相邻骨骼中，可在属性检查器中单击"父级""子级"或"下一个/上一个同级"按钮。

若要选择骨架中的所有骨骼，可双击某个骨骼。

若要选择整个骨架并显示骨架的属性及其姿势图层，可单击姿势图层中包含骨架的帧。

若要选择连接到某个骨骼的元件，可单击该元件。

（2）重新定位骨骼和关联的对象。

若要重新定位线性骨架，可拖动骨架中的任意骨骼。如果骨架包含已连接的元件，则还可以拖动。

若要调整骨架的某个分支的位置，可拖动该分支中的任意骨骼。该分支中的所有骨骼都将移动。骨架的其他分支中的骨骼不会移动。

若要将某个骨骼与其子级骨骼一起旋转而不移动父级骨骼，可在按住【Shift】键的同时拖动该骨骼。

若要将某个 IK 骨架的形状移动到舞台上的新位置，可在属性检查器中选择该形状并更改其 X 轴和 Y 轴的属性。还可以按住【Alt】键（Windows）或【Option】键（Macintosh）拖动该形状。

（3）删除骨骼。

要删除骨骼，可执行下列操作之一。

• 若要删除单个骨骼及其所有子级，可单击该骨骼并按【Delete】键。通过按住【Shift】键单击每个骨骼，可以选择要删除的多个骨骼。

• 若要从时间轴的某个 IK 形状对象或元件骨架中删除所有骨骼，可在时间轴中用鼠标右键单击 IK 形状对象的骨架范围，在弹出的快捷菜单中选择"删除骨架"命令。

• 若要从舞台上的某个 IK 形状对象或元件骨架中删除所有骨骼，可双击骨架中的某个骨骼以选择所有骨骼，然后按【Delete】键，IK 形状对象将恢复为正常形状。

（4）相对于关联的形状或元件移动骨骼。

若要移动 IK 形状对象内骨骼任意一端的位置，可使用"部分选择工具"拖动骨骼的一端。

注意：如果在 IK 形状对象范围内有多个姿势，则无法使用"部分选择工具"。在编辑之前，需要从时间轴中删除位于骨架第一帧后的任何附加姿势。

若要移动元件内的骨骼关节、头部或尾部的位置，请使用"任意变形工具"移动其变形点，骨骼将随变形点移动。

若要移动单个元件而不移动任何其他连接部分，可在按住【Alt】键（Windows）或【Command】键（Macintosh）的同时拖动该元件，或者使用"任意变形工具"进行拖动。连接到元件的骨骼将变长或变短，以适应其新位置。

（5）编辑 IK 形状对象。

使用"部分选择工具"，可以在 IK 形状对象中添加、删除和编辑轮廓的控制点。

若要移动骨骼的位置而不更改 IK 形状对象，可拖动骨骼的端点。

若要显示 IK 形状对象边界的控制点，可单击形状的笔触。

若要移动控制点，可拖动该控制点。

若要添加新的控制点，可单击笔触上没有任何控制点的部分。

若要删除现有的控制点，可通过单击进行选择，然后按【Delete】键。

提示　不能对 IK 形状对象进行变形（缩放或倾斜）。

（6）将骨骼绑定到形状点。

在默认情况下，形状的控制点会连接到距离最近的骨骼，可以使用绑定工具编辑单个骨骼和形状控制点之间的连接。这样，可以对笔触在各骨骼移动时如何扭曲进行控制，以获得更好的结果。

可以将多个控制点绑定到一个骨骼，也可以将多个骨骼绑定到一个控制点。

若要加亮显示已连接到骨骼的控制点，可使用绑定工具单击该骨骼。已连接的控制点会以黄色加亮显示，而选定的骨骼则以红色加亮显示。仅连接一个骨骼的控制点显示为方形，而连接多个骨骼的控制点显示为三角形。

要向所选骨骼中添加控制点，可在按住【Shift】键的同时单击某个未加亮显示的控制点。也可以通过在按住【Shift】键的同时选择要添加到选定骨骼的多个控制点。

若要从骨骼中删除控制点，可在按住【Ctrl】键（Windows）或【Option】键（Macintosh）的同时单击以黄色加亮显示的控制点，也可以通过在按住【Ctrl】键（Windows）或【Option】键（Macintosh）的同时删除选定骨骼中的多个控制点。

若要加亮显示已连接到控制点的骨骼，可使用绑定工具单击该控制点。已连接的骨骼以黄色加亮显示，而选定的控制点以红色加亮显示。

若要向选定的控制点中添加其他骨骼，可在按住【Shift】键的同时单击骨骼。

若要从选定的控制点中删除骨骼，可在按住【Ctrl】键（Windows）或【Option】键（Macintosh）的同时单击以黄色加亮显示的骨骼。

8）约束 IK 骨骼的运动

若要创建 IK 骨架的更多逼真运动，可以控制特定骨骼的运动自由度。例如，可以约束手臂的两个骨骼，以使肘部不会向错误的方向弯曲。

在默认情况下，在创建骨骼时会为每个 IK 骨骼指定固定的长度。骨骼可以围绕其父关节旋转，也可以沿 X 轴和 Y 轴旋转。但是，除非启用了 X 轴或 Y 轴运动，否则不能以需要它们的父级骨骼更改长度的方式移动。在默认情况下会启用骨骼旋转，而禁用 X 轴和 Y 轴运动。

也可以限制骨骼的运动速度，在骨骼中创建重量效果。

在包含多个相互连接的骨骼中，不能约束其任何分支中最后一个关节的运动。若要产生最后一个关节受约束的外观，需要将骨骼与影片剪辑结合使用，将最后一个骨骼连接至一个将其 Alpha 属性设置为 0 的影片剪辑，然后约束倒数第二个骨骼而不是最后一个骨骼。

对于胳膊，可以约束肘部的旋转角度，使其不能旋转到前臂的正常运动范围之外。

若要让人物沿舞台移动，可打开根骨骼上的 X 轴或 Y 轴进行平移。在使用 X 轴和 Y 轴平移时，关闭旋转功能可以获得更准确的移动。

在选定一个或多个骨骼后，可以在属性检查器中设置这些属性。

要使选定的骨骼可以沿 X 轴或 Y 轴移动并更改其父级骨骼的长度，需要在属性检查器的"联接：X 平移"或"联接：Y 平移"面板中选择"启用"命令。

将显示一个垂直于关节上骨骼的双向箭头，指示已启用 X 轴运动。将显示一个平行于关节上骨骼的双向箭头，指示已启用 Y 轴运动。当禁用骨骼的旋转时，为骨骼同时启用 X 轴和 Y 轴平移可简化对骨骼进行定位的任务。

要限制沿 X 轴或 Y 轴启用的运动量，需要在属性检查器的"联接：X 平移"或"联接：Y 平移"面板中选择"约束"命令，然后输入骨骼可以移动的最小距离和最大距离。

若要禁用选定骨骼绕连接的旋转，需要在属性检查器的"连接旋转"面板中取消勾选"启用"复选框。在默认情况下会勾选此复选框。

若要约束骨骼的旋转，需要在属性检查器的"连接旋转"面板中输入旋转的最小度数和最大度数。

旋转度数相对于父级骨骼。在骨骼连接的顶部将显示一个指示旋转自由度的弧形。要使选定的骨骼相对于其父级骨骼固定，需要禁用旋转功能及 X 轴和 Y 轴的平移。

骨骼将变得不能弯曲，并跟随其父级骨骼运动。

若要限制选定骨骼的运动速度，需要在属性检查器的"连接速度"字段中设置，最大值 100%则表示对速度没有限制。

9）向 IK 骨骼中添加弹簧属性

有两个骨骼属性"强度"和"阻尼"可用于将弹簧属性添加到 IK 骨骼中，通过将动态物理集成到 IK 骨骼系统中，使 IK 骨骼体现出真实的物理移动效果。借助这些属性，可以更轻松地创建更逼真的动画。"强度"和"阻尼"属性可使骨骼动画效果更逼真，并具有高可配置性。因此，最好在向姿势图层中添加姿势之前设置这些属性。

强度：指弹簧强度，其值越高，创建的弹簧效果越强。

阻尼：指弹簧效果的衰减速率，其值越高，弹簧属性减小得越快。如果其值为 0，则弹簧属性在姿势图层的所有帧中保持其最大强度。

要启用"弹簧"属性，需要选择一个或多个骨骼，并在属性检查器的"弹簧"部分设置"强度"值和"阻尼"值，其强度越高，弹簧就变得越坚硬。"阻尼"决定弹簧效果的衰减速率，因此"阻尼"值越高，动画结束得越快。

若要禁用"强度"和"阻尼"属性，需要在时间轴中选择姿势图层，并在属性检查器的"弹簧"面板中取消勾选"启用"复选框。这样就可以在舞台上查看姿势图层中定义的姿势了（不具有"弹簧"属性效果）。

当使用"弹簧"属性时，下列因素将影响骨骼动画的最终效果。尝试调整其中的因素，以达到所需的最终效果。

- "强度"值的属性。
- "阻尼"值的属性。
- 姿势图层中姿势之间的帧数。
- 姿势图层中的总帧数。
- 姿势图层中最后姿势与最后一帧之间的帧数。

10）对 IK 骨架进行动画处理

对 IK 骨架进行动画处理的方式与 Animate CC 中的其他对象不同。对于骨架来说，只需向姿势图层中添加帧并在舞台上重新定位骨架即可创建关键帧，姿势图层中的关键帧被称为姿势。由于 IK 骨架通常用于动画目的，因此，每个姿势图层都会自动充当补间图层。

但是，IK 骨架的姿势图层不同于补间图层，因为无法在姿势图层中对除骨骼位置以外的属性进行补间。若要对 IK 骨架的其他属性（如位置、变形、色彩效果或滤镜）进行补间，需要将骨架及其关联的对象包含在影片剪辑元件或图形元件中，然后执行"插入"→"补间动画"命令和使用"动画编辑器"面板，对元件的属性进行动画处理。

也可以在运行时使用 ActionScript 3.0 对 IK 骨架进行动画处理，无法在时间轴中处理。IK 骨架只能在姿势图层中具有一个姿势，且该姿势必须位于姿势图层显示该骨架的第一帧中。

11）在动画期间隐藏编辑控件

所有舞台用控件都始终为启用状态时，可能会不小心改变骨架的位置和属性。在为动画创建骨骼和骨架之后，可以通过勾选属性检查器中的"隐藏骨架编辑控件和提示"复选框，关闭骨架编辑控件和提示功能。

12）在时间轴中对 IK 骨架进行动画处理

IK 骨架存在于时间轴中的姿势图层上。若要在时间轴中对骨架进行动画处理，可用鼠标右键单击姿势图层中的帧，在弹出的快捷菜单中选择"插入姿势"命令来插入姿势。使用"选择工具"更改 IK 骨架的配置。Animate CC 将在姿势之间的帧中自动插入骨骼的位置。

（1）在时间轴中，根据需要向 IK 骨架的姿势图层中添加帧，以便为要创建的动画留出空间。

用鼠标右键单击姿势图层中任意现有帧右侧的帧，在弹出的快捷菜单中选择"插入帧"命令，可以添加帧。

（2）若要向姿势图层的帧中添加姿势，可执行下列操作之一：

- 将播放头放在要添加姿势的帧上，然后在舞台上重新定位骨架。
- 用鼠标右键单击姿势图层中的帧，在弹出的快捷菜单中选择"插入姿势"命令。
- 将播放头放在要添加姿势的帧上，然后按【F6】键。

Animate CC 将向当前帧中的姿势图层插入姿势。帧中的菱形姿势标记指示新姿势。

（3）在单独的帧中添加其他姿势，以完成令人满意的动画。

（4）若要在时间轴中更改动画长度，需要将鼠标指针悬停在骨架的最后一个帧上，直到显示调整大小指针形状。然后将姿势图层的最后一帧拖到右侧或左侧以添加或删除帧。

Animate CC 将依照图层持续时间更改的比例调整姿势帧的位置，并在中间重新内插这些帧。若要在时间轴中调整 IK 骨架范围的大小而不影响姿势帧的位置，可在按住【Shift】键的同时拖动 IK 骨架范围的最后一帧。

完成后，在时间轴中拖动播放头以预览动画。可以看到 IK 骨架位置在姿势帧之间进行了内插。

可以随时在姿势帧中调整 IK 骨架的位置或添加新的姿势帧。

13）编辑骨架中姿势的位置

可以通过以下方式编辑姿势的位置：

- 若要将某个姿势移至新位置，可在按住【Ctrl】键的同时单击该姿势，然后将其拖到骨架中的新位置。
- 若要将某个姿势复制到新位置，可在按住【Ctrl】键的同时单击该姿势，然后在按住【Alt】键的同时将其拖到骨架中的新位置。
- 剪切、复制和粘贴。按住【Ctrl】键单击要剪切或复制的姿势，并从上下文菜单中选择"剪切姿势"或"复制姿势"命令，然后按住【Ctrl】键单击骨架范围中要将姿势粘贴到的帧，并从上下文菜单中选择"粘贴姿势"命令。

14）向 IK 形状对象属性应用附加补间效果

若要向除骨骼位置之外的 IK 形状对象属性应用补间效果，需要将该对象包含在影片剪辑元件或图形元件中。

（1）选择 IK 骨架及其所有的关联对象。

对于 IK 形状对象，只需单击该形状即可。对于连接的元件，可以在时间轴中单击姿势图层，或者围绕舞台上所有的连接元件拖动一个选取框。

（2）用鼠标右键单击所选内容，在弹出的快捷菜单中选择"转换为元件"命令。

（3）在"转换为元件"对话框中输入元件的名称，然后从"类型"下拉列表框中选择"影片剪辑"或"图形"选项，单击"确定"按钮。

Animate CC 将创建一个元件，该元件的时间轴包含骨架的姿势图层。

（4）若要在 FLA 文件的主时间轴上使用新元件，需要将该元件从"库"面板拖到舞台中。

现在就可以向舞台上的新元件添加补间动画效果了。

可以将包含 IK 骨架的元件嵌入所需数量的其他嵌入元件图层中，以创建所需的效果。

15）使用 ActionScript 3.0 为运行时的动画准备骨架

可以使用 ActionScript 3.0 来控制连接至形状或影片剪辑的 IK 骨架。但无法使用 ActionScript 3.0 来控制连接至图形或按钮元件的骨架。

使用 ActionScript 3.0 只能控制具有单个姿势的骨架，而具有多个姿势的骨架只能在时间轴中进行控制。

（1）使用"选择工具"选择姿势图层中包含骨架的帧。

（2）在属性检查器的"类型"下拉列表框中选择"运行时"选项。

现在就可以在运行时使用 ActionScript 3.0 处理层次结构了。

在默认情况下，属性检查器中的骨架名称与姿势图层名称相同。在 ActionScript 3.0 中使用此名称以指代骨架，可以在属性检查器中更改该名称。

16）向 IK 骨架中添加缓动动画

缓动就是调整各个姿势前后帧中的动画速度，以产生更加逼真的运动效果。

（1）选择姿势图层中两个姿势帧之间的帧，或选择一个姿势帧。

中间帧：缓动会影响选定帧左侧和右侧的姿势帧之间的帧。

姿势帧：缓动会影响选定姿势和图层中下一个姿势之间的帧。

（2）在属性检查器的"缓动"下拉列表框中设置缓动类型。

简单缓动：包含 4 种缓动类型（慢、中、快、最快），用于减慢选定帧之前或之后与其紧邻的帧中的运动速度。

起始和终止缓动：减慢紧接前一个姿势帧的帧及位于下一个姿势帧之前且与其相邻的帧中的运动速度。

提 示　在使用补间动画时，可以在"动画编辑器"中使用同样的缓动类型。在时间轴中选择补间动画时，可以在"动画编辑器"中查看每种缓动的曲线。

（3）在属性检查器中，为缓动强度输入一个值。

缓动强度默认为 0，表示无缓动，它的最大值为 100，表示对姿势帧之前的帧应用最明显的缓动效果。最小值为-100，表示对上一个姿势帧之后的帧应用最明显的缓动效果。完成后，可在舞台上预览已缓动的运动，即在时间轴中两个已应用缓动的姿势帧之间拖动播放头。

4.4　导入案例：宝宝动感相册

4.4.1　案例效果

动感相册 1　动感相册 2　动感相册 3　动感相册 4　动感相册 5　动感相册 6

本节讲述"宝宝动感相册"案例。本案例通过在 Animate CC 中导入位图，设计相册画面，制作图片切换动画，导入声音，添加并编辑音效，实现音画同步、音词同步等效果，如图 4.53 所示。

图 4.53　"宝宝动感相册"的一个画面

4.4.2　重点与难点

导入、添加和编辑声音，歌词与声音同步，设置音频的输出。

4.4.3　操作步骤

1. 新建文档并命名

启动 Animate CC，新建一个文档，选择动作脚本为 ActionScript 3.0 版本。设置文档的大小为 800 像素×600 像素，将新文档保存，命名为"宝宝动感相册"。

2. 素材准备

（1）执行"文件"→"导入"→"导入到库"菜单命令，打开"导入到库"对话框，按住【Shift】键选中所有图片和声音素材，将其导入，如图 4.54 所示。

图 4.54　"导入到库"对话框

（2）单击 打开(O) 按钮，即可将素材一并导入 Animate CC 的"库"面板中。

提 示　执行"文件"→"导入"菜单命令，不但可以将位图导入 Animate CC 中，还可以导入视频、声音和其他动画的元件库素材，这样可以大大节省制作元件的时间。选择时注意设置"文件类型"。

3．布局背景

（1）从"库"面板中将背景图片"beijing.jpg"拖到舞台中间，再拖入图片"图 5.png"，效果如图 4.55 所示。

图 4.55　放入图片

（2）用鼠标右键单击图片"图 5.png"，在弹出的快捷菜单中选择"转换为元件"命令，把图片转换为影片剪辑元件"图 5"，如图 4.56 所示。

图 4.56　"转换为元件"对话框

（3）选中"图 5"元件，在"色彩效果"面板中设置样式的 Alpha 值为 60%，如图 4.57 所示。本步骤设计的目的是使图片与背景融合为一个整体。

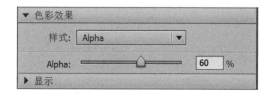

图 4.57　设置样式的 Alpha 值

4．制作"图片效果"元件

（1）新建"图片效果"图层，从"库"面板中拖入"图 2.jpg"，并将它转换为影片剪辑元件"图 2"，如图 4.58 所示。

图 4.58　转换为"图 2"影片剪辑元件

（2）双击"图 2"元件进入内部来美化图片。

（3）新建一个图层，绘制"笔触颜色"为白色、"宽度"为 5 像素的无填充色矩形，效果及参数设置如图 4.59 所示。

图 4.59　绘制矩形

（4）单击"编辑栏"中的"场景 1"按钮，返回主场景中。

（5）重复步骤（1）～（4）制作出影片剪辑元件"图 4"，效果如图 4.60 所示。

图 4.60 影片剪辑元件"图 4"

（6）用同样的方法制作影片剪辑元件"图 1"和"图 3"，效果如图 4.61 所示。

图 4.61 影片剪辑元件"图 1"和"图 3"

（7）同时选择"图 2"和"图 4"元件，按【F8】键，将选择的图形转换为影片剪辑元件"图片效果"，如图 4.62 所示。双击"图片效果"元件进入图片的内部进行编辑。

图 4.62 转换为"图片效果"影片剪辑元件

（8）新建一个图层，在其中绘制图形边框（白色，"宽度"为 5 像素），效果如图 4.63 所示。

图 4.63　绘制图形边框

（9）选择新绘制的图形边框，按【F8】键，将其转换为影片剪辑元件"边框"。选择"边框"元件，在"属性"面板的"滤镜"选项中选择"投影"选项，添加"投影"滤镜，如图 4.64 所示。"投影"滤镜的参数设置及效果如图 4.65 所示。

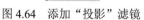

图 4.64　添加"投影"滤镜　　　图 4.65　　"投影"滤镜的参数设置及效果

（10）将"图层 1"改名为"图 2，4"。在"图 2，4"图层的上方新建图层"图 1，3"，将"图 1，3"从"库"面板中拖到舞台中，放置在"图 2，4"图层的上方，效果如图 4.66 所示，时间轴效果如图 4.67 所示。

图 4.66　添加"图 1"和"图 3"　　　图 4.67　　时间轴效果

（11）将"图 1，3"图层拖到"图 2，4"图层的下方。在"图 2，4"图层的上方添加图层"mask1"，在"mask1"图层的第 1 帧处绘制矩形，如图 4.68 所示。

图 4.68　绘制矩形

（12）在"mask1"图层的第 60 帧处按【F6】键插入关键帧，使用"任意变形工具"调整矩形覆盖整个相片，如图 4.69 所示。在第 1～60 帧之间的任意帧上单击鼠标右键，在弹出的快捷菜单中选择"创建补间形状"命令。

图 4.69　调整矩形大小

（13）复制"mask1"图层的第 1～60 帧，在第 130 帧处"粘贴帧"。

（14）选择第 130～190 帧，在选中帧处单击鼠标右键，在弹出的快捷菜单中选择"翻转帧"命令。将第 130 帧与第 190 帧调换位置，做出慢慢翻开第二组相片的动画。

（15）在"图层"面板中用鼠标右键单击"mask1"图层，在弹出的快捷菜单中选择"遮罩层"命令，将"mask1"图层设置为遮罩层，制作出图片渐现效果。此时，时间轴效果如图 4.70 所示。

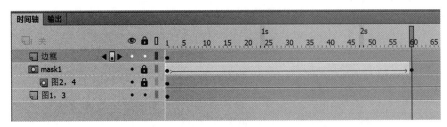

图 4.70　时间轴效果

（16）在"mask1"图层的上方添加一个图层"光"，绘制多个从右到左、逐渐变小并逐渐透明的矩形，如图 4.71 所示。

图 4.71　绘制不同大小和透明度的矩形

（17）框选所有矩形，按【F8】键，将矩形转换为影片剪辑元件"光"。

（18）在"光"图层的第 60 帧处插入关键帧，将第 60 帧处的"光"元件移到两张图片的左侧，如图 4.72 所示。在第 1～60 帧之间创建传统补间动画。

图 4.72　移动矩形的位置

（19）选中"光"图层的第 1～60 帧，用鼠标右键单击选中的帧，在弹出的快捷菜单中选择"复制帧"命令；用鼠标右键单击第 130 帧，在弹出的快捷菜单中选择"粘贴帧"命令。然后选中第 130～190 帧，用鼠标右键单击选中的帧，在弹出的快捷菜单中选择"翻转帧"命令，调换第 130 帧和第 190 帧的图片位置。

（20）在"光"图层的上方添加一个图层"mask2"，在第 1 帧处绘制一个遮罩矩形，如图 4.73 所示，并将"mask2"图层设置为遮罩层，"图片效果"元件完成后的时间轴如图 4.74 所示。

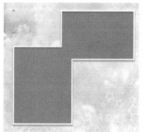

图 4.73　在"mask2"图层上绘制遮罩矩形

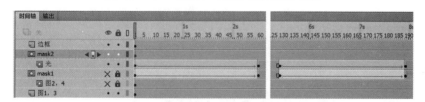

图 4.74　"图片效果"元件完成后的时间轴

5. 制作歌词元件

（1）执行"插入"→"新建元件"菜单命令，设置元件的类型为"影片剪辑"，命名为"歌词白"。打开"素材"文件夹中的"歌词.txt"文件，复制里面的歌词。单击"文本工具" **T** 图标，按【Ctrl+V】组合键粘贴歌词，并将歌词对齐到舞台中央，设置自己喜欢的字体，确定后按两次【Ctrl+B】组合键将文字打散，效果如图 4.75 所示。

图 4.75　"歌词白"影片剪辑元件

（2）在"库"面板中用鼠标右键单击"歌词白"元件，在弹出的快捷菜单中选择"直接复制"命令，并将复制的元件改名为"歌词蓝"，如图 4.76 和图 4.77 所示。双击"歌词蓝"元件进入元件内部，将文字颜色改为浅蓝色。

图 4.76 复制影片剪辑元件　　　　　图 4.77 将复制的元件改名

（3）同步骤（2），再复制一个元件，取名为"歌词边框"。双击进入"歌词边框"元件内部，设置笔触颜色为"#77AD1D"，宽度为"1.5"像素，用"墨水瓶工具"在文字处逐个单击，加上文字边框，再设置填充色为"无"，效果如图 4.78 所示。

图 4.78 "歌词边框"影片剪辑元件

6．布置主场景

（1）新建 7 个图层，修改所有图层的名称，如图 4.79 所示。

图 4.79 主场景图层

（2）歌词与声音同步。

① 单击"音乐"图层的第 1 帧，在"声音"面板中设置声音的相关参数，如图 4.80 所示。

图 4.80 声音参数的设置

② 在"音乐"图层的第 550 帧处插入帧，可以看到音乐的波形到第 496 帧处结束。按住【Shift】键选中第 497～550 帧，删除所选帧。其余图层也均在第 496 帧处按【F5】键插入扩展帧。

提示　在时间轴上放了声音的图层相当于一个声道，声音在上面显示波形图。

③ 把播放头调整到"歌词标记"图层的第 1 帧，按【Enter】键，播放音乐，当听到第 2 句歌词时马上再按【Enter】键停止播放音乐，此时第 2 句歌词大概出现在第 126 帧处。在"歌词标记"图层的第 126 帧处插入关键帧，然后在"属性"面板中设置帧的名称为"1"，设置类型为"注释"，如图 4.81 所示。

图 4.81　帧标签

提示　只有"数据流"同步形式的音乐才可以用【Enter】键来控制播放与暂停。另外，由于存在一定的延迟，暂停的帧比歌词出现的帧要晚一些，所以可以比暂停的帧稍微早一些插入关键帧。为了准确，也可以通过试听多遍来判断歌词出现的位置。

④ 参照步骤③的方法，可以找到每句歌词出现的帧，并分别给帧加上注释。

⑤ 选中"歌词边框"图层的第 1 帧，从"库"面板中拖入元件"歌词边框"，效果如图 4.82 所示。

图 4.82　放入"歌词边框"元件

⑥ 选中"歌词蓝"图层的第 1 帧，从"库"面板中拖入元件"歌词蓝"，放置在"歌词边框"的正上方，效果如图 4.83 所示；选中"歌词白"图层的第 1 帧，从"库"面板中拖入元件"歌词白"，放置在"歌词蓝"的正上方，效果如图 4.84 所示。

图 4.83　放入"歌词蓝"元件　　　　　图 4.84　放入"歌词白"元件

⑦ 选中"mask"图层的第 1 帧，在第 1 句歌词的左侧绘制矩形，效果如图 4.85 所示。在第 1 句歌词的终止处（第 125 帧）按【F6】键插入关键帧，使用"任意变形工具"调整矩形大小，使其刚好覆盖第 1 句歌词，效果如图 4.86 所示。在第 1~125 帧之间创建补间形状。

图 4.85　"mask"图层的第 1 帧　　　　图 4.86　"mask"图层的第 125 帧

⑧ 同步骤⑦的方法，在第 126～238 帧之间做出第 2 句歌词的遮罩动画，在第 239～350 帧之间做出第 3 句歌词的遮罩动画，在第 351～496 帧之间做出第 4 句歌词的遮罩动画。用鼠标右键单击图层"mask"，在弹出的快捷菜单中选择"遮罩层"命令，将图层属性设置为"遮罩"。

⑨ 选择图层"mask"上方的"歌词白"图层，从"库"面板中拖入元件"歌词白"，与歌词重叠放置。锁定其他所有图层。选择"歌词白"元件，按【Ctrl+B】组合键将其彻底分离。在第 125、238、350、496 帧处分别插入关键帧；将第 1 帧中的所有歌词删除；在第 125 帧中保留第 1 句歌词，其余删除；在第 238 帧中保留第 1、2 句歌词，其余删除；在第 350 帧中保留第 1、2、3 句歌词，其余删除。

步骤⑨的主要作用是使唱过的歌词用白色显示出来，区别于未唱的蓝色歌词。

（3）在"背景"图层的上方添加一个图层"修饰"，输入文字"童年"，如图 4.87 所示。

（4）按【Ctrl+B】组合键将文字分离，调整文字的位置，如图 4.88 所示。

（5）选择文字，再按【Ctrl+B】组合键将文字彻底分离，并用"选择工具"调整文字的笔画，效果如图 4.89 所示。

（6）框选"童年"，按【F8】键，将其转换为影片剪辑元件"童年"，如图 4.90 所示。

图 4.87　输入文字

图 4.88　调整文字的位置

图 4.89　调整文字的笔画

图 4.90　转换为"童年"影片剪辑元件

（7）复制一个"童年"元件，按【Ctrl+B】组合键将其分离，填充墨绿色，再用"墨水瓶工具"加上大小为 2 像素的边框，效果如图 4.91 所示。

图 4.91　调整文字颜色并添加边框

（8）发挥自己的想象，在文字和画面上添加一些动感装饰。例如，本案例在文字上添加了闪光效果，在画面上添加了上升的泡泡效果。动画最终效果如图 4.92 所示。动画完成后的时间轴如图 4.93 所示。

图 4.92　动画最终效果

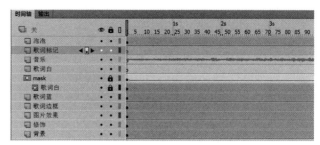

图 4.93　动画完成后的时间轴

4.4.4　技术拓展

1．导入声音

添加声音的操作步骤如下：

执行"文件"→"导入"→"导入到库"菜单命令，打开"导入到库"对话框，选择"声音文件"，单击"打开"按钮，将声音导入"库"面板中，如图 4.94 所示。

提　示　可以一次导入多个声音文件，其方法和导入多个位图的方法相同。导入的声音文件一般放在"库"面板中，不能自动添加到动画作品中进行播放。

图 4.94　导入声音

2．添加及编辑声音

（1）为关键帧添加声音。

若要把已导入的声音添加到关键帧上，则单击要添加声音的关键帧，在"属性"面板中选择相应的声音文件，然后进行相应的设置即可。"属性"面板中声音的设置（见图 4.80）。也可以先单击要添加声音的关键帧，然后把"库"面板中的声音文件直接拖到舞台上。

（2）"属性"面板中各项设置的内容说明如下。

① "名称"：在下拉列表框中包含了所有被导入当前动画中的声音文件，如图 4.95 所示。单击其中的声音文件可以将它插入选定的关键帧中。

② "效果"下拉列表框如图 4.96 所示，其中各个选项的含义如下。

- 无：在播放声音时将不使用任何特殊效果。
- 左声道：只在左声道播放音频。
- 右声道：只在右声道播放音频。

- 向右淡出：让声音从左声道传到右声道。
- 向左淡出：让声音从右声道传到左声道。
- 淡入：使声音逐渐增大。
- 淡出：使声音逐渐减小。
- 自定义：选择该选项可以自己创建声音效果，并利用"编辑封套"对话框编辑声音。

  选中"自定义"选项，将打开如图 4.97 所示的"编辑封套"对话框，可以对声音进行编辑。

图 4.95　"名称"选项的内容　　　图 4.96　"效果"选项的内容

音量调控点：用于改变声音的大小。可上下拖动音量调控点，使之位于不同的点上（最上面表示声音最大，最下面表示声音最小）。在音量控制线上单击可增加音量调控点（最多 8 个）。如果要删除音量调控点，则将其拖出窗口即可。

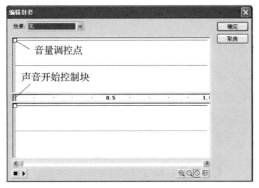

图 4.97　"编辑封套"对话框

"放大""缩小"按钮：单击可显示更多或更少的声音。

要切换时间单位，可单击"秒"按钮，则时间轴显示的单位为秒；单击"帧"按钮，则时间轴显示的单位为帧。

单击"播放"按钮可试听声音效果，单击"停止"按钮则停止播放。

声音开始控制块：向右拖动声音开始控制块，可剪掉前面的部分声音。

声音结束控制块：向左拖动声音结束控制块，可剪掉后面的部分声音。

③ 在"同步"下拉列表框中可设置声音在播放动画时的同步方式，如图 4.98 所示，其中各选项的含义如下。

图 4.98　"同步"选项的内容

- 事件：使声音的播放和事件的发生同步。事件声音将在其开始的关键帧显示时播放，并且可以独立于时间轴完整播放，而不论动画是否停止。事件声音常用于用户单击按钮时播放的声音。如果用户在单击按钮后再次单击按钮，则第一段声音继续播放，而第二段声音同时开始。
- 开始：和事件声音相似，不同的是，如果声音正在播放，则不会开始播放新声音。
- 停止：停止播放指定的声音。
- 数据流：在 Web 站点上播放动画时，使声音和动画保持同步。Animate CC 将调整动画的速度，使之和流式声音同步。如果声音过短而动画过长，那么 Animate CC 将无法调整足够快的动画帧，从而导致有些帧将被忽略。在制作 MV 时，一般要选择"数据流"选项，以保证画面与声音同步。

3．歌词与声音同步

在制作 MV 时，音乐的同步模式要选择"数据流"选项，以保证音乐的播放和画面的播放是同步的。如果要制作比较复杂的字幕效果，则可以使用本案例中添加"歌词标记"的帧注释的方法，这样就可以清楚地知道每句歌词出现的位置。当然，在制作完成后，就可以删除这些帧注释了。

4．设置输出的音频

音频的采样率和压缩率对动画的声音质量和文件大小起着决定性作用。压缩率越大，采样率越低，声音文件的体积就越小，但是质量也更差。在输出音频时，可根据实际需要对其进行更改，而不能一味地追求音质，否则，可能会使文件的下载速度缓慢。为音频设置输出属性的具体操作如下。

（1）按【F11】键打开"库"面板。

（2）用鼠标右键单击要输出的声音文件，在弹出的快捷菜单中选择"属性"命令，打开"声音属性"对话框，如图 4.99 所示。

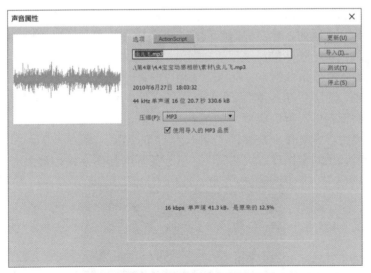

图 4.99　"声音属性"对话框

（3）在"压缩"下拉列表框中可以设置该音频素材的输出属性。可选择的音频输出压缩模式有 4 种：ADPCM（自适应音频脉冲编码）、MP3、原始（不压缩）和语音。下面的参数选择项可对输出作品的音频效果进行详细设置。

当选择 ADPCM 压缩模式时,"声音属性"面板如图 4.100 所示。

① 采样率:输出采样率。采样率越大,声音越逼真,文件越大。

② ADPCM 位:输出时的转换位数。位数越多,音效越好,但文件越大。此项对音质的影响小于采样率对音质的影响。

图 4.100　当选择"ADPCM"压缩模式时的"声音属性"面板

4.5　综合项目:《两只老虎》MV

两只老虎 1　两只老虎 2　两只老虎 3　两只老虎 4　两只老虎 5　两只老虎 6　两只老虎 7　两只老虎 8

两只老虎 9　两只老虎 10　两只老虎 11　两只老虎 12　两只老虎 13　两只老虎 14　两只老虎 15　两只老虎 16

4.5.1　项目概述

MV 具有声音和图像的双重特色,以其丰富的表现力和声效深受大家喜爱。利用 Animate CC 独具特色的编辑设计功能,可十分方便地制作出精美的 MV。要制作一个 Animate CC MV 作品,首先要选择一首歌曲,然后根据歌词来设计角色和场景,使用 Animate CC 的图像绘制工具绘制出主要角色和场景,最后进行动画制作。在动画制作的过程中,对角色的不同表情、动作、神态的绘制要抓住角色特点,掌握动画相应的运动规律,才能做得逼真。而在制作过程中灵活地运用场景、图层文件夹和"库"面板中的文件夹来管理各类素材,可以让源文件的结构清晰,对元件的管理更加得心应手。

本项目的主要内容是制作一首童谣《两只老虎》的 MV 作品。本项目可以通过按钮控制影片的播放,伴随着音乐同步出现歌词和画面,其初始界面如图 4.101 所示。

图 4.101　《两只老虎》MV 的初始界面

4.5.2　项目效果

镜头 1：（近景）两只老虎在骨头动物园里轮流唱"两只老虎"，如图 4.102 所示。

镜头 2：（从全景到中景）两只老虎从骨头动物园里跑出来，跑到大街上过马路（"跑得快，跑得快"），如图 4.103 所示。

镜头 3：（全景）两只老虎在大街上走路，镜头平移，分别看两只老虎（"一只没有眼睛，一只没有尾巴，真奇怪"），如图 4.104 所示。

镜头 4：（全景）在剧场里，老虎们集体演唱《两只老虎》歌曲，唱一遍，如图 4.105 左图所示。

镜头 5：（淡出）老虎们唱完，显示"完"字，如图 4.105 右图所示。

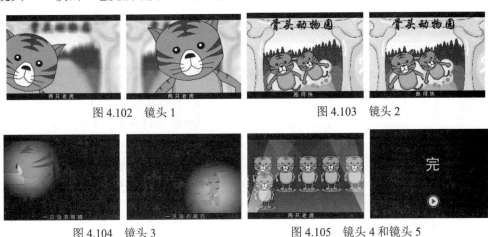

图 4.102　镜头 1　　　　　　　　图 4.103　镜头 2

图 4.104　镜头 3　　　　　　图 4.105　镜头 4 和镜头 5

4.5.3　重点与难点

了解 MV 的制作流程，动画素材的准备工作，MV 动画制作的技巧，MV 的优化和管理。

4.5.4　操作步骤

1．新建文档并命名

启动 Animate CC 后，执行"文件"→"新建"菜单命令，在打开的"新建文档"对话框的"常规"选项卡中选择"ActionScript 3.0"选项，新建一个文档，设置背景色为"白色"，文档的大小为 550 像素×400 像素，帧频为 25 帧/秒，保存文档，命名为"两只老虎"。

2．制作"老虎正面说话动画"元件

（1）选择"线条工具" ，在"属性"的"填充和笔触"面板中，修改"笔触颜色"为"黑色（#000000）"，"笔触"调整为"0.10"，如图 4.106 所示。

（2）在舞台上选择适当的位置，单击并拖动鼠标绘制一条线，按照此方法绘制出老虎正面左边脸的图形。把鼠标指针放在直线上，当变成 形状时，单击并稍微拖动，使直线变成曲线。用同样的方法绘制出左耳朵。修改工具箱中的"笔触颜色"为"红色（#FF0000）"，绘制斑纹，填充分割线，如图 4.107 所示。

图 4.106　设置线条工具属性

图 4.107　绘制老虎正面左边脸的图形

（3）全选舞台中的左边脸，按【Ctrl+C】组合键进行复制，按【Ctrl+Shift+V】组合键将其粘贴到当前位置，复制出右边脸。执行"修改"→"变形"→"水平翻转"菜单命令，按【→】键调整到合适的位置（调整到两条线闭合），如图 4.108 所示。

（4）修改工具箱中的"填充颜色"为"黄色（#E2AB59）"，填充脸部；将"填充颜色"改为"土黄色（#DB9835）"，填充内耳；将"填充颜色"改为"褐色（#5D471E）"，填充斑纹；将"填充颜色"改为"黑色（#000000）"，填充鼻子；将"填充颜色"改为"白色（#FFFFFF）"，填充嘴巴四周，如图 4.109 所示。

图 4.108　复制出右边脸　　　图 4.109　填充脸部颜色

（5）使用"选择工具" ，双击脸部的老虎斑纹，选中其轮廓线部分，按【Delete】键将其删除。

（6）选中头部，按【F8】键将其转换为元件，在打开的"转换为元件"对话框中输入名称"正面头"，并选择"图形"类型。

（7）双击舞台上的"正面头"元件进入工作区，单击 按钮插入新图层，命名为"新图层2"。选中第 5 帧，按【F7】键插入空白关键帧。选择"线条工具" ，将线条的颜色设置为"黑色（#000000）"，"笔触"调整成"0.10"。

（8）按照步骤（2）的方法绘制出张开嘴巴图形。修改工具箱中的"填充颜色"为"红色（#CC3300）"，填充嘴巴内部。再画出两颗牙齿，填充为"白色"，并延伸至第 9 帧，效果如图 4.110 所示。

（9）新建一个"影片剪辑"元件，命名为"老虎正面说话动画"，将"库"面板中的"正面头"元件拖入舞台中，并把"图层 1"的名称修改为"头"。

（10）单击 按钮插入新图层，命名为"眼睛"。使用"椭圆工具" ，按住【Shift】键绘制出正圆。修改工具箱中的"填充颜色"为"黑色（#000000）"，填充眼眶。选择舞台上的正圆，按【Ctrl+C】组合键进行复制，按【Ctrl+Shift+V】组合键将其粘贴到当前位置，复制出眼珠，并适当缩小。修改工具箱中的"填充颜色"为"白色（#FFFFFF）"，填充眼珠，如图 4.111 所示。

图 4.110　张开嘴巴效果　　　图 4.111　绘制眼睛

（11）选中眼睛，按【F8】键将其转换为元件，在打开的"转换为元件"对话框中输入元件名称"正面眼睛",并选择"图形"类型。

(12)双击进入"正面眼睛"元件工作区,把眼珠和眼眶分为两个图层,把眼眶被删除的部分填充为"黑色"。选中"眼珠"图层的第 7 帧,按【F6】键插入关键帧,把眼珠移到眼眶的右下角;选中第 11 帧插入关键帧,把眼珠移到眼眶的右上角,并延伸到第 19 帧,如图 4.112所示。

图 4.112 "眼珠"和"眼眶"图层的时间轴

(13)进入"老虎正面说话动画"元件工作区,选中左边眼睛,按住【Alt】键,用鼠标将左边眼睛拖动到右边,复制出右边眼睛。

(14)单击 按钮插入新图层,命名为"身体",放在"头"图层的下方。使用"线条工具" ,打开"属性"面板,将"笔触颜色"改为"黑色(#000000)","笔触"调整为"0.10"。

(15)参照步骤(2)的方法绘制出身体左边的图形。用同样的方法绘制出肚皮分割线。修改"笔触颜色"为"红色(#FF0000)",绘制身体斑纹,填充分割线,如图 4.113 所示。

(16)全选左边身体,按【Ctrl+C】组合键进行复制,按【Ctrl+Shift+V】组合键将其粘贴到当前位置,复制出右边身体。执行"修改"→"变形"→"水平翻转"菜单命令,按【→】键调整到合适的位置(调整到两条线闭合),如图 4.114 所示。

图 4.113 绘制身体左边的图形

(17)修改工具箱中的"填充颜色"为"黄色(#E2AB59)",填充身体;将"填充颜色"改为"灰黄色(#E3D0A5)",填充肚皮;将"填充颜色"改为"褐色(#5D471E)",填充身体斑纹,如图 4.115 所示。

图 4.114 复制出右边身体　　　　图 4.115 填充身体颜色

(18)使用"选择工具" ,选中肚皮和身体斑纹的轮廓线部分,按【Delete】键将其删除。

(19)选中身体,按【F8】键将其转换为元件,在打开的"转换为元件"对话框中输入名称"正面身体",并选择"图形"类型。

(20)单击 按钮插入新图层,命名为"左手",并放在"身体"图层的下方。使用"线条工具" ,将线条的颜色设置为"黑色(#000000)","笔触"调整为"0.10"。

(21)参照步骤(2)的方法绘制出左手的图形。修改"笔触颜色"为"红色(#FF0000)",绘制左手斑纹,填充分割线,如图 4.116 所示。

图 4.116　绘制左手的图形

（22）修改工具箱中的"填充颜色"为"黄色（#E2AB59）"，填充左手；将"填充颜色"改为"褐色（#5D471E）"，填充左手斑纹，如图 4.117 所示。

（23）使用"选择工具" ，选中左手斑纹的轮廓线部分，按【Delete】键将其删除。

（24）选中左手，按【F8】键将其转换为元件，在打开的"转换为元件"对话框中输入名称"正面手"，并选择"图形"类型。

（25）单击 按钮插入新图层，命名为"右手"，并放在"左手"图层的下方。在舞台上选中左手，按【Ctrl+C】组合键进行复制，确定"右手"图层被选中后，按【Ctrl+Shift+V】组合键将其粘贴到当前位置，复制出右手。执行"修改"→"变形"→"水平翻转"菜单命令，调整到适当的位置，如图 4.118 所示。

图 4.117　填充左手斑纹　　　　图 4.118　复制出右手

（26）单击 按钮插入新图层，命名为"左脚"，并放在"右手"图层的下方。使用"线条工具" ，将线条的颜色设置为"黑色（#000000）"，"样式"调整为"极细线"。

（27）参照步骤（2）的方法绘制出左脚的图形。修改"笔触颜色"为"红色（#FF0000）"，绘制左脚斑纹，填充分割线，如图 4.119 所示。

图 4.119　绘制左脚的图形

（28）修改工具箱中的"填充颜色"为"黄色（#E2AB59）"，填充左脚；将"填充颜色"改为"褐色（#5D471E）"，填充左脚斑纹，如图 4.120 所示。

（29）使用"选择工具" ，选中左脚斑纹的轮廓线部分，按【Delete】键将其删除。

（30）选中左脚，按【F8】键将其转换为元件，在打开的"转换为元件"对话框中输入名称"正面脚"，并选择"图形"类型。

（31）单击 按钮插入新图层，命名为"右脚"，并放在"左脚"图层的下方。在舞台上选中左脚，按【Ctrl+C】组合键进行复制，确定"右脚"图层被选中后，按【Ctrl+Shift+V】组合键将其粘贴到当前位置，复制出右脚。执行"修改"→"变形"→"水平翻转"菜单命令，调整到适当的位置，如图 4.121 所示。

图 4.120　填充左脚斑纹　　　　图 4.121　复制出右脚

（32）单击🔲按钮插入新图层，命名为"胡须"，并放在图层的最上方。使用"线条工具" ✏，在嘴巴的左右两边各绘制出 3 根胡须，如图 4.122 所示。

（33）单击🔲按钮插入新图层，命名为"尾巴"，并放在"右脚"图层的下方。参照步骤（2）的方法绘制出尾巴图形，如图 4.123 所示。

图 4.122　绘制胡须图形　　　图 4.123　绘制尾巴图形

（34）修改工具箱中的"填充颜色"为"黄色（#E2AB59）"，填充尾巴；将"填充颜色"改为"褐色（#5D471E）"，填充尾巴斑纹，如图 4.124 所示。最后删除尾巴斑纹的轮廓线。

（35）新建一个图层，命名为"阴影"，并拉到图层的最底端。将"填充颜色"改为"灰色（#999999）"，使用"椭圆工具" 🔲 绘制阴影，最终效果如图 4.125 所示。全选图层的第 10 帧，按【F5】键插入扩展帧。

图 4.124　填充尾巴斑纹　　　图 4.125　正面老虎最终效果

（36）执行"窗口"→"库"菜单命令，将"库"面板打开，单击"新建文件夹"按钮 📁，新建一个文件夹，命名为"老虎正面说话动画"。将"正面脚""老虎正面说话动画""正面头""正面身体""正面眼睛""正面手"元件拖到该文件夹中。要打开或合并文件夹，双击 📁 按钮或文件夹前的小三角按钮即可。

3. 制作"老虎正面跑步动画"元件

（1）单击"库"面板左下方的"新建文件夹"按钮 📁，新建一个文件夹，命名为"老虎正面跑步动画"。选中"老虎正面说话动画"文件夹，单击鼠标右键，在弹出的快捷菜单中选择"复制"命令。选中"老虎正面跑步动画"文件夹，单击鼠标右键，在弹出的快捷菜单中选择"粘贴"命令。这时候会发现在此文件夹中多了一个"老虎正面说话动画"文件夹，单击此文件夹中的第一个元件，按住【Shift】键选中最后一个元件，拖到"老虎正面跑步动画"的目录下，删除"老虎正面说话动画"文件夹。

（2）将"老虎正面说话动画"影片剪辑元件的名称改为"老虎正面跑步动画"。双击"老虎正面跑步动画"前面的🖼按钮，进入元件工作区。选中"左脚""右脚""阴影"图层，单击图层区下方的"删除图层"按钮 🗑，将其删除。单击🔲按钮插入新图层，命名为"快速运动脚"，并放在"身体"图层的下方。

（3）使用"椭圆工具" 🔲，修改工具箱中的"填充颜色"为"黄色（#E2AB59）"，将"笔触颜色"设为"无"。按住【Shift】键，绘制出几个大小不一的正圆，如图 4.126 所示。

图 4.126　绘制正圆

（4）选中小圆圈，按【F8】键将其转换为元件，在打开的"转换为元件"对话框中输入名称"快速运动脚"，并选择"影片剪辑"类型。

（5）双击舞台上的"快速运动脚"元件，进入元件工作区，在第3、5、7帧处按【F6】键插入关键帧，调整各帧上大小圆的位置，如图4.127所示。

第3帧效果　　　　　　　　第5帧效果　　　　　　　　第7帧效果

图4.127　插入关键帧的效果

（6）单击舞台上方的"老虎正面跑步动画"按钮 老虎正面跑步动画 ，返回"老虎正面跑步动画"影片剪辑元件工作区。双击舞台上的"正面手"元件，进入元件工作区。在第3帧处按【F6】键插入关键帧，使用"任意变形工具" 拖动变形中心到手臂的上方，稍微往上旋转。

（7）单击舞台上方的"老虎正面跑步动画"按钮 老虎正面跑步动画 ，返回"老虎正面跑步动画"影片剪辑元件工作区。选中"胡须"和"尾巴"图层的第5帧，按【F6】键插入关键帧。选中"胡须"图层的第5帧，把鼠标指针放在直线上，当其变成 形状时，按下鼠标左键并稍微拖动，使直线变成曲线，如图4.128所示。选中"尾巴"图层的第5帧，使用"线条工具" ，按照上面绘制尾巴的方法绘制出尾巴的另一种形状，如图4.129所示，并延伸至第10帧。

图4.128　第5帧处胡须效果　　　　　　图4.129　绘制的尾巴效果

4. 制作"老虎唱歌动画"场景

（1）打开"库"面板，单击面板左下方的"新建文件夹"按钮 ，新建一个文件夹，命名为"多只老虎唱歌情形"。选中"老虎正面说话动画"文件夹，单击鼠标右键，在弹出的快捷菜单中选择"复制"命令。选中"多只老虎唱歌情形"文件夹，单击鼠标右键，在弹出的快捷菜单中选择"粘贴"命令，并对其进行整理。将"老虎正面说话动画"影片剪辑元件名称改为"老虎唱歌动画"，将"正面脚"图形元件名称改为"脚"。

（2）双击"老虎唱歌动画"前面的 按钮，进入元件工作区。选中时间轴上的"左手"图层的第1帧，对准舞台上的"左手"部分双击，进入"正面手"元件工作区。选中线框部分，在"属性"面板的填充和笔触菜单下单击"扩展以填充"按钮 ，使其变为"颜色填充"。全选正面手，使用"骨骼工具" 对手添加骨骼。选中第2帧，将手的动作调整成如图4.130所示。

图4.130　绘制正面手第2帧处的形状

（3）单击 老虎唱歌动画 按钮，返回到"老虎唱歌动画"影片剪辑元件工作区。双击舞台上的"左脚"，进入"脚"元件工作区。选中线框部分，在"属性"面板的填充和笔触菜单下单击"扩展以填充"按钮 ，使其变为"颜色填充"。使用"骨骼工具" 对脚添加骨骼。选中第2帧，按【F6】键插入姿势，将姿势调整成如图4.131所示。

图 4.131　在第 1 帧处添加骨骼的形状和左脚第 2 帧处的姿势

（4）在第 3 帧处按【F6】键，插入姿势，按同样的方法调整出第 3 帧处的姿势，如图 4.132 所示。

图 4.132　绘制左脚第 3 帧处的姿势

（5）打开"库"面板，双击进入"老虎正面跑步动画"元件，复制"尾巴"图层的第 5 帧。回到"老虎唱歌动画"元件，在"尾巴"图层的第 3 帧处插入空白关键帧并粘贴，可以打开绘图纸外观对位，如图 4.133 所示。

图 4.133　打开绘图纸外观对位尾巴效果

（6）单击 老虎唱歌动画 按钮，返回到"老虎唱歌动画"影片剪辑元件工作区。将"右脚"图层第 1 帧处的图形删除，将"左脚"复制给"右脚"，并做水平翻转。分别选中舞台上左脚、右脚的第 1 帧，打开"属性"面板，单击打开"循环"延伸面板，将"选项"设为"单帧"，在"第 1 帧"后输入"1"。分别选中舞台上左手、右手的第 1 帧，打开"属性"面板，将循环"选项"设为"单帧"，在"第 1 帧"后输入"2"。调整好左手、右手的位置，效果如图 4.134 所示。

（7）参照步骤（6）的方法将"右脚"第 3 帧处"第 1 帧"后的值改为"2"，将"右手"第 3 帧处"第 1 帧"后的值改为"1"。"左手"和"左脚"保持不变，调整好位置，效果如图 4.135 所示。

图 4.134　第 1 帧的效果　　　图 4.135　第 3 帧的效果

（8）选中"胡须"至"阴影"图层之间所有图层的第 5 帧，按【F6】键插入关键帧。复制"尾巴"图层的第 1 帧给第 3 帧。选中"右手"图层的第 1 帧，单击鼠标右键，在弹出的快捷菜单中选择"复制帧"命令；选中第 5 帧，单击鼠标右键，在弹出的快捷菜单中选择"粘贴帧"命令。参照步骤（6）的方法将"右脚"第 5 帧处"第 1 帧"后的值改为"1"，并调整脚的位置，效果如图 4.136 所示。

（9）选中"胡须"至"阴影"图层之间所有图层的第 7 帧，按【F6】键插入关键帧。复制"尾巴"图层的第 3 帧给第 7 帧。选中"右脚"图层的第 1 帧，单击鼠标右键，在弹出的快捷菜单中选择"复制帧"命令；选中第 7 帧，单击鼠标右键，在弹出的快捷菜单中选择"粘贴帧"命令，效果如图 4.137 所示。

图 4.136　第 5 帧的效果　　　图 4.137　第 7 帧的效果

（10）选中"胡须"至"阴影"图层之间所有图层的第 9 帧，按【F6】键插入关键帧。复制"尾巴"图层的第 5 帧给第 9 帧。参照步骤（6）的方法，将"左脚"第 9 帧处"第 1 帧"后的值改为"2"，将"左手"第 9 帧处"第 1 帧"后的值改为"1"。调整好位置，效果如图 4.138 所示。

（11）选中"胡须"至"阴影"图层之间所有图层的第 11 帧，按【F6】键插入关键帧。复制"尾巴"图层的第 7 帧给第 11 帧。参照步骤（6）的方法，将"左脚"第 11 帧处"第 1 帧"后的值改为"1"，将"左手"第 11 帧处"第 1 帧"后的值改为"2"。调整好位置，效果如图 4.139 所示。

图 4.138　第 9 帧的效果　　　图 4.139　第 11 帧的效果

（12）选中"胡须"至"阴影"图层之间所有图层的第 13 帧，按【F6】键插入关键帧。复制"尾巴"图层的第 9 帧给第 13 帧。复制"左脚"第 1 帧，在第 13 帧处粘贴，将"左手"第 13 帧处"第 1 帧"后的值改为"1"。调整好位置，效果如图 4.140 所示。

（13）按【Ctrl+F8】组合键，在打开的"创建新元件"对话框中输入元件名称"老虎唱歌集合"，并选择"影片剪辑"类型，然后单击"确定"按钮进入元件工作区。

（14）按【Ctrl+L】组合键，打开"库"面板，将"老虎唱歌动画"影片剪辑元件拖入舞台中，采用拖动复制的方法在同一水平线上复制出另外 4 只老虎，如图 4.141 所示。

图 4.140　第 13 帧的效果　　　图 4.141　复制老虎

（15）按【Ctrl+F8】组合键，在打开的"创建新元件"对话框中输入元件名称"老虎唱歌集合"，并选择"影片剪辑"类型，然后单击"确定"按钮进入元件工作区。

（16）按【Ctrl+L】组合键，打开"库"面板，将"老虎唱歌集合"影片剪辑元件拖入舞台中。单击按钮插入新图层，命名为"图层 2"，将拖进来的元件复制一个给"图层 2"，两排交叉排列，效果如图 4.142 所示。

图 4.142　"老虎唱歌集合"影片剪辑元件

（17）按住【Shift】键，选中"图层 1""图层 2"的第 55 帧，按【F6】键插入关键帧。选中"图层 1"的第 55 帧，按【←】键将舞台上的元件水平左移；选中"图层 2"的第 55 帧，按【→】键将舞台上的元件水平右移，效果如图 4.143 所示。

图 4.143　第 55 帧的效果

（18）按住【Shift】键，选中"图层 1"和"图层 2"的第 101 帧，按【F6】键插入关键帧。选中"图层 1"的第 1 帧，单击鼠标右键，在弹出的快捷菜单中选择"复制帧"命令；选中第 101 帧，单击鼠标右键，在弹出的快捷菜单中选择"粘贴帧"命令。按照此方法编辑"图层 2"的第 101 帧。在每个图层的第 1～55 帧、第 55～101 帧之间创建传统补间动画。

5. 制作"老虎舞台表演动画"场景

（1）按【Ctrl+L】组合键，打开"库"面板，直接复制"老虎唱歌动画"影片剪辑元件，在打开的"直接复制元件"对话框中输入元件名称为"老虎舞台表演动画"，如图 4.144 所示。

图 4.144　"直接复制元件"对话框

（2）双击 按钮进入"老虎舞台表演动画"影片剪辑元件工作区。选中"头"图层的第 1 帧，按【Ctrl+F3】组合键，打开"属性"面板，将其"播放属性"改为"单帧"，将"第 1 帧"后的值改为"1"。将"头"图层的第 3、5、7、9、11、13 帧中"第 1 帧"后的值都改为"1"。

（3）直接复制"老虎唱歌集合"影片剪辑元件，在打开的"直接复制元件"对话框中输入元件名称为"老虎舞台表演集合"。

（4）双击 按钮进入"老虎舞台表演集合"影片剪辑元件工作区。选中舞台中的一只老虎，按【Ctrl+F3】组合键，打开"属性"面板，单击"交换"按钮 交换... ，在打开的"交换元件"对话框中选择"老虎舞台表演动画"影片剪辑元件，单击"确定"按钮。其他 4 只老虎也按照同样的方法交换元件，如图 4.145 所示。

（5）按【Ctrl+L】组合键，打开"库"面板，直接复制"老虎唱歌集合"影片剪辑元件，在打开的"直接复制元件"对话框中输入元件名称为"老虎舞台表演总合"。

（6）双击 按钮进入"老虎舞台表演总合"影片剪辑元件工作区。参照步骤（4）的方法，将每个关键帧的元件交换成"老虎舞台表演集合"。

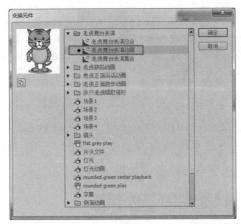

图 4.145   "交换元件"对话框

（7）单击"库"面板左下方的"新建文件夹"按钮 📁，新建一个文件夹，命名为"老虎舞台表演"。将"老虎舞台表演动画""老虎舞台表演集合""老虎舞台表演总合"影片剪辑元件拖入该文件夹中。

6. 制作"老虎侧面动画"元件

（1）按【Ctrl+F8】组合键，在打开的"创建新元件"对话框中输入元件名称"老虎头"，并选择"图形"类型，然后单击"确定"按钮进入元件工作区。将"库"面板中的"老虎正面说话动画"影片剪辑元件拖入作为参考（方法是在其图层上新建一个图层，放置参考用的影片剪辑元件，并锁定该图层，参考完后删除）。使用"线条工具" ✏️，绘制出一个如图 4.146 所示的图形。

（2）把鼠标指针放在直线上，当其变成↘形状时，按下鼠标左键并稍微拖动，使直线变成曲线，将形状调整成如图 4.147 所示。

图 4.146   绘制小老虎侧面轮廓

图 4.147   调整形状

（3）使用"线条工具" ✏️，从鼻梁处往下巴处拉出一条斜线。把鼠标指针放在直线上，当其变成↘形状时，按下鼠标左键并稍微拖动，使直线变成曲线，如图 4.148 所示。

（4）使用"线条工具" ✏️，将"笔触颜色"改为"红色"，绘制老虎斑纹轮廓线。把鼠标指针放在直线上，当其变成↘形状时，按下鼠标左键并稍微拖动，使直线变成曲线，如图 4.149 所示。

图 4.148   绘制嘴巴周围

图 4.149   绘制填充分割区

（5）单击 🔲 按钮插入新图层，命名为"图层 2"。选中"图层 2"的第 1 帧，使用"线条工具" ✏️绘制出耳朵，效果如图 4.150 所示。

（6）为了填充耳朵的颜色，在耳朵下绘制一条封闭线。使用"线条工具" ✏️绘制一条线，使耳根部位闭合，如图 4.151 所示。

图 4.150　绘制耳朵　　图 4.151　绘制耳朵封闭线

（7）修改工具箱中的"填充颜色"为"黄色（#E2AB59）"，填充脸部；将"填充颜色"改为"土黄色（#DB9835）"，填充内耳；将"填充颜色"改为"褐色（#5D471E）"，填充老虎斑纹；将"填充颜色"改为"黑色（#000000）"，填充鼻子；将"填充颜色"改为"白色（#FFFFFF）"，填充嘴巴四周，效果如图 4.152 所示。

图 4.152　填充脸部颜色

（8）使用"选择工具" ，双击耳朵部分的封闭线，按【Delete】键将其删除。

（9）在"图层 1"的第 2 帧处按【F5】键插入扩展帧，在"图层 2"的第 2 帧处按【F6】键插入关键帧，调整耳朵的形状，让耳朵运动起来，如图 4.153 所示。

图 4.153　图层设置与第 2 帧处耳朵的形状

（10）新建一个"影片剪辑"元件，并命名为"老虎侧面动画"，单击"确定"按钮进入元件工作区。打开"库"面板，将"老虎头"元件拖入舞台中，并双击"图层 1"的名称处，将"图层 1"改名为"头"。

（11）单击 按钮插入新图层，命名为"眼睛"，并放在"头"图层的上方。使用"椭圆工具" 绘制一个椭圆，修改工具箱中的"填充颜色"为"黑色（#000000）"，填充眼眶。选中舞台中的椭圆，按【Ctrl+C】组合键进行复制，再按【Ctrl+Shift+V】组合键将其粘贴到当前位置。执行"修改"→"变形"→"缩放和旋转"菜单命令（组合键为【Ctrl+Alt+S】），在打开的"缩放和旋转"对话框中输入"35%"的缩放比例，做成眼珠，并填充"白色"。

（12）调整好眼珠的位置。如果原先眼珠覆盖的部分有留白，则可使用"滴管工具" （快捷键为【I】）取"黑色"值，这时舞台上的鼠标指针会变成油漆桶形状 ，进行填充，效果如图 4.154 所示。

图 4.154　"缩放和旋转"对话框及调整后的眼睛效果

（13）选中眼睛，按【F8】键，在打开的"转换为元件"对话框中输入元件名称"眼睛"，并选择"图形"类型。

（14）单击 按钮插入新图层，命名为"身体"，放在"头"图层的下方。使用"线条工具" 绘制如图 4.155 所示的图形。

图 4.155　绘制身体的图形

（15）修改工具箱中的"填充颜色"为"黄色（#E2AB59）"，填充身体；将"填充颜色"改为"灰黄色（#E3D0A5）"，填充肚皮；将"填充颜色"改为"褐色（#5D471E）"，填充身体斑纹，如图 4.156 所示。

图 4.156　填充身体斑纹

（16）使用"选择工具" ，选中身体斑纹的轮廓线部分，按【Delete】键将其删除。

（17）选中身体，按【F8】键将其转换为元件，在打开的"转换为元件"对话框中输入名称"身体"，并选择"图形"类型。

（18）单击 🔲 按钮插入新图层，命名为"左手"，放在"身体"图层的上方。使用"线条工具" ／ 绘制如图 4.157 所示的图形。

图 4.157　绘制左手的图形

（19）修改工具箱中的"填充颜色"为"黄色（#E2AB59）"，填充左手；将"填充颜色"改为"褐色（#5D471E）"，填充左手斑纹，如图 4.158 所示。

图 4.158　填充左手斑纹

（20）使用"选择工具" ，选中左手斑纹的轮廓线部分，按【Delete】键将其删除。

（21）选中左手，按【F8】键将其转换为元件，在打开的"转换为元件"对话框中输入名称"左手"，并选择"图形"类型。

（22）单击 🔲 按钮插入新图层，命名为"右手"，并放在"身体"图层的下方。参照左手的绘制方法绘制出右手，如图 4.159 所示。

图 4.159　绘制右手的图形

（23）选中右手，按【F8】键将其转换为元件，在打开的"转换为元件"对话框中输入名称"右手"，并选择"图形"类型。

（24）单击 🔲 按钮插入新图层，命名为"左脚"，并放在"左手"图层的下方。将"库"面板中"多只老虎唱歌情形"文件夹中的"脚"元件复制过来。图层的顺序如图 4.160 所示。

（25）单击 按钮插入新图层，命名为"右脚"，并放在"右手"图层的下方，将"左脚"图层里的元件复制到该图层。打开"属性"面板，单击打开"循环"延伸面板，设置"选项"为"单帧"，在"第 1 帧"后输入"1"。选中"左脚"图层，在"第 1 帧"后输入"2"，并调整好位置，如图 4.161 所示。

图 4.160　"老虎侧面动画"图层的顺序　　图 4.161　调整脚的位置

（26）单击 按钮插入新图层，命名为"尾巴"，并放在"右脚"图层的下方，将"老虎唱歌动画"影片剪辑元件中的"尾巴"图层的第 1 帧和第 3 帧复制过来。

（27）单击 按钮插入新图层，命名为"阴影"，并放在"尾巴"图层的下方。使用"椭圆工具" ，修改工具箱中的"填充颜色"为"灰色（#CCCCCC）"，并设置 Alpha 的值为"41%"，设置"笔触颜色"为"无"，在舞台上绘制一个椭圆形。

（28）单击 按钮插入新图层，命名为"胡须"，并放在最上方。使用"线条工具" 绘制胡须，如图 4.162 所示。

（29）选中舞台上的"头""手""脚"元件，调整变形中心点位置，如图 4.163 所示。

图 4.162　绘制胡须　　图 4.163　调整变形中心点位置

（30）在第 3 帧处，选中"胡须"图层，按住【Shift】键，再选择"阴影"图层，按【F6】键插入关键帧。选中"身体""头""眼睛""左手""右手""胡须""尾巴"图层，按【↓】键向下移 3～5 像素（按一下表示移 1 像素）。选中"左脚"图层，打开"属性"面板，设置播放属性为"单帧"，在"第 1 帧"后输入"1"。选中"右脚"图层，打开"属性"面板，设置播放属性为"单帧"，在"第 1 帧"后输入"2"，并调整好位置。选中"左手"图层，使用"任意变形工具" ，把鼠标指针定位在右下方的圆圈上，当其变成 形状时，按下鼠标左键并稍微往前旋转。选中"右手"图层，用同样的方法，稍微往后旋转。

（31）选中"胡须"图层，把鼠标指针放在直线上，当其变成 形状时，按下鼠标左键并稍微拖动，使直线变成曲线。第 3 帧处最终效果如图 4.164 所示。

（32）在第 5 帧处，选中"胡须"图层，按住【Shift】键，再选择"阴影"图层，全选所有图层，按【F6】键插入关键帧。分别选中"身体""尾巴"图层的第 1 帧，单击鼠标右键，在弹出的快捷菜单中选择"复制帧"命令；在第 5 帧处单击鼠标右键，在弹出的快捷菜单中选择"粘贴帧"命令。选中"头""眼睛""左手""右手""胡须""身体""尾巴"图层，按【↑】键向上移 3～5 像素。选中"左脚"图层，打开"属性"面板，设置播放属性为"单帧"，在"第 1 帧"后输入"3"。选中"右脚"图层，打开"属性"面板，设置播放属性为"单帧"，在"第 1 帧"后输入"2"，并调整好位置。选中"左手"图层，按照步骤（30）的方法，稍微往前旋转。选中"右手"图层，用同样的方法，稍微往后旋转。选中"阴影"图层，按【Ctrl+Alt+S】组合键，在打开的"缩放和旋转"对话框中，设置"缩放"值为"50%"。第 5 帧处最终效果如图 4.165 所示。

图 4.164　第 3 帧处最终效果　　　　图 4.165　第 5 帧处最终效果

（33）在第 7 帧处，选中"胡须"图层，按住【Shift】键，再选择"阴影"图层，按【F6】键插入关键帧。选中"身体""头""眼睛""左手""右手"图层，按【↑】键向上移 3～5 像素。选中"尾巴"图层的第 3 帧，单击鼠标右键，在弹出的快捷菜单中选择"复制帧"命令，在第 7 帧处"粘贴帧"，并向上移 3～5 像素。选中"阴影"图层的第 3 帧，单击鼠标右键，在弹出的快捷菜单中选择"复制帧"命令，在第 7 帧处"粘贴帧"。选中"胡须"图层的第 3 帧，单击鼠标右键，在弹出的快捷菜单中选择"复制帧"命令，在第 7 帧处"粘贴帧"，并向上移 3～5 像素。选中"左脚"图层，打开"属性"面板，设置播放属性为"单帧"，在"第 1 帧"后输入"1"。选中"右脚"图层，打开"属性"面板，设置播放属性为"单帧"，在"第 1 帧"后输入"2"，并调整好位置。选中"左手"图层，按照步骤（30）的方法，稍微往前旋转。选中"右手"图层，用同样的方法，稍微往后旋转。第 7 帧处最终效果如图 4.166 所示。

（34）在第 9 帧处，选中"胡须"图层，按住【Shift】键，再选择"阴影"图层，按【F6】键插入关键帧。选中"身体""头""眼睛""左手""右手"图层，按【↓】键向下移 5～10 像素。选中"尾巴"图层的第 5 帧，单击鼠标右键，在弹出的快捷菜单中选择"复制帧"命令，在第 9 帧处"粘贴帧"，并向下移 3～5 像素。选中"阴影"图层的第 5 帧，单击鼠标右键，在弹出的快捷菜单中选择"复制帧"命令，在第 9 帧处"粘贴帧"。选中"胡须"图层的第 5 帧，单击鼠标右键，在弹出的快捷菜单中选择"复制帧"命令，在第 9 帧处"粘贴帧"，并向下移 3～5 像素。选中"左脚"图层，打开"属性"面板，设置播放属性为"单帧"，在"第 1 帧"后输入"2"。选中"右脚"图层，打开"属性"面板，设置播放属性为"单帧"，在"第 1 帧"后输入"1"，并调整好位置。选中"左手"图层，按照步骤（30）的方法，稍微往前旋转。选中"右手"图层，用同样的方法，稍微往后旋转。第 9 帧处最终效果如图 4.167 所示。

图 4.166　第 7 帧处最终效果　　　　图 4.167　第 9 帧处最终效果

（35）在第 11 帧处，选中"胡须"图层，按住【Shift】键，再选择"阴影"图层，按【F6】键插入关键帧。选中"身体""头""眼睛""左手""右手"图层，按【↓】键向下移 5～10 像素。选中"尾巴"图层的第 7 帧，单击鼠标右键，在弹出的快捷菜单中选择"复制帧"命令，在第 11 帧处"粘贴帧"，并向上移 5～10 像素。选中"阴影"图层的第 7 帧，单击鼠标右键，在弹出的快捷菜单中选择"复制帧"命令，在第 11 帧处"粘贴帧"。选中"胡须"图层的第 7 帧，单击鼠标右键，在弹出的快捷菜单中选择"复制帧"命令，在第 11 帧处"粘贴帧"，并向上移 5～10 像素。选中"左脚"图层，打开"属性"面板，设置播放属性为"单帧"，在"第 1 帧"后输入"2"。选中"右脚"图层，打开"属性"面板，设置播放属性为"单帧"，在"第 1 帧"后输入"1"，并调整好位置。选中"左手"图层，按照步骤（30）的方法，稍微往前旋转。选中"右手"图层，用同样的方法，稍微往后旋转。第 11 帧处最终效果如图 4.168 所示。

图 4.168　第 11 帧处最终效果

（36）打开"库"面板，单击左下方的"新建文件夹"按钮　，新建一个文件夹，命名为"老虎侧面动画"。将"脚""老虎侧面动画""老虎头""身体""眼睛""右手""左手"元件拖到该文件夹中。

7．制作"老虎缺陷动画"元件

（1）打开"库"面板，单击左下方的"新建文件夹"按钮　，新建一个文件夹，命名为"老虎缺陷动画"。选中"老虎侧面动画"文件夹，单击鼠标右键，在弹出的快捷菜单中选择"复制"命令；选中"老虎缺陷动画"文件夹，单击鼠标右键，在弹出的快捷菜单中选择"粘贴"命令。参照"制作'老虎正面说话动画'元件"中步骤（36）的方法整理元件。

（2）选中"老虎缺陷动画"文件夹中的"老虎侧面动画"影片剪辑元件，单击鼠标右键，在弹出的快捷菜单中选择"直接复制"命令，在打开的"直接复制元件"对话框中输入元件名称为"老虎没有眼睛"。

（3）把"眼睛"元件的名称改为"眨眼"。双击　按钮进入元件工作区，把"眼睛"分成"眼眶"和"眼珠"图层。单击　按钮插入新图层，命名为"掩盖层"。选中"眼眶"和"眼珠"图层的第 12 帧，按【F5】键插入扩展帧。选中"掩盖层"图层的第 3、5、7 帧，按【F6】键插入关键帧。使用"椭圆工具"　，修改工具箱中的"填充颜色"为"黄色（#E2AB59）"，将"笔触颜色"改为"黑色（#000000）"，再配合"线条工具"　绘制出眼睛的遮罩，如图 4.169 所示。

第 3 帧效果　　　第 5 帧效果　　　第 7 帧效果

图 4.169　绘制眼睛的遮罩

（4）选中"掩盖层"图层的第 9、11 帧，按【F6】键插入关键帧，分别把第 5 帧和第 3 帧的效果复制并粘贴到对应帧。

（5）双击"库"面板中"老虎没有眼睛"元件前面的　按钮，进入"老虎没有眼睛"元件工作区。选中"眼睛"图层第 1 帧舞台上的"眨眼"元件，将它的播放属性改成"单帧"，将"第 1 帧"后的数字改成"3"。按照此方法选中第 3、5、7、9、11 帧，把"第 1 帧"后的数字分别改为"5""7""9""11""1"。

（6）将"老虎缺陷动画"文件夹中的"老虎侧面动画"影片剪辑元件的名称改为"老虎没有尾巴"。选中"尾巴"图层的第 3 帧，按【Ctrl+Alt+S】组合键，在打开的"缩放和旋转"对话框中输入缩放的比例为"80%",单击"确定"按钮,如图 4.170 所示。

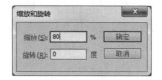

图 4.170 "缩放和旋转"对话框

（7）按照以上方法分别选中"尾巴"图层的第 5、7、9 帧,设置缩放的比例分别是"60%""40%""20%"。删除第 11、12 帧。

8. 制作镜头

（1）新建"图形"元件,命名为"镜头 1",单击"确定"按钮进入元件工作区。

（2）执行"文件"→"导入"→"导入到舞台"菜单命令（组合键为【Ctrl+R】）,在打开的如图 4.171 所示的"导入"对话框中,选择本项目对应的素材文件夹中的背景图片文件"场景 1.jpg",然后单击"打开"按钮。这时会出现一个对话框,询问"是否导入序列中的所有图像?",单击"否"按钮,如图 4.172 所示。按【F8】键,在打开的"转换为元件"对话框中输入元件名称"场景 1",并选择"影片剪辑"类型。

图 4.171 "导入"对话框

图 4.172 系统询问对话框

📖 提示 在 Animate CC 中,为了方便导入外部的序列文件,当在同一文件夹中遇到相似的文件名（如场景 1、场景 2）时,系统会自动询问是否导入序列中的所有图像。

（3）打开"属性"面板,选择"滤镜"延伸面板,单击"添加滤镜"按钮 ➕,选择"模糊"效果,设置 X 轴、Y 轴的值均为"23 像素",如图 4.173 所示。在第 89、98 帧处插入关键帧,在第 98 帧处将背景的模糊值改为"0"。在第 157、167 帧处插入关键帧,在第 167 帧处将透明度改为"0",在两处关键帧之间插入传统补间动画。

图 4.173 "滤镜"延伸面板

（4）单击 按钮插入新图层，命名为"1"。打开"库"面板，把"老虎正面说话动画"文件夹中的"老虎正面说话动画"影片剪辑元件拖入舞台中。选中第 1 帧，使用"任意变形工具" ，顺时针旋转 30°，在舞台上选中此元件并往下移，效果如图 4.174 所示。选中第 12 帧，按【F6】键插入关键帧，往上移，效果如图 4.175 所示。选中第 32、40 帧，按【F6】键插入关键帧。选中第 40 帧，将"老虎正面说话动画"元件移到舞台外。选中第 41 帧，按【F7】键插入空白关键帧。在第 1~12 帧、第 32~40 帧之间任选一帧，单击鼠标右键，在弹出的快捷菜单中选择"创建传统补间"命令，创建传统补间动画。

（5）单击 按钮插入新图层，命名为"2"。选中第 32 帧，按【F6】键插入关键帧，拖入"老虎正面说话动画"影片剪辑元件，使用"任意变形工具" ，逆时针旋转一定角度，并移出舞台。选中第 40 帧，按【F6】键插入关键帧，按【V】键将其移入舞台，如图 4.176 所示。选中第 89、98 帧，按【F6】键插入关键帧。选中第 98 帧，将老虎移到舞台外。选中第 99 帧，按【F7】键插入空白关键帧。在第 32~40 帧、第 89~98 帧之间任选一帧，单击鼠标右键，在弹出的快捷菜单中选择"创建传统补间"命令，创建传统补间动画。

图 4.174 第 1 帧效果　　图 4.175 第 12 帧效果　　图 4.176 第 40 帧效果

（6）单击 按钮插入新图层，命名为"3"。选中第 89 帧，按【F6】键插入关键帧，拖入"老虎正面跑步动画"影片剪辑元件，按【Ctrl+Alt+S】组合键，在打开的"缩放和旋转"对话框中输入缩放值为"20%"，使用"任意变形工具" ，顺时针旋转 30°。选中第 106 帧，按【F6】键插入关键帧，按【Ctrl+Alt+S】组合键，在打开的"缩放和旋转"对话框中输入缩放值为"150%"，并逆时针旋转到适当角度。选中第 147 帧，按【F6】键插入关键帧，用同样的方法将缩放值改为"150%"。选中第 155 帧，将缩放值改为"120%"；按【Ctrl+F3】组合键，打开"属性"面板，在"色彩效果"样式下选择"Alpha"选项，把值设为"0%"。选中第 89~106 帧、第 106~147 帧、第 147~155 帧之间的任意一帧，单击鼠标右键，在弹出的快捷菜单中选择"创建传统补间"命令，创建传统补间动画。画面效果如图 4.177~图 4.179 所示。选中第 156 帧，按【F7】键插入空白关键帧。

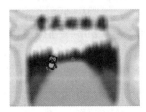

图 4.177 第 89 帧效果　　图 4.178 第 106 帧效果　　图 4.179 第 147 帧效果

（7）单击 🔲 按钮插入新图层，命名为"烟雾"，放在"3"图层的下方。选中第89帧，按【F6】键插入关键帧，用"线条工具"✒绘制出如图4.180所示的烟雾形状，按【F8】键将其转换为元件，命名为"烟1"，选择"影片剪辑"类型。双击舞台上的"烟1"元件进入元件工作区，选中第12帧，按【F6】键插入关键帧；使用"选择工具" ▶ （快捷键为【V】），随意切几块，并移到外面；打开"属性"面板，选择"色彩效果"延伸面板，在"样式"选项框中将Alpha的值设为"0%"。在第1～12帧之间任意选一帧，单击鼠标右键，在弹出的快捷菜单中选择"创建补间形状"命令，创建补间形状，如图4.181所示。

图4.180 绘制出烟雾形状　　图4.181 选择"创建补间形状"命令

（8）单击 🎬 镜头-1 按钮，返回"镜头1"元件工作区。在第89帧处插入关键帧，将"烟1"元件拖入舞台中。选中"烟雾"图层的第106、147帧，按照步骤（6）对应帧的缩放比例值进行设置。选中第148帧，按【F7】键插入空白关键帧。

（9）单击 🔲 按钮插入新图层，命名为"4"。选中"3"图层的第89～155帧，单击鼠标右键，在弹出的快捷菜单中选择"复制帧"命令。选中"4"图层的第96帧，按【F6】键插入关键帧，单击鼠标右键，在弹出的快捷菜单中选择"粘贴帧"命令。新建"烟雾"图层，放在"4"图层的下方，用同样的方法复制"烟雾"图层，图层顺序如图4.182所示。

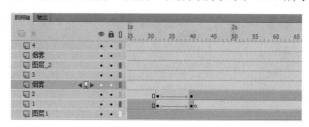

图4.182 图层顺序

（10）新建一个"图形"元件，命名为"镜头2"，单击"确定"按钮进入元件工作区。

（11）按照步骤（2）的方法将"场景2.jpg"文件导入舞台中，按【F8】键将其转换为元件，输入元件名称"场景2"，并选择"图形"类型。选中第11帧，按【F6】键插入关键帧。选中第1帧舞台中的场景，打开"属性"面板，在"色彩效果"样式下选择"Alpha"选项，把值设为"0%"。在第1～11帧之间任选一帧，单击鼠标右键，在弹出的快捷菜单中选择"创建传统补间"命令，创建传统补间动画。按住【Ctrl】键，选中第40、45帧，按【F6】键插入关键帧。选中第45帧的元件，将Alpha的值设为"0%"。在第40～45帧之间任选一帧，单击鼠标右键，在弹出的快捷菜单中选择"创建传统补间"命令，创建传统补间动画。

（12）单击 🔲 按钮插入新图层，命名为"5"。打开"库"面板，将"老虎侧面动画"影片剪辑元件拖入舞台中。选中第40帧，按【F6】键插入关键帧，将"老虎侧面动画"影片剪辑元件往左移出舞台，并插入传统补间动画。新建一个图层，命名为"6"，复制"5"图层的第1～40帧，粘贴到"6"图层中。按【Ctrl+Alt+S】组合键，在打开的"缩放和旋转"对话框中输入缩放值为"80%"，并插入传统补间动画。

（13）单击 🔲 按钮插入新图层，命名为"烟雾"，并放在"5"图层的下方。将"烟1"元件中的第1帧复制到这一图层的第1帧，按【F8】键将其转换为元件，在打开的"转换为元件"

对话框中输入元件名称"烟 2"，并选择"影片剪辑"类型。

（14）双击舞台中的"烟 2"影片剪辑元件实例进入元件工作区。选中第 1 帧，复制出多个形状。选中第 37 帧，按【F6】键插入关键帧，按照步骤（7）烟雾的做法，设置第 37 帧的形状，并创建补间形状。之后返回"镜头 2"元件工作区。此时的图层设置如图 4.183 所示。

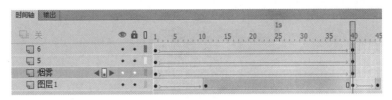

图 4.183　图层设置

（15）新建"图形"元件，命名为"镜头 3"，单击"确定"按钮进入元件工作区。

（16）按照步骤（2）的方法将"场景 3.jpg"文件导入舞台中，按【F8】键将其转换为元件，输入元件名称"场景 3"，并选择"图形"类型。选中第 6 帧，按【F6】键插入关键帧。选中第 1 帧舞台中的场景，打开"属性"面板，在"色彩效果"样式下选择"Alpha"选项，把值设为"0%"。在第 1～6 帧之间任选一帧，单击鼠标右键，在弹出的快捷菜单中选择"创建传统补间"命令，创建传统补间动画。选中第 166 帧，按【F6】键插入关键帧，选中舞台上的场景从左向右移动。在第 6～166 帧之间任选一帧，单击鼠标右键，在弹出的快捷菜单中选择"创建传统补间"命令，创建传统补间动画，并延伸至第 178 帧。

（17）单击两次 按钮插入新图层，分别命名为"7""8"。打开"库"面板，分别将"老虎缺陷动画"文件夹中的"老虎没有尾巴""老虎没有眼睛"元件拖到舞台中，并延伸至第 164 帧。选中舞台中的"老虎没有尾巴"元件，按【Ctrl+Alt+S】组合键，在打开的"缩放和旋转"对话框中，输入缩放值为"70%"；选中第 165 帧，按【F7】键插入空白关键帧。单击 按钮插入新图层，命名为"烟雾"，并放在"7"图层的下方。打开"库"面板，把"烟 2"影片剪辑元件拖入舞台中，延伸至第 164 帧；选中第 165 帧，按【F7】键插入空白关键帧，并把位置调到两只老虎的后面。

（18）单击 按钮插入新图层，命名为"mask"，并放在图层的最上方。使用"椭圆工具"，单击工具栏中的"颜色"按钮，打开"颜色"面板，设置"颜色类型"为"径向渐变"填充，左色标设为"白色"，右色标设为"黑色"，并将左色标的"Alpha"值改为"0%"，如图 4.184 所示。在舞台上绘制一个大小超过舞台的椭圆形，如图 4.185 所示。

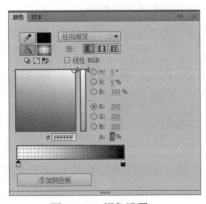

图 4.184　颜色设置

图 4.185　绘制椭圆形

（19）选中第 10 帧，按【F6】键插入关键帧。在第 1 帧处将"填充颜色"的左、右色标的

"Alpha"值都改为"0%"。选中第 1～10 帧之间的任意一帧,创建补间形状。按【Ctrl】键,选中第 31、53 帧,按【F6】键插入关键帧。选中第 53 帧,使用"渐变变形工具" ,在舞台上选中 图标,向内拉,缩小范围,移到"老虎没有尾巴"元件的尾巴处,如图 4.186 所示。选中第 31～53 帧之间的任意一帧,创建补间形状。

图 4.186　改变填充范围

(20)选中第 152 帧,按【F6】键插入关键帧。将"填充颜色"的左、右色标的"Alpha"值都改为"0%",并按照步骤(19)的方法向外拉,将填充范围扩大。选中第 53～152 帧之间的任意一帧,单击鼠标右键,在弹出的快捷菜单中选择"创建补间形状"命令,创建补间形状,并延伸至第 164 帧。在第 165 帧处插入空白关键帧。

(21)新建"图形"元件,命名为"镜头 4",单击"确定"按钮进入元件工作区。

(22)将"场景 4.jpg"文件导入舞台中,按【F8】键将其转换为元件,输入元件名称"场景 4",并选择"图形"类型。选中第 13 帧,按【F6】键插入关键帧。选中第 1 帧舞台上的元件,打开"属性"面板,在"色彩效果"样式下选择"亮度"选项,把值设为"-78%"。在第 1～13 帧之间任选一帧,单击鼠标右键,在弹出的快捷菜单中选择"创建传统补间"命令,创建传统补间动画,并延伸至第 560 帧。

(23)单击 按钮插入新图层,命名为"9"。打开"库"面板,把"多只老虎唱歌情形"文件夹中的"老虎唱歌集合"元件拖到舞台中。选中第 12 帧,按【F6】键插入关键帧。选中第 1 帧,将其"亮度"值改为"-94%"。选中第 356 帧,按【F6】键插入关键帧。选中第 356 帧舞台上的元件,打开"属性"面板,单击"交换"按钮 交换...,在打开的"交换元件"对话框中选择"老虎舞台表演总合",单击"确定"按钮,并延伸至第 560 帧。

(24)单击 按钮插入新图层,命名为"灯光"。使用"矩形工具" ,修改"笔触颜色"为"无",在"颜色"面板中设置"颜色类型"为"线性渐变",左、右色标均为"白色",将左色标的"Alpha"值改为"0%",在舞台上绘制矩形,并将矩形的形状调整成如图 4.187 所示。

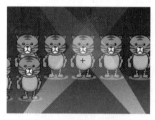

图 4.187　灯光形状

(25)选中舞台上的灯光形状,按【F8】键将其转换为元件,在打开的"转换为元件"对话框中输入元件名称 "灯光动画",并选择"图形"类型。双击舞台上的"灯光动画"元件,按照同样的方法再将其转换为元件,输入元件名称"灯光",并选择"图形"类型。

(26)单击 灯光动画 按钮,返回"灯光动画"元件工作区,将"图层 1"重命名为"右下"。使用"任意变形工具" ,将灯光的变形中心点移到最下面。选中第 4 帧,按【F6】键插入关键帧。选中第 1 帧舞台上的形状，打开"属性"面板，将"Alpha"值改为"0%"，并逆时针旋转 10°左右。选中第 12 帧，按【F6】键插入关键帧，使用"任意变形工具"顺时针旋转 30°左右。复制第 4 帧，选中第 19 帧，并粘贴帧。单击 按钮，新建"左下""左上""右上"图层，按照同样的方法设置"左下""左上""右上"图层的灯光，并延伸至第 24 帧，如图 4.188 所示。返回"镜头 4"元件工作区，并延伸至第 560 帧。

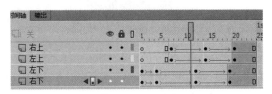

图 4.188　灯光图层

（27）新建一个"图形"元件，并命名为"镜头总"，单击"确定"按钮进入元件工作区。

（28）双击"图层 1"名称处，将"图层 1"改名为"1"。打开"库"面板，把"镜头 1"元件拖到舞台中，并延伸至第 167 帧。单击 按钮，新建"2""3""4"图层。选中"2"图层的第 157 帧，按【F6】键插入关键帧，将"库"面板中的"镜头 2"元件拖入舞台中，并延伸至第 197 帧。选中"3"图层的第 197 帧，按【F6】键插入关键帧，将"库"面板中的"镜头 3"元件拖入舞台中，并延伸至第 360 帧。选中"4"图层的第 360 帧，按【F6】键插入关键帧，将"库"面板中的"镜头 4"元件拖入舞台中，并延伸至第 902 帧。

（29）打开"库"面板，单击左下方的"新建文件夹"按钮 ，新建一个文件夹，命名为"镜头"。将"镜头 1""镜头 2""镜头 3""镜头 4""镜头总"元件拖到该文件夹中。打开或合并文件夹时，双击 按钮或文件夹前面的小三角即可。

9．制作片头

（1）新建一个"图形"元件，并命名为"片头文件"，单击"确定"按钮进入元件工作区。

（2）打开"库"面板，将"场景 1"元件拖到舞台中央。选中舞台中的"场景 1"元件，打开"属性"面板，将"色彩效果"样式下的"亮度"值设为"-30%"。单击 按钮，新建"图层 2"。使用"文本工具" ，在其"属性"面板中，按照如图 4.189 所示进行设置，其中文本"颜色"为"白色（#FFFFFF）"。

图 4.189　设置"片头字"的文本属性

（3）输入文字为"两只老虎"，按【F8】键将其转换为影片剪辑元件，命名为"片头字"。双击"片头字"元件进入元件内部进行编辑，按【Ctrl+B】组合键将文字打散，再将每个文字单独转换为图形元件，并以各自的名字命名。在舞台上全选 4 个元件，将其分散到图层。从上到下全选第 25 帧，插入关键帧。使用"任意变形工具" ，将"两"字逆时针旋转 15°，将"只"字顺时针旋转 15°，将"虎"字往上移，在时间轴上将指针移到第 1 帧处。全选舞台上的 4 个元件，按【Ctrl+Alt+S】组合键将缩放值改为"10%"，将其透明属性改为"0%"，并创建传统补间动画，把旋转属性改为"顺时针"。选中第 25 帧，单击鼠标右键，在弹出的快捷菜单中选择"动作"命令，打开"动作"面板，在"代码片断"面板上选择"时间轴导航"→"在此帧处停止"，效果如图 4.190 所示。

图 4.190　设置片头字动画

（4）返回"场景 1"进行编辑，把"场景 1"中的所有元件都删除，将"片头文件"元件拖入舞台中。按【Ctrl+K】组合键，打开"对齐"面板，勾选"与舞台对齐"复选框，单击"水平居中""垂直居中"按钮，延伸至第 30 帧，如图 4.191 所示。

图 4.191　"对齐"面板

（5）选择工具箱中的"摄像头工具" ，这时在时间轴上会自动新建一个"Camera"图层，在第 30 帧处插入关键帧，在第 1 帧处拖动舞台上的摄像机控制栏将舞台镜头拉近，并创建传统补间动画，如图 4.192 所示。

图 4.192　运用摄像头工具

提示　当你希望引入视差滚动、添加平视显示器或在运行时引入摄像头时，利用图层深度及增强的摄像头工具，可以轻松创建这种引人入胜的效果。

通过在不同的平面中放置资源，可以创建画面的深度感。例如，修改图层深度、补间深度，并在图层深度中引入摄像头以创建视差效果；还可以使用摄像头放大某一特定平面上的内容。

Animate CC 允许在运行时管理摄像头和图层深度，如游戏中的交互式摄像头。

如果不希望将摄像头应用于某些图层，则可以将时间轴下方的高级图层按钮打开，通过将这些图层附加到摄像头以将其锁定。还可以在运行时管理摄像头和图层深度，并使用摄像头添加交互式移动功能。

（6）单击按钮，新建"图层 2"。使用"椭圆工具" ，将"颜色类型"改为"纯色"，"填充颜色"改为"白色"，"笔触颜色"设为"无"，按【Shift】键绘制一个正圆，按【F8】键转换为按钮，命名为"播放按钮"，双击进入按钮元件内部进行编辑。新建一个图层，使用"多角星形工具" ，在"属性"面板中将工具选项的边数改为"3"，将"填充颜色"改为"黑色",并在指针经过、按下、点击处插入帧。

(7)拖动"图层 2"的第 1 帧~第 30 帧。在舞台上选中按钮,将按钮的名称改为"bofan"。选中"图层 2"的第 30 帧,单击鼠标右键,在弹出的快捷菜单中选择"动作"命令,在打开的"动作"面板上单击"代码片断"按钮 <>,选择 ActionScript 下的"时间轴导航"→"单击以转到下一场景并播放",并添加"在此帧处停止"动作代码,如图 4.193 所示。

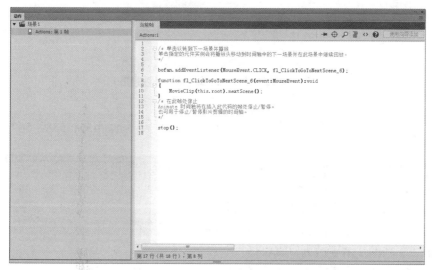

图 4.193 按钮代码及停止动作代码

10.添加音乐

(1)按【Shift+F2】组合键,打开"场景"面板。单击 按钮,新建"场景 2"。双击"图层 1"名称处,将"图层 1"改名为"镜头"。打开"库"面板,把"镜头总"图形元件拖到舞台中,并延伸至第 2703 帧。

(2)新建一个"图形"元件,并命名为"字幕",单击"确定"按钮进入元件工作区。使用"矩形工具" ,修改 "填充颜色"为"黑色(#000000)",在舞台上绘制一个矩形,再复制一个,分别放在舞台的上端和下端,如图 4.194 所示。

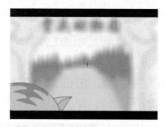

图 4.194 绘制黑色遮罩框

(3)单击 按钮插入新图层,命名为"字幕"。使用"文本工具" ,在其"属性"面板中,按照如图 4.195 所示进行设置,其中文本"颜色"为"白色(#FFFFFF)"。

图 4.195 设置"字幕"图层的文本属性

（4）输入文本"两只老虎"。使用"选择工具" ，在舞台上将文本拖到黑色矩形的上面，调整至合适的位置，如图 4.196 所示。

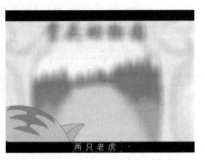

图 4.196　拖动文本至合适位置

（5）按住【Ctrl】键，依次单击第 94、187、231、273、368、455、538、582 和 626 帧，然后按【F6】键插入关键帧，并延伸至第 730 帧。

（6）使用"文本工具" ，分别将以下帧中的文本进行更改：

- 将第 94 帧的文本更改为"跑得快"。
- 将第 187 帧的文本更改为"一只没有眼睛"。
- 将第 231 帧的文本更改为"一只没有尾巴"。
- 将第 273 帧的文本更改为"真奇怪"。
- 将第 368 帧的文本更改为"两只老虎"。
- 将第 455 帧的文本更改为"跑得快"。
- 将第 538 帧的文本更改为"一只没有眼睛"。
- 将第 582 帧的文本更改为"一只没有尾巴"。
- 将第 626 帧的文本更改为"真奇怪"。

（7）单击 按钮插入新图层，命名为"mask"。全选"字幕"图层的所有帧，单击鼠标右键，在弹出的快捷菜单中选择"复制帧"命令；在"mask"图层中单击鼠标右键，在弹出的快捷菜单中选择"粘贴帧"命令。新建一个图层，命名为"风车"，并放在"mask"图层的下方。使用"线条工具" ，绘制如图 4.197 所示的风车。按【F8】键将其转换为元件，在打开的"转换为元件"对话框中输入元件名称"风车"，并选择"图形"类型。

（8）选中舞台上的"风车"元件并拖到文本的左侧。按【Ctrl】键，选中第 47、93、94、126、186、187、230、272、273、306、367、368、402、454、455、488、537、538、581、625、626、662、730 帧，按【F6】键插入关键帧。在第 47、126、230、306、402、488、581、662 帧处把风车元件拖到文本的右侧，如图 4.198 所示。

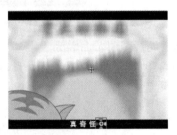

图 4.197　绘制风车　　　　　图 4.198　拖动风车

（9）在第 47~93 帧、第 93~126 帧、第 126~186 帧、第 186~230 帧、第 230~272 帧、

第 272～306 帧、第 306～367 帧、第 367～402 帧、第 402～454 帧、第 454～488 帧、第 488～537 帧、第 537～581 帧、第 581～625 帧、第 625～662 帧、第 662～730 帧之间创建传统补间动画。打开"属性"面板，选择"补间"延伸面板，设置其"旋转"属性，顺时针和逆时针交替进行，如图 4.199 所示。

（10）选中"mask"图层，单击鼠标右键，在弹出的快捷菜单中选择"遮罩层"命令。返回"场景 2"中，单击 🔲 按钮插入新图层，命名为"字幕"。打开"库"面板，将"字幕"元件拖到舞台中，并延伸至第 2703 帧。

（11）执行"文件"→"导入"→"导入到舞台"菜单命令（组合键为【Ctrl+R】），在打开的"导入"对话框中，选择本项目对应的素材文件夹中的声音文件"儿歌-两只老虎.mp3"，然后单击"打开"按钮。

（12）单击 🔲 按钮插入新图层，命名为"音乐"。选中第 1 帧，打开"属性"面板，选择"声音"延伸面板，选择"名称"下拉列表框中的"儿歌-两只老虎.mp3"选项，如图 4.200 所示。

图 4.199　设置"旋转"属性

图 4.200　插入音乐

（13）单击"效果"后面的 ✏ 按钮，在打开的"编辑封套"对话框中，将"封套"按钮拖到 8 秒处，将前面的 8 秒剪切掉，如图 4.201 所示。

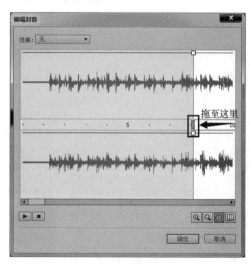

图 4.201　编辑音乐

（14）单击 🔲 按钮插入新图层，命名为"字"。选中第 2694 帧，按【F6】键插入关键帧。使用"文本工具" T，在其"属性"面板中，按照如图 4.202 所示进行设置，其中文本"颜色"为"白色"。

（15）输入"完"字。按【F8】键将其转换为元件，在打开的"转换为元件"对话框中，输入元件名称"完"，并选择"图形"类型。选中第 2703 帧，按【F6】键插入关键帧。打开"属性"面板,将第 2694 帧处"色彩效果"的"Alpha"值设为"0%"。选中第 2694～2703 帧之间的任意一帧,创建传统补间动画。

图 4.202　设置"字"图层的文本属性

(16)单击 按钮插入新图层,命名为"黑幕",并放在"字"图层的下方。选中第 2694 帧,按【F6】键插入关键帧。使用"矩形工具",修改"填充颜色"为"黑色(#000000)",将"笔触颜色"设为"无",在舞台上绘制一个矩形。选中第 2703 帧,按【F6】键插入关键帧,将第 2694 帧处"填充颜色"的"Alpha"值设为"0%"。选中第 2694～2703 帧之间的任意一帧,单击鼠标右键,在弹出的快捷菜单中选择"创建补间形状"命令,创建补间形状。

(17)新建一个图层,命名为"按钮"。选中第 2703 帧,按【F6】键插入关键帧。打开"库"面板,将"播放按钮"元件拖至舞台上,并调整至合适位置。在"属性"面板中将元件名称改为"zaibofan"。选中第 2703 帧,单击鼠标右键,在弹出的快捷菜单中选择"动作"命令,打开"动作"面板,单击"代码片断"按钮,选择"时间轴导航"→"单击以转到前一场景并播放",并添加"在此帧处停止",在时间轴上会自动添加代码层,生成代码,如图 4.203 所示。

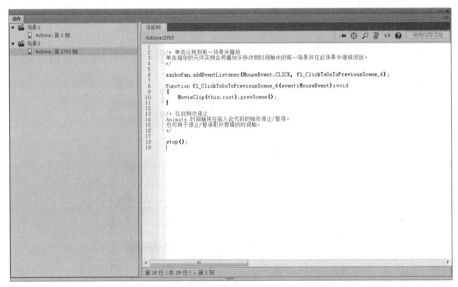

图 4.203　代码界面

11. 测试影片,保存文件,并导出影片

执行"控制"→"测试影片"→"在 Animate 中"菜单命令(或按【Ctrl+Enter】组合键),测试影片的动画效果。执行"文件"→"保存"菜单命令,将影片进行保存。执行"文件"→"导出"→"导出影片"菜单命令,将导出的影片保存为"两只老虎.swf"文件。

4.5.5　技术拓展

1. MV 制作的流程

制作一部 MV 作品是一项庞大的工程,整个流程如图 4.204 所示。首先要选好音乐,然后根据音乐的主题来编写剧本，设计好剧情之后再搜集相关的图片资料，做好前期的动画素材准备之后，就可以使用 Animate CC 来制作 MV 作品了。在整个过程中，前期的准备显得尤为重要，特别是编写剧本这个环节，它关系到 MV 作品的质量。

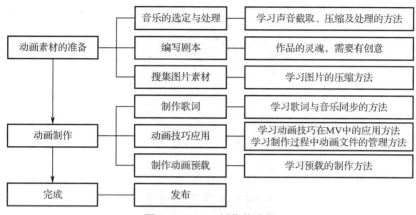

图 4.204　MV 制作的流程

2．动画素材的准备

1）对音乐的处理

从网络中下载所需的音乐是非常方便的，但是往往获得的音乐格式或时间长短与所需音乐存在一定差异。虽然下载的音乐有些也是 MP3 格式的，但在导入 Animate CC 的过程中会出现无法导入的提示框，这是因为这种声音文件不是标准的 MP3 格式，或者 Animate CC 不支持这种音频格式，这就需要使用声音处理软件来把它转换为标准的 MP3 格式。在这里主要介绍使用 GoldWave 软件编辑音乐的长短和保存为所需格式。

提示　在软件网站上可以轻松下载 GoldWave 软件。另外，本项目添加音乐的操作步骤使用的是 Animate CC 本身提供的声音"编辑封套"，来完成对音乐长短的编辑。

安装并运行 GoldWave 软件。执行"文件"→"打开"菜单命令，打开"打开声音文件"对话框，选择本项目中的声音素材文件，单击"打开"按钮，就可以看到如图 4.205 所示的界面了。

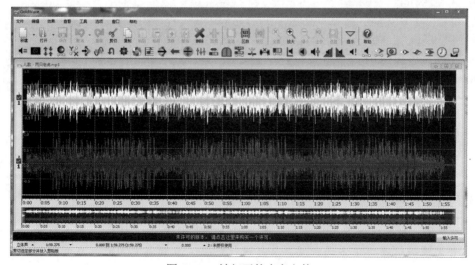

图 4.205　被打开的声音文件

执行"工具"→"控制器"菜单命令，打开"控制器"面板，如图 4.206 所示。

图 4.206 "控制器"面板

单击面板上的"播放"按钮 ▶，开始播放音乐。当听到想作为开始的位置时，单击"暂停"按钮 ⏸，音乐停止播放，此时"播放头"的位置就是所需音乐的起始位置，如图 4.207 所示。

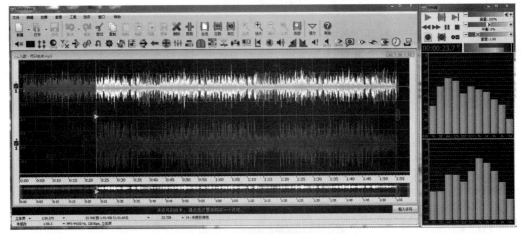

图 4.207 确定音乐的起始位置

确定好音乐的起始位置后，单击"播放"按钮 ▶，继续播放音乐。当播放到想要结束的地方时，单击"暂停"按钮 ⏸，音乐停止播放，此时"播放头"的位置是所需音乐的结束位置。在此处单击鼠标右键，在弹出的快捷菜单中选择"设置结束标记"命令，此时起始位置和结束位置之间的音乐段高亮显示，这就是所需的音乐。

📖 提示 为了精确地截取音乐，可以反复地通过单击"播放"和"暂停"按钮进行试听，或者记录编辑窗口下方的时间，反复进行调整，直到满意为止。在开始和结束标志线上，拖动鼠标也可以改变音乐的起始位置和结束位置。

调整完后，执行"编辑"→"复制到"菜单命令，打开"保存选定部分为"对话框，如图 4.208 所示。在该对话框中输入保存的路径和名称，选择需要的"保存类型"，单击"保存"按钮，就会产生一个具有所需格式和时间长短的声音文件。

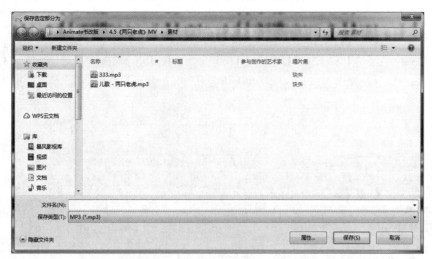

图 4.208　"保存选定部分为"对话框

提示　GoldWave 软件的声音编辑功能非常强大，除上面使用的功能外，还可以对声音添加特效，如回声、淡入、淡出、混响等，这些功能都在"效果"菜单中设置。另外，还可以使用该软件来录制声音。特别需要注意的是，可以把声音保存为单声道，这样可使声音文件的大小减小一半。

2）编写剧本

编写剧本主要是确定故事情节，进行动画形象的设计。

本项目的 MV 主要是围绕小老虎的特征展开的，通过简单的构思，确定故事情节，主要分为如下场景：

（1）两只小老虎从骨头动物园里跑出来。

（2）不守交通规则，过马路闯红灯。

（3）在大街上狂奔，用眨眼和尾巴的缩小来表现两只小老虎的特征。

（4）在舞台上，一群老虎在唱歌。

（5）在歌声中渐渐隐出。

安排好故事情节后，就知道故事里有两只小老虎的形象（形象可以一样），以及骨头动物园、红灯场景、大街、舞台等场景文件了。现在就开始准备这些形象和场景。场景可以找一些相应的图片，也可以利用 Photoshop 等图形编辑软件对图片进行修改，还可以自己绘制一些场景。绘制小老虎的形象在前面的操作步骤中已经详细叙述，这里就不重复了。

提示　如果在制作过程中怕人物形象画不好，那么可以扫描一些书上的素材，在 Animate CC 中参照着描一遍（选择前面导入的图片，使用"线条工具" ✎ 进行描绘）；也可以在网上找一些自己所需的素材。

3）对图片的处理

在音乐和剧本都确定之后，可根据故事情节去搜集一些相关的图片。搜集的图片首先要考虑能表现音乐的主题，其次是构思和创意，以及色彩的协调一致。搜集到的图片往往很大，从而不能发挥作品短小精悍、适合网络传播的特点，所以在导入这些图片之前，要进行压缩。在这里简单介绍一下使用 Photoshop 软件对图片进行优化的方法。

启动 Photoshop 软件，执行"文件"→"打开"菜单命令，打开"打开"对话框，选择要打开的文件，单击"打开"按钮，打开文件，如图 4.209 所示。

图 4.209 在 Photoshop 中打开预处理的图片

执行"文件"→"存储为 Web 所用格式"菜单命令，打开"存储为 Web 所用格式"对话框。切换到"双联"选项卡，在对话框中出现两个预览窗口，如图 4.210 所示。

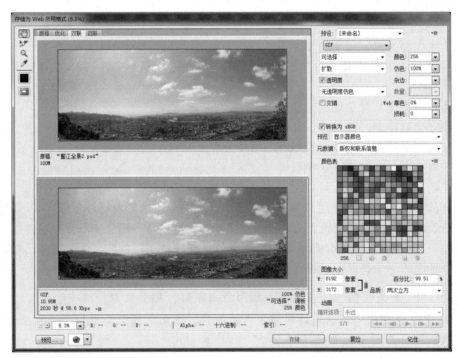

图 4.210 "存储为 Web 所用格式"对话框

上方的预览窗口为原图的模式，下方的预览窗口为压缩后的模式，在设置压缩参数时，可以对比两者的差异，从而得到最佳的压缩效果。选中下方的预览窗口，在对话框的右侧面板中，将优化的文件格式设置为"JPEG"，"品质"选项则根据原图的显示质量而定，若原图品质高，可设置得低一点，但不要太低，否则会影响显示质量，如图 4.211 所示。预览窗口下方显示了压缩后的一些信息，如被压缩后的大小，如图 4.212 所示。

图 4.211　设置图片的压缩参数

图 4.212　图片被压缩后的信息

在右侧的面板下方有"图像大小"选项组，可以设置图像的大小。图像的大小要尽量与作品场景的大小相匹配，如图 4.213 所示。设置完成后，单击"应用"按钮，可预览到图片被压缩后的效果，然后单击"存储"按钮，就可以把优化后的图片保存起来了。

图 4.213　设置图像的大小

3．MV 的动画制作技巧

在 MV 的动画制作中，可以利用循环的效果来实现动作的重复。在本项目中，以"镜头 2"元件为例，首先将侧面跑步的动作放在一个元件中，再把这个元件拖到另一个元件中让它从右到左进行运动，预览效果时就会发现这个元件包含了两种运动效果。

在制作过程中也用到了元件的重复。例如，在本项目中，先设置好侧面的动作，在制作没有眼睛和没有尾巴的老虎时就直接复制这个元件，然后在上面进行修改。详细内容请参照前面"老虎没有眼睛"和"老虎没有尾巴"元件的设置方法。

4．MV 的优化与管理

制作一部完整的 MV 作品是一个艰辛的过程，因为在一部 MV 作品中少则几千帧，多则上万帧，图层多达几十层甚至上百层，素材更是数不胜数。如果不养成良好的文件管理习惯，那么不仅浪费时间和精力，还会有很多麻烦。下面从两个方面来说明在 MV 制作过程中文件管理的技巧。

（1）"库"的管理。在"库"中存储着各类图形元件、按钮、影片剪辑元件、位图、音乐、视频等动画制作素材，随着作品的制作，元件越来越多，查找越来越困难。在制作过程中难免有些元件做错了不能使用，就要将其删除。另外，可以建立文件夹，把相似的元件进行归类。

（2）"图层"的管理。"图层"用于组织和控制动画。在制作 MV 作品时要不断地添加图层，可以创建图层文件夹，把图层按功能分类放在其中，这样就可以提高制作动画的效率，使动画结构整洁、可读性好。

4.6 习题

1. 绘制一个你喜欢的卡通形象。
2. 制作一组青蛙正面走路的动画。
3. 使用自己的照片制作一本生日动感相册。
4. 自选一首歌曲制作一部 MV 作品。

第 5 章

游戏制作

教学目标：

知识目标：掌握利用 ActionScript 3.0 中动作脚本制作交互动画的方法与技巧，掌握动作脚本的应用技巧、按钮的事件处理函数、时间轴控制函数的使用，掌握随机函数、复制/移除影片剪辑函数、if 语句的使用及影片剪辑属性的设置，掌握鼠标移动事件、影片剪辑的拖放操作，掌握 for 语句的使用、鼠标控制方法和影片剪辑事件处理函数的使用及鼠标跟随效果的制作。

能力目标：会利用 ActionScript 3.0 中常用函数设计制作各种简单有趣的 Animate CC 游戏。

思政目标：通过本章案例和项目的讲解，形成"游戏虽然好玩，但是切忌过于沉迷的"理念，引导树立正确的人生观和价值观。

教学重点与难点：

ActionScript 3.0 编程的基础知识，时间轴控制函数，随机函数，影片剪辑属性及控制函数，影片剪辑的复制、拖放与移除，鼠标控制方法，if 语句和 for 语句的使用。

5.1 概述

5.1.1 本章导读

首先通过 4 个导入案例来讲解使用 ActionScript 3.0 动作脚本制作交互动画的方法与技巧，设计各种有趣的 Animate CC 游戏。"猫鼠游戏"导入案例主要讲解的是 ActionScript 3.0 动作脚本的应用技巧、按钮的事件处理函数、时间轴控制函数的使用；"飘雪动画"导入案例主要讲解的是随机函数、复制/移除影片剪辑函数、if 语句的使用及影片剪辑属性的设置；"猴子看香蕉"导入案例主要讲解的是鼠标移动事件、影片剪辑的拖放操作；"花瓣动画"导入案例主要讲解的是 for 语句的使用、鼠标控制方法和影片剪辑事件处理函数的使用及鼠标跟随效果的制作。

最后通过综合项目"打飞机游戏"讲解游戏的制作流程和动作脚本的相关知识，如全局变量与局部变量、全局函数与自定义函数、stage.addChild()和 stage.removeChildAt()的应用、startDrag()和 stopDrag()的用法及增量运算符。

5.1.2　动作脚本概述

在 Animate CC 动画中经常需要实现人和动画的交互，以及动画内部各对象的交互。利用 ActionScript 动作脚本，不仅可以制作各种交互动画（如游戏和课件等），还可以用于实现下雨、下雪等特效动画。

ActionScript 动作脚本分为 ActionScript 1.0（以下简称 AS1）、ActionScript 2.0（以下简称 AS2）和 ActionScript 3.0（以下简称 AS3）。在 Flash 5 时代，AS1 对动画的支持起到了极大的作用，很多网页特效都是用 AS1 做出来的，经典代表就是韩国网页特效、Flash 酷站等。在 Flash 8 时代，Adobe 公司推出了比 AS1 更加系统、更加面向对象和成熟的 AS2，同时由于这两代语言底层虚拟机指令完全一致，所以语法格式也完全兼容，只是编程风格稍有差异。为了全面提升 Flash 脚本动画的性能，以及让 Flash 脚本更加适合大型工程，Adobe 公司在 Flash 9 的时候推出了 AS3。该语言与以前的版本有着本质的不同，它是一门功能强大、符合业界标准的面向对象的编程语言。

相比 AS1 和 AS2，AS3 在编程习惯和风格上有很大的差异，它们之间的主要区别如表 5.1 所示。

表 5.1　AS1、AS2 和 AS3 的比较

	AS1/AS2	AS3
代码位置	可以写在帧上，或者影片剪辑和按钮元件的实例上	所有代码只能放在一个时间轴的关键帧上，或者放在与一个时间轴相关的 ActionScript 类中
事件处理方式	事件可以写在元件上，也可以写在帧上，如在按钮上写 on(事件名){...}	事件的定义只能写在时间轴的关键帧上或外部 ActionScript 类中
影片剪辑属性	以 "_" 开头和不以 "_" 开头的属性都存在，属性格式不统一	在 AS3 中，下画线 "_" 已从属性名称中去掉，某些属性的取值范围也有更新。 影片剪辑的 Alpha 属性现在的设置比例为从 0 到 1，而不是从 0 到 100。 显示对象的 scaleX 和 scaleY 属性现在以类似方式设置。例如，150% 正常缩放应设置为 myInstance.scaleX = 1.5; myInstance.scaleY = 1.5
处理深度	手动处理深度	自动管理深度

目前，在 Animate CC 中只能使用 AS3。这种动作脚本是一种面向对象的编程语言，虽然比较复杂，但通过对一些常用函数、语句、命令的学习，读者可以轻松地制作出各种常用的交互动画，并能设计一些有趣的 Animate CC 游戏。

5.1.3　"动作"面板介绍

Animate CC 提供了一个专门处理动作脚本的编辑环境——"动作"面板，如图 5.1 所示。打开"动作"面板的方法：执行"窗口"→"动作"菜单命令，或者按【F9】键。

"动作"面板是 Animate CC 的程序编辑环境，它由脚本窗口和脚本导航窗口组成，其位置如图 5.1 所示。各部分的作用如下。

（1）脚本窗口：用户输入代码的区域。

（2）脚本导航窗口：此窗口列出了动画中所有出现脚本的具体位置。单击"脚本导航窗口"中的某个帧，则与该帧关联的脚本将出现在"脚本窗口"中，并且播放头将转移到时间轴上该脚本所在的位置，在舞台上同时显示该位置的动画。

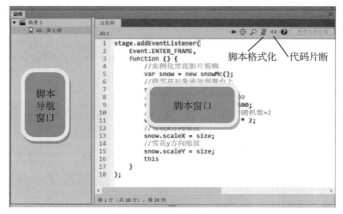

图 5.1　"动作"面板

添加动作脚本到"脚本窗口"中的方法有如下两种：

（1）直接在"脚本窗口"中输入需要添加的动作语句。

（2）单击"脚本窗口"上方的"代码片断"按钮 <>，在弹出的菜单中选择要添加的动作语句。

提示　在利用代码片断给舞台上的某个对象添加动作脚本时，一定要先选中该对象，再单击"代码片断"按钮选择对应的代码。

5.2　导入案例：猫鼠游戏

猫鼠游戏

5.2.1　案例效果

本节讲述"猫鼠游戏"案例。本案例制作的是一只老鼠遇到猫以后急忙逃跑的动画，效果如图 5.2 所示。

图 5.2　"猫鼠游戏"效果

5.2.2 重点与难点

ActionScript 3.0 动作脚本的应用技巧，ActionScript 3.0 事件机制及鼠标单击事件的侦听，时间轴控制函数的使用。

5.2.3 操作步骤

1. 新建文档并命名

启动 Animate CC，执行"文件"→"新建"菜单命令，打开"新建文档"对话框中的"常规"选项卡，选择"ActionScript 3.0"，新建一个文档，设置文档的大小为 800 像素×300 像素，背景色为"#99cc00"，保存文档并命名为"猫鼠游戏"。

2. 导入素材图片

执行"文件"→"导入"→"导入到库"菜单命令，在打开的如图 5.3 所示的"导入到库"对话框中选择本案例对应的素材文件夹中的"CAT.PNG""GROUND.PNG""MOUSE.GIF"文件，再单击"打开"按钮，则在"库"面板中可以看到如图 5.4 所示的导入素材。

提 示 GIF 格式的图片导入 Animate CC 的库中后，软件会将 GIF 图片的每一帧都单独保存为图片，放在库中生成一个和素材同名的文件夹，并自动创建一个和 GIF 动画等效的影片剪辑。

图 5.3　"导入到库"对话框　　　　图 5.4　导入素材以后的"库"面板

3. 制作"鼠"按钮元件

（1）执行"插入"→"新建元件"菜单命令，打开"创建新元件"对话框，如图 5.5 所示，设置元件名称为"鼠"，类型选择"按钮"，单击"确定"按钮。

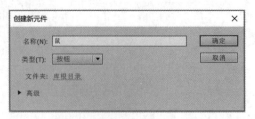

图 5.5　新建"鼠"按钮元件

（2）将库中的"MOUSE_0"图片拖到舞台中央，在"图层 1"的"点击"帧处插入普通帧。

（3）新建"图层 2"，在"指针经过"帧处插入关键帧，使用"文本工具"添加文本"吱吱~"，效果如图 5.6 所示。

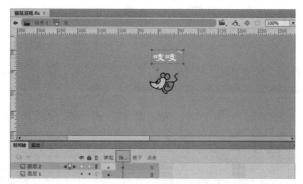

图 5.6　"鼠"按钮元件设置

4．主场景设置

（1）在主场景中将"图层 1"设置为"背景"图层，将库中的"GROUND.PNG"图片拖到舞台中央，并设置其大小为 800 像素×300 像素，正好铺满整个舞台，然后将"背景"图层延伸至第 40 帧并锁定，如图 5.7 所示。

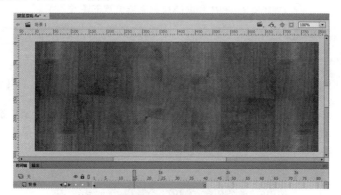

图 5.7　"背景"图层

（2）新建一个名为"猫"的图层，将库中的"CAT.PNG"图片拖到舞台左下角，分别在第 15、25 帧处插入关键帧，并在第 15 帧处添加文本"喵喵~"和"是猫！快逃啊！"，给文本设置适当的大小，如图 5.8 所示。

图 5.8　"猫"图层

（3）新建一个名为"老鼠"的图层，在第 1 帧处拖入库中的"鼠"按钮元件，在第 2 帧处插入关键帧。选中第 2 帧上的对象，单击鼠标右键，在弹出的快捷菜单中选择"交换元件"命令，交换为元件 3（元件 3 是自动生成的），注意元件 3 中老鼠的位置一定要与第 1 帧处老鼠的位置重叠（可以利用辅助线设置老鼠位置的重叠），将元件 3 的类型设置为"影片剪辑"，如图 5.9 所示。在第 15 帧处插入关键帧，将元件 3 拉到靠近猫脚下的位置，如图 5.10 所示。在第 25 帧处插入关键帧，并选中第 25 帧处的元件 3，执行"修改"→"变形"→"水平翻转"菜单命令，如图 5.11 所示。在第 40 帧处插入关键帧，选中第 40 帧处的元件 3，移至如图 5.12 所示的位置。最后分别在第 2~15 帧、第 25~40 帧之间创建传统补间动画。

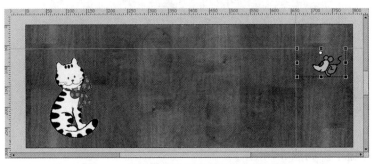

图 5.9　利用辅助线设置老鼠位置的重叠

图 5.10　"老鼠"图层第 15 帧的老鼠位置

图 5.11　"老鼠"图层第 25 帧的老鼠位置

图 5.12　"老鼠"图层第 40 帧的老鼠位置

（4）新建一个名为"AS"的图层，选中第 1 帧，执行"窗口"→"动作"菜单命令（或者按【F9】键），打开"动作"面板，输入动作脚本"stop();"，如图 5.13 所示。在第 40 帧处插入关键帧，并设置动作脚本"gotoAndStop(1);"，如图 5.14 所示。

图 5.13　"AS"图层第 1 帧动作脚本

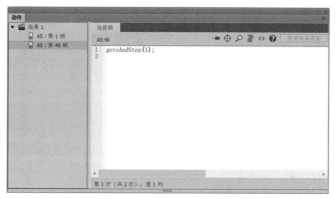

图 5.14　"AS"图层第 40 帧动作脚本

（5）选中"老鼠"图层第 1 帧的"鼠"按钮元件，设置"鼠"按钮元件的属性，添加名称"mouseBtn"，并修改"AS"图层第 1 帧的代码，加上按钮响应代码，如图 5.15 所示。

图 5.15　"AS"图层第 1 帧动作脚本代码

5. 测试影片

先保存源文件，再执行"控制"→"测试影片"→"在 Animate 中"菜单命令（或按【Ctrl+Enter】组合键），测试影片的动画效果。

5.2.4　技术拓展

1. ActionScript 3.0 脚本的应用技巧

动作脚本又可称为 ActionScript 脚本，ActionScript 2.0 的代码可以添加到关键帧、按钮和影片剪辑上，但是 ActionScript 3.0 除单独编写 AS 文件以外，只能将动作脚本添加到关键帧上。在将动作脚本添加到关键帧上时，只需选中该帧，打开"动作"面板（注意观察，此时在"动作"面板的"脚本导航窗口"中会有 AS：第 1 帧 ，表示当前设置动作的是"AS"图层的第 1 帧），输入相关的动作脚本即可。添加动作脚本后的关键帧会变成 形状。

📖 **提　示** 只能为主时间轴或影片剪辑元件内的关键帧添加动作脚本，不能为图形元件和按钮元件内的关键帧添加动作脚本。

2. 按钮或影片剪辑等元件响应鼠标单击事件

AS3 的事件处理只有一种写法，格式如下：

```
target.addEventListener(event,handle);
```

其中，target 为要添加事件对象的实例名（在属性里设置），event 表示要添加的事件名，handle 表示事件触发后执行的句柄，通常会写成匿名函数或带名字的函数。以下将演示一个实例名称为 demoBtn 的按钮单击事件，在单击该按钮后，场景将跳转到第 5 帧。

（1）选中场景时间轴上的任意关键帧，按【F9】键，弹出脚本输入框，输入如下代码：

```
demoBtn.addEventListener(MouseEvent.CLICK, function () {
gotoAndStop(5);
});
```

（2）也可以利用代码片断自动生成代码，并修改代码。

① 将按钮元件拖放到舞台中。

② 单击要编写代码的帧，按【F9】键，弹出脚本输入框，单击输入框上方的"代码片断"按钮 <>，打开"代码片断"面板，如图 5.16 所示。

图 5.16 "代码片断"面板

③ 选择舞台上的按钮元件，双击要输入的代码片断。此时在关键帧上会出现如下代码：

```
/*单击以转到帧并停止
单击指定的元件会将播放头移动到时间轴中的指定帧并停止影片
可在主时间轴或影片剪辑时间轴上使用
说明:
单击元件时，用希望播放头移动到的帧编号替换以下代码中的数字 5
*/

button_1.addEventListener(MouseEvent.CLICK, fl_ClickToGoToAndStopAtFrame_3);

function fl_ClickToGoToAndStopAtFrame_3(event:MouseEvent):void
{
gotoAndStop(5);
}
```

在本案例中，"鼠"按钮元件的动作脚本如图 5.17 所示。这段代码的含义是：当发生单击鼠标的事件"MouseEvent.CLICK"时，当前场景继续播放。花括号中的内容是当发生指定的鼠标事件时执行的语句块，可以是一句或多句，但都必须用花括号括住。

AS3 中的鼠标事件包括以下几种。

（1）MouseEvent.MOUSE_DOWN：在该按钮上单击还未松开鼠标左键时执行花括号中的动作。

（2）MouseEvent.MOUSE_UP：鼠标左键弹起时执行花括号中的动作。

（3）MouseEvent.CLICK：在该按钮上单击并释放鼠标左键时执行花括号中的动作。

（4）MouseEvent.RELEASE_OUTSIDE：当鼠标按键在按钮外部释放时执行花括号中的动作。

（5）MouseEvent.MOUSE_OVER：当鼠标指针放在按钮上时执行花括号中的动作。

（6）MouseEvent.ROLL_OUT：当鼠标指针从按钮上滑出时执行花括号中的动作。

（7）MouseEvent.MOUSE_WHEEL：当鼠标滚轮滚动时执行花括号中的动作。

另外，可以为同一个按钮元件添加许多不同的事件处理程序段。例如，可以为同一个按钮元件添加如图 5.18 所示的两个程序段。其中，第 1 段的含义是当单击该按钮时，停止播放主时间轴上的动画；第 2 段的含义是当单击并释放鼠标左键时，播放主时间轴上的动画。

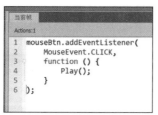
图 5.17　"鼠"按钮元件的动作脚本

图 5.18　为同一个按钮元件添加不同的程序段

3. 时间轴控制函数的使用

时间轴控制函数用来控制时间轴的播放进程，它包括 8 个函数，利用这些函数可以定义动画的一些交互控制。在前面的章节中已经有过初步的接触，下面详细地讲解这些函数的用法。在"动作"面板中单击"代码片断"按钮，打开"代码片断"面板，如图 5.19 所示。

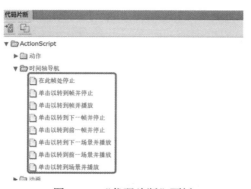
图 5.19　"代码片断"面板

🔖 提　示　时间轴控制函数可以添加在关键帧、按钮和影片剪辑上。每个函数都包括英文格式的括号，并以英文格式的分号结尾。脚本的书写要区分大小写。

1）gotoAndPlay()

该函数一般添加在关键帧或按钮上，其形式如下：

```
gotoAndPlay(scene,frame);
```

该函数的含义是单击以转到帧并播放，即跳转到指定场景的指定帧，并从该帧开始播放。如果没有指定场景，则将跳转到当前场景的指定帧。其中的参数 scene 表示跳转至场景的名称；frame 表示跳转至帧的名称或帧数。有了这个命令就可以播放不同场景、不同帧的动画了。

图 5.20 (a) 所示的动作脚本表示当单击并释放被附加了 gotoAndPlay() 的动作按钮时, 动画跳转到当前场景第 16 帧并开始播放; 图 5.20 (b) 所示的动作脚本表示当单击并释放被附加了 gotoAndPlay() 的动作按钮时, 动画跳转到 "场景 2" 的第 16 帧并开始播放。

(a)   (b)

图 5.20　gotoAndPlay() 的使用

提示　AS3 中时间轴跳转 gotoAndPlay() 的参数顺序跟 AS1/AS2 中该函数的参数顺序不一样, 帧编号应写在前面, 场景名称写在后面。

2) gotoAndStop()

该函数的语法格式如下:

```
gotoAndStop(frame,scene);
```

该函数的含义是单击以转到帧并停止, 即跳转到指定场景的指定帧, 并从该帧停止播放。如果没有指定场景, 则将跳转到当前场景的指定帧, 停止播放。

3) nextFrame()

该函数的语法格式如下:

```
nextFrame();
```

该函数的含义是单击以转到下一帧并停止, 括号中没有任何参数。

4) prevFrame()

该函数的语法格式如下:

```
prevFrame();
```

该函数的含义是单击以转到前一帧并停止, 括号中没有任何参数。

5) nextScene()

该函数的含义是单击以转到下一场景并播放。

6) prevScene()

该函数的含义是单击以转到前一场景并播放。

7) play()

该函数的含义是单击以转到场景并播放。在播放影片时, 除非另外指定, 否则从第 1 帧开始播放。如果影片播放进程被 goto (跳转) 或 stop (停止) 语句停止, 则必须使用 play() 语句才能重新播放。

8) stop()

该函数的含义是在此帧处停止。该动作最常见的运用是使用按钮控制影片剪辑。例如, 需要某个影片剪辑在播放完毕后停止而不是循环播放, 就可以在影片剪辑的最后一帧附加 stop 动作。这样, 当影片剪辑中的动画播放到最后一帧时, 播放将立即停止。

5.3　导入案例：飘雪动画

飘雪动画 1　飘雪动画 2

5.3.1　案例效果

本节讲述"飘雪动画"案例。本案例主要通过对影片剪辑元件（雪花）的复制，利用随机函数结合影片剪辑的各项属性，控制影片剪辑元件（雪花）的数量及位置，制作出一个漫天雪花飘落的场景，效果如图 5.21 所示。

图 5.21　"飘雪动画"的一个场景

5.3.2　重点与难点

随机函数（Random）、按帧频执行的事件（ENTER_FRAME 事件）、影片剪辑添加到舞台（stage.addChild）、条件语句（if…else）等的运用，以及对影片剪辑各种属性的作用和设置方法的介绍。

5.3.3　操作步骤

1. 新建文档并命名

启动 Animate CC，执行"文件"→"新建"菜单命令，在打开的"新建文档"对话框的"常规"选项卡中选择"ActionScript 3.0"选项，新建一个文档，设置文档的大小为 600 像素×450 像素，帧频设置为 12 帧/秒，背景颜色为"黑色"。将新文档保存为"飘雪.fla"。

2. 制作"雪花"和"飘雪"元件

雪花飘落的效果设计思路如下：先制作出一朵雪花（"雪花"图形元件），再以雪花为元素制作出一朵飘落的雪花（"飘雪"影片剪辑元件）。

1）制作"雪花"图形元件

（1）执行"插入"→"新建元件"菜单命令，创建一个名为"雪花"的图形元件。

（2）利用"线条工具"，设置"笔触颜色"为"白色"，"笔触"为"0.25"，绘制一条横线。选中该横线，修改"属性"面板中线条的"宽度"为"8"。

（3）打开"对齐"面板，把横线对齐到舞台中央。打开"变形"面板，其设置如图 5.22 所示。单击"重制选区和变形"按钮 🔄 复制出雪花效果，如图 5.23 所示（放大了 1500 倍）。

2）制作"飘雪"影片剪辑元件

（1）执行"插入"→"新建元件"菜单命令，创建一个名为"飘雪"的影片剪辑元件，将"图层 1"的名称改为"雪花"。

（2）在"雪花"图层的第 1 帧处拖入"雪花"图形元件，放置在舞台的上方。

（3）在时间轴的左侧用鼠标右键单击"雪花"图层，在弹出的快捷菜单中选择"添加传统运动引导层"命令，新建一个引导层。在引导层的第 1 帧处，使用"铅笔工具"为雪花绘制一条引导线（此引导线是雪花飘落的路径，想要雪花怎么飘就怎么画），引导线的长度比舞台的高度要稍长一些，如图 5.24 所示。

图 5.22 "变形"面板的设置　　　图 5.23 "雪花"图形元件　　　图 5.24 绘制的引导线

（4）在引导层的第 100 帧处按【F5】键插入扩展帧。

（5）选中"雪花"图层，在第 100 帧处插入关键帧，将雪花的中心点移动到引导线的终端位置（此操作因雪花太小很难控制，可用放大镜先将图形放大，再操作），在第 1～100 帧之间创建传统补间动画。在第 90 帧处插入关键帧，设置第 100 帧"雪花"的"色彩效果"中的"样式"为"Alpha"，其值为"0%"。

（6）选中第 1 帧，在"属性"面板中设置"旋转"为"顺时针"旋转"1"次，如图 5.25 所示。

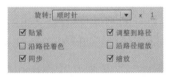

图 5.25 第 1 帧"属性"面板的设置

（7）新建一个图层，取名为"AS"，在第 100 帧处插入关键帧。单击该关键帧，按【F9】键打开"动作"面板，输入"stop();"（影片剪辑动画停止）和"stage.removeChild(this);"（影片剪辑从舞台中移除）两行代码，避免资源泄露，导致动画越放越卡顿。此时的时间轴设置如图 5.26 所示，第 100 帧代码如图 5.27 所示。

图 5.26 时间轴设置

图 5.27 第 100 帧代码

（8）用鼠标右键单击库中的"飘雪"影片剪辑元件，在弹出的快捷菜单中选择"属性"命令，在弹框里展开"高级"菜单，设置影片剪辑元件的类名为"snowMc"，如图 5.28 所示，该类名可以在帧脚本上的任何地方进行调用。

图 5.28　库元件类名的设置

📖 提　示　库元件的类名可以在影片中脚本的任何位置进行调用，相当于定义了一个显示内容为该元件的 ActionScript 类。

3．制作主场景动画

（1）单击 场景 1 图标，回到主场景中，将"图层 1"重命名为"背景"，从本案例对应的素材文件夹中导入图片"snowhouse.jpg"，调整其大小和位置，使其刚好覆盖整个舞台。

（2）新建图层，命名为"AS"。在第 1 帧中输入脚本，如图 5.29 所示。

图 5.29　雪花主场景第 1 帧代码

（3）图 5.29 中的代码解释如下。

① 第 1 行，stage.addEventListener(事件名称,要执行的函数);：表示给舞台添加一个事件侦听，当事件发生时，就执行对应的函数内容。

② 第 2 行，Event.ENTER_FRAME：表示舞台侦听的是"ENTER_FRAME"事件。该事件的特点是当动画进入该帧时开始执行，并按照.swf 动画的帧频来重复执行。如果帧频为 24 帧/秒，则表示这个事件每秒将被触发 24 次。因此，该事件通常用来制作循环动画。

③ 第 3～16 行，function(){...}：这是一个匿名函数，括号内的代码就是事件被触发后要执行的代码。

④ 第 5 行，var snow = new snowMc();：其中 snowMc 为库中元件的类名。

⑤ 第 7 行，stage.addChild(snow);：表示将"雪花"元件添加到舞台上，即从库中把元件拖到舞台上。

⑥ 第 9～15 行，分别设置"雪花"的随机大小和坐标，其中 Math.random()表示生成一个[0,1)之间的随机数。

📖 提　示　parent.addChild(target)，该句式表示一个 parent 对象（可以是影片剪辑、舞台等）将 target 对象添加到自身的显示列表里。

4．测试并保存影片

先保存源文件，再执行"控制"→"测试影片"→"在 Animate 中"菜单命令（或按【Ctrl+Enter】组合键），测试影片的动画效果。

5.3.4 技术拓展

1．随机函数的使用

在前面的"飘雪动画"中，画雪花和实现雪花飘落比较容易，但要做成漫天飞舞的雪花，就需要设置出雪花出现的纷乱位置及随机大小，实现这两项设置的关键是随机函数 Math.random()。

Math.random()在动画制作中是非常有用的，可以生成基本的随机数、创建随机的移动、设置随机的颜色，以及控制对象随机的变换和其他更多的作用。

Math.random()指返回一个[0,1)之间的随机数。如果需要大一点的数字，则只需要对返回值进行乘法操作即可。

示例：

```
Math.random()*20        //生成一个[0,20)之间的随机数
```

> 📖 **提示** 要测试随机函数 random(20)的值，先要新建一个文档，将语句"trace(Math.random()*20);"复制到时间轴上的第 1 帧，然后在第 2 帧处插入关键帧，并在"动作"面板中输入语句"gotoAndPlay(1);"，最后测试影片就可以看到结果。

举例：先创建一个只有一个小圆的影片剪辑，然后在库中将该影片剪辑的类名设置为"dotMc"，最后在该影片剪辑的"动作"面板中输入下列代码，则小圆就会做随机运动。

```
//实例化小圆影片剪辑
var dot = new dotMc();
//将小圆添加到舞台中
stage.addChild(dot);
stage.addEventListener(Event.ENTER_FRAME, //给舞台添加 ENTER_FRAME 事件
 function () {
  dot.x = Math.random() * 500;            //设置 x 轴坐标在 1～500 之间随机变化
  dot.y = Math.random() * 500;            //设置 y 轴坐标在 1～500 之间随机变化
 }
);
```

> 📖 **提示** 在代码 target.addEventListener(Event.ENTER_FRAME,function(){});中，Event.ENTER_FRAME 表示当播放 target 对象所在帧时触发本事件，即执行 function() {...} 内的代码，并按帧频来重复执行。

2．添加/移除影片剪辑

1）添加影片剪辑

添加影片剪辑到舞台中主要分为以下两个步骤。

（1）在库中设置影片剪辑的类名，如 demoMc。

（2）在舞台上编写以下代码：

```
var demo = new demoMc();
stage.addChild(demo);
```

如果想添加多个同样的影片剪辑，那么该如何操作？下面代码演示了添加两个 demoMc 影片剪辑到舞台上，其中 demo 1、demo 2 是变量名，可以任意取名。

```
var demo 1= new demoMc();
stage.addChild(demo);
var demo 2= new demoMc();
stage.addChild(demo);
```

如果添加的影片剪辑数量很多，则可以用 for 循环语句来完成。下面的代码演示了添加 10
个 demoMc 影片剪辑到舞台上。

```
for(var i=0;i<10;i++){
  var demo = new demoMc();
      stage.addChild(demo);
}
```

提示　相比 ActionScript 2.0 手动管理影片剪辑深度的做法，ActionScript 3.0 则更
加智能和便捷，用户只要创建和添加影片剪辑，而无须担心影片剪辑的深度，ActionScript 3.0
会自动完成深度的设置。

2）移除影片剪辑

假设影片剪辑的添加代码如下：

```
var demo = new demoMc();
stage.addChild(demo);
```

那么，对应的移除代码如下：

```
stage.removeChild(demo);
```

以上代码分别表示 stage 对象将 demo 对象添加（addChild）到自身，并把它从自身移除
（removeChild）。

3）在影片剪辑代码里移除自身

制作"飘雪"影片剪辑时，在第 100 帧（最后一帧）处编写了"stage.removeChild(this);"这
行代码，其含义是，当代码执行到这里时，让舞台移除"我"（this）。如果影片剪辑不是添加在舞
台上的，而是添加到另一个名为"ABC"的影片剪辑里的，那么对应的代码为
"ABC.removeChild(this);"。考虑到代码的通用性，在一般情况下会采用如下写法：

```
if( this.parent){//如果存在父级对象
this.parent.removeChild( this );  //让父级对象移除我
}
```

4）移除舞台上的所有影片剪辑

有时候舞台上的对象很多，如果想一次性移除，则可以使用 removeChildAt(深度)这种语句
格式。也就是先用一个循环遍历所有的深度，然后再逐个移除。

```
while (stage.numChildren>0) {        //如果舞台上的子对象个数大于 0，那么执行循环体的内容
  stage.removeChildAt(0);
}
```

提示　为什么执行 stage.removeChildAt(0);即可移除所有的对象呢？这是因为
ActionScript 3.0 会智能管理深度，当深度为 0 的对象被移除时，后面深度为 1 的对象会自动变成
深度为 0，2 会变成 1，依此类推，所有对象的深度自动前移一位，同时父对象的 numChildren
属性值也会相应减 1。

3. 影片剪辑属性的设置

影片剪辑属性就是影片剪辑的基本特性，如大小、位置、角度、透明度等。在动画中可以
用脚本命令来改变影片剪辑的属性值，使影片剪辑发生变化。下面介绍影片剪辑的属性、语句，

以及设置方法。

1）x 属性和 y 属性

x 属性和 y 属性用来设置影片剪辑的 *X* 轴和 *Y* 轴坐标。在 Animate CC 舞台中，坐标原点在舞台的左上角，其坐标为(0,0)。水平向右为正，向左为负；垂直向下为正，向上为负。Animate CC 默认的舞台大小为 550 像素×400 像素，因此舞台右下角的坐标为(550,400)，它表示距坐标原点的水平距离为 550 像素，垂直距离为 400 像素。

要在主时间轴上表示场景中的影片剪辑"snow"的位置属性，可以使用以下代码：

```
snow.x;
snow.y;
```

例如，设置场景中影片剪辑"snow"位于舞台中(100,20)的位置，代码如下：

```
snow.x=100;
snow.y=20;
```

2）width 属性和 height 属性

width 属性和 height 属性用来设置影片剪辑的宽度和高度，从而改变影片剪辑的大小。例如，设置影片剪辑的宽度与高度均扩大一倍，在"动作"面板中的设置代码如下：

```
snow.width= snow.width*2;
snow.height= snow.height*2;
```

3）scaleX 属性和 scaleY 属性

scaleX 属性和 scaleY 属性用来设置影片剪辑在 *X* 轴和 *Y* 轴上的缩放比例，正常值是 1。当 scaleX 属性和 scaleY 属性的取值大于 1 时，表示放大原影片剪辑；当它们的取值大于 0 且小于 1 时，表示缩小原影片剪辑；当它们的取值为负时，表示在缩放的基础上水平或垂直翻转影片剪辑。

提示　scaleX 属性和 scaleY 属性代表影片剪辑实例相对于"库"面板中的影片剪辑元件的横向尺寸（width）和纵向尺寸（height）的百分比，与影片剪辑元件的实际尺寸无关。例如，影片剪辑元件的横向尺寸为 150 像素，将其拖动到舞台上作为元件时宽度被改为 100 像素。如果在脚本语句中将其 scaleX 属性设置为 10，那么在播放动画时影片剪辑元件的横向尺寸将是 150 像素的 10%，即 15 像素，而不是 100 像素的 10%。

不要把影片剪辑的高度与垂直缩放比例混淆，也不要把影片剪辑的宽度与水平缩放比例混为一谈。例如：

```
MC.width=50        //表示把 MC 的宽度设置为 50 像素
MC.scaleX=0.5      //表示把 MC 的水平宽度设置为"库"面板中原元件水平宽度的 50%
```

4）mouseX 属性和 mouseY 属性

mouseX 属性和 mouseY 属性给出了鼠标指针的水平和垂直坐标。如果这两个属性用在主时间轴上，则表示鼠标指针相对于主场景的坐标位置；如果这两个属性用在影片剪辑中，则表示鼠标指针相对于该影片剪辑的坐标位置。mouseX 属性和 mouseY 属性都是从对象的坐标原点开始计算的，即在主时间轴上代表鼠标指针与左上角之间的距离，在影片剪辑中代表鼠标指针与影片剪辑中心之间的距离。如果要明确表示鼠标指针在舞台中的位置，则可以使用 stage.mouseX 和 stage.mouseY。

例如，可以使用下面的代码让影片剪辑 dotMc 保持与鼠标指针位置相同的坐标值。

```
var dot = new dotMc();
stage.addChild(dot);
```

```
stage.addEventListener(Event.ENTER_FRAME,        //给舞台添加 ENTER_FRAME 事件
function () {
 dot.x = stage.mouseX;
 dot.y = stage.mouseY;
        }
);
```

　　Animate CC 不能获得超出影片播放边界的鼠标指针位置。这里的边界并不是指影片中设置的场景大小。如将场景大小设置为 550 像素×400 像素，则在正常播放时能获得的鼠标指针位置为(0,0)~(550,400)；如果要缩放播放窗口，则要根据当前播放窗口的大小而定；如果要进行全屏播放，则与显示器的像素尺寸有关。

　　5）alpha 属性

　　alpha 属性用来控制影片剪辑的透明度。有效值为 0（完全透明）~1（完全不透明），默认值为 1。可以通过对影片剪辑的 alpha 属性在 0~1 之间变化的控制，制作出或明或暗或模糊的效果。

　　例如，要将影片剪辑"snow"的透明度设为"20%"，设置语句是"snow.alpha=0.2;"。

　　6）rotation 属性

　　rotation 属性用来设置影片剪辑的旋转角度（以度为单位），取值范围为-180°~180°、0°~180° 的值表示顺时针旋转，-180°~0° 的值表示逆时针旋转。不属于上述范围的值将与360° 相加或相减，以得到该范围内的值。例如，"my_mc.rotation=450"与"my_mc.rotation=90"相同。

　　需要特别注意的是，这个旋转角度都是相对于原始角度而言的。

　　7）visible 属性

　　visible 属性用来设置影片剪辑的可见性。当影片剪辑的 visible 属性的值是 true（或者为 1）时，影片剪辑可见；当影片剪辑的 visible 属性的值是 false（或者为 0）时，影片剪辑不可见，这时影片剪辑将从舞台上消失，在它上面设置的动作也变得无效。

　　8）setProperty 语句

　　setProperty 语句用于设置影片剪辑的属性，其使用格式如下：

```
target.setProperty(property,value/expression);
```

　　其中，
- target 表示要设置其属性的影片剪辑名称的路径，如 stage.mc 表示主场景中的影片剪辑"mc"。
- property 表示要设置的属性，如 x。
- value 表示设置属性的具体值。
- expression 表示设置属性值的表达式。这时，先计算表达式的值，再将该值设置为指定属性的值。

　　如下面的语句：

```
stage.mc.alpha=80;      //设置主场景中影片剪辑"mc"的透明度为80%
```

　　对应的写法则为

```
stage.mc.setProperty("alpha",80);
```

　　9）getProperty 语句

　　getProperty 语句用于获取影片剪辑的属性，其使用格式如下：

```
target.getProperty(property);
```

其中，

- target 表示要获取其属性的影片剪辑名称。
- property 表示影片剪辑的属性。

例如，在场景第一层建立一个名为"snow"的影片剪辑，打开脚本窗口，单击时间轴第 1 帧，并在脚本窗口中输入如下代码：

```
var i;      //定义变量 i
i= stage.snow.getProperty("x");      //获取影片剪辑"snow"的水平坐标 x, 并将其分配给变量 i
```

再如，在主场景中有两个影片剪辑"snow1"和"snow2"，要求"snow2"与"snow1"的大小相同，设置代码如下：

```
stage.snow1.setProperty("width", stage.snow2.getProperty("width"));
stage.snow1.setProperty("height", stage.snow2.getProperty("height"));
```

4. 条件语句的使用

在对影片进行控制时，往往要对某些条件进行判断，然后根据判断结果来确定下一步的操作。这样的操作可以利用条件语句 if 与 else 来实现。

1）if 语句

if 语句可以使用比较结果控制 Animate CC 影片的播放，其格式如下：

```
if(条件) {
当条件计算为 true 时执行的指令
}
```

📖 提示 小括号里的条件是一个计算结果为 true 或 false 的表达式。本语句的作用是当条件计算为 true 或非 0 数值时，执行 { } 内的命令。

例如，判断 x 是否等于 100，如果比较结果为 true，则让影片跳到第 15 帧。代码可写成如下形式：

```
if(x==100) {
gotoAndPlay(15);
}
```

2）else 语句

else 语句可以对 if 语句进行扩展，使用 else 执行条件不成立（比较表达式的结果为 false 或 0）时的代码，其格式如下：

```
if(条件) {
当条件计算为 true 或非 0 时执行的指令
} else {
当条件计算为 false 或 0 时执行的指令
}
```

例如，判断 x 是否等于 100，若是则让影片跳到第 15 帧；若否则跳到第 16 帧，其代码如下：

```
if(x==100) {
gotoAndPlay(15);
} else {
gotoAndPlay(16);
}
```

3）else if 语句

如果要对多个条件进行判断，则可用 if 与多个 else if 语句配合，每个 else if 语句判断一个条件，其格式如下：

```
if(条件 1) {
当条件 1 计算为 true 或非 0 时执行的指令
} else if(条件 2) {
当条件 2 计算为 true 或非 0 时执行的指令
} else if(条件 n) {
当条件 n 计算为 true 或非 0 时执行的指令
} else {
当所有条件都为 false 或 0 时执行的指令
}
```

例如，判断 x 是否等于 19，若是则跳到第 15 帧，若否则判断 x 是否等于 20；若是则跳到第 16 帧，若否则判断 x 是否等于 21；若是则跳到第 22 帧，若否则跳到第 25 帧，其代码如下：

```
if(x==19) {
gotoAndPlay(15);
} else if(x==20) {
gotoAndPlay(16);
} else if(x==21) {
gotoAndPlay(22);
} else {
gotoAndPlay(25);
}
```

可以使 if 语句根据需要增长，也可以使用 else if 语句对其他变量进行比较，还可以省略最后的 else 语句，其代码如下：

```
if(x>20) {
gotoAndPlay(15);
} else if (y<20) {
gotoAndPlay(16);
}
```

5.4　导入案例：猴子看香蕉

5.4.1　案例效果

猴子看香蕉 1　　猴子看香蕉 2

本案例制作的是一只猴子很想吃香蕉，眼珠子一直跟着香蕉的位置移动并转动的动画，效果如图 5.30 所示。

图 5.30　"猴子看香蕉"效果

5.4.2 重点与难点

ActionScript 动作脚本中鼠标移动事件（MOUSE_MOVE）的侦听和鼠标拖放操作函数的使用。

5.4.3 操作步骤

1. 新建文档并命名

启动 Animate CC，执行"文件"→"新建"菜单命令，在打开的"新建文档"对话框的"常规"选项卡中选择"ActionScript 3.0"，新建一个文档，设置文档的大小为 800 像素×400 像素，保存文档，并命名为"猴子看香蕉"。

2. 导入素材图片

执行"文件"→"导入"→"导入到库"菜单命令，在打开的"导入到库"对话框中，选择本案例对应的素材文件"猴子.jpg""香蕉.jpg"，如图 5.31 所示，再单击"打开"按钮，则在"库"面板中可看到导入的素材，如图 5.32 所示。

图 5.31 "导入到库"对话框

图 5.32 导入素材以后的"库"面板

3. 制作"香蕉"影片剪辑元件

（1）执行"插入"→"新建元件"菜单命令，打开"创建新元件"对话框，如图 5.33 所示，设置元件名称为"香蕉"，类型选择"影片剪辑"，单击"确定"按钮。

图 5.33 新建"香蕉"影片剪辑元件

（2）将库中的"香蕉.jpg"图片拖到舞台中，设置图片大小为 200 像素×133 像素，对齐到舞台中央，如图 5.34 所示。选中图片，执行"修改"→"位图"→"转换位图为矢量图"菜单命令，处理图片中的香蕉，将其背景删除，处理之后的"香蕉"影片剪辑元件如图 5.35 所示。

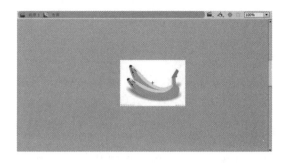

图 5.34　处理之前的"香蕉"影片剪辑元件

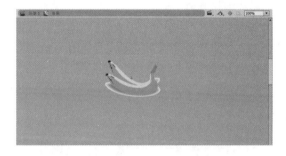

图 5.35　处理之后的"香蕉"影片剪辑元件

4．制作"猴子"影片剪辑元件

（1）执行"插入"→"新建元件"菜单命令，打开"创建新元件"对话框，如图 5.36 所示，设置元件名称为"猴子"，类型选择"影片剪辑"，单击"确定"按钮。

图 5.36　新建"猴子"影片剪辑元件

（2）将库中的"猴子.jpg"图片拖到舞台中，设置图片大小为 300 像素×349 像素，对齐到舞台中央，效果如图 5.37 所示。将猴子图片的背景删除，处理之后的"猴子"影片剪辑元件如图 5.38 所示。

图 5.37　处理之前的"猴子"影片剪辑元件

图 5.38　处理之后的"猴子"影片剪辑元件

5．制作猴子"眼睛"影片剪辑元件

（1）执行"插入"→"新建元件"菜单命令，打开"创建新元件"对话框，如图 5.39 所示，设置元件名称为"眼睛"，类型选择"影片剪辑"，单击"确定"按钮。

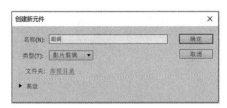

图 5.39　新建"眼睛"影片剪辑元件

（2）将前面已经做好的"猴子"影片剪辑元件拖入，并按【CTRL+B】组合键将其打散。利用"椭圆工具"绘制一个带边框的、直径为 50 像素的圆，把圆放到打散的猴子眼睛处，然后把猴子眼睛单独拖到空白处，效果如图 5.40 所示。

图 5.40　利用"椭圆工具"截出眼睛

（3）删除猴子和圆形，只留下眼睛，并将眼睛对齐到舞台中央。利用"画笔工具"把眼珠擦除，如图 5.41 所示。

图 5.41　擦除了眼珠的眼睛

（4）在"眼睛"影片剪辑元件中，利用椭圆工具绘制一个填充颜色为"#59181C"、直径为 10 像素、无边框的圆，并将这个圆转换为影片剪辑元件"眼珠"，如图 5.42 所示。

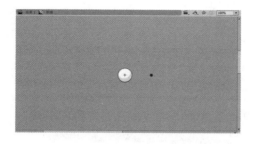

图 5.42　"眼珠"影片剪辑元件

（5）将"眼珠"影片剪辑元件放入眼睛上原来眼珠的位置，给"眼珠"影片剪辑元件设置名称为"eye"，如图 5.43 所示。

图 5.43　"眼珠"影片剪辑元件名称

6．主场景设置

（1）在主场景中将"图层 1"设置为"猴子"图层，将库中的"猴子"影片剪辑元件拖到舞台中间位置。

（2）新建一个名为"眼睛"的图层，将库中的"眼睛"影片剪辑元件拖两个（重复拖 2 次）到舞台中猴子眼睛处，如图 5.44 所示，设置左眼睛名称为"leftEyeMc"，右眼睛名称为"rightEyeMc"。

图 5.44　"眼睛"影片剪辑元件的摆放位置和名称

（3）新建一个名为"香蕉"的图层，将库中的"香蕉"影片剪辑元件拖到舞台右侧，并将其命名为"bananaMc"，如图 5.45 所示。

图 5.45   "香蕉"影片剪辑元件名称

（4）新建一个图层，命名为"AS"，输入代码，如图 5.46 所示。

```
当前帧
AS:1
1    //开始拖动香蕉，true参数表示坐标锁定
2    bananaMc.startDrag(true);
3
4    stage.addEventListener(MouseEvent.MOUSE_MOVE, function () {
5        var lx = leftEyeMc.eye.mouseX;
6        var ly = leftEyeMc.eye.mouseY;
7        //考虑到双眼转角是同步的，这里就计算左眼的值
8        var L = Math.sqrt(lx * lx + ly * ly);
9        leftEyeMc.eye.x = 15 / L * lx;
10       leftEyeMc.eye.y = 15 / L * ly;
11       rightEyeMc.eye.x = 15 / L * lx;
12       rightEyeMc.eye.y = 15 / L * ly;
13   });
```

图 5.46   "猴子看香蕉"主场景代码

7．测试并保存影片

先保存源文件，再执行"控制"→"测试影片"→"在 Animate 中"菜单命令（或按【Ctrl+Enter】组合键），测试影片的动画效果。

5.4.4   技术拓展

1．影片剪辑的拖放操作

在本案例中，关键是设置影片剪辑的拖放操作。基本过程是香蕉会跟随鼠标指针的位置移动。影片剪辑的拖放由 startDrag() 和 stopDrag() 及 dropTarget 属性完成。

1）startDrag()

语法格式如下：

```
target.startDrag(true/false, bounds);
```

其中，

- target：影片剪辑在"属性"面板中设定的元件名称，或者在代码里定义的元件名称。
- true/false（可选）：指定可拖动影片剪辑是锁定到鼠标指针位置中央（true）还是锁定到用户首次单击该影片剪辑的位置上（false）。
- bounds：一个 Rectangle 对象，相对于"target"父级坐标的值，用于指定"target"约束矩形。这个矩形有 4 个参数，分别为 x（左上角 X 坐标）、y（左上角 Y 坐标）、width（横向尺寸）、height（纵向尺寸）。bounds 值可省略，如果省略则意味着可以在整个舞台区域内拖动。以下是一个简单的示例：

```
mc.startDrag(false,new Rectangle(0,0,100,1));
```

上述代码表示 mc 这个元件在一个矩形内移动，这个矩形的左上角坐标在(0,0)位置。移动

的长度为 100 像素，高度为 1 像素。这就是我们常说的长度为 100 像素的水平滑动条的制作。

作用：设置影片剪辑可被鼠标拖动及可拖动的范围。

说明：一次只能拖动一个影片剪辑。在执行 startDrag() 操作后，影片剪辑将保持可拖动状态，直到用 stopDrag(); 语句停止拖动。

2）stopDrag()

语法格式如下：

```
target.stopDrag();
```

作用：结束 startDrag 指令所下达的拖动动作。

3）dropTarget 属性

指定拖动对象时经过的显示对象，或放置对象的显示对象。以下代码表示当鼠标按键弹起时，停止拖动"香蕉"，并输出香蕉当时所在位置的对象名称。

```
stage.addEventListener(MouseEvent.MOUSE_UP, function () {
bananaMc.startDrag(true);
trace(bananaMc.dropTarget.name);
});
```

2．眼珠的旋转范围计算

在本案例中用到了如下语句：

```
var lx = leftEyeMc.eye.mouseX;
var ly = leftEyeMc.eye.mouseY;
  //考虑到双眼转动是同步的，这里只计算左眼的值
var L = Math.sqrt(lx * lx + ly * ly);
```

L 的取值就是鼠标指针所在位置离眼睛中心的距离。得到了 L 的值以后，根据等比数列的原理即可获得眼珠转动的 X 轴和 Y 轴位置。具体计算如图 5.47 所示。假设眼珠所在圆的半径最大为 15 像素。

```
leftEyeMc.eye.x = 15 / L * lx;
leftEyeMc.eye.y = 15 / L * ly;
```

注意：具体眼珠所在圆的半径值要根据实际制作过程中眼球的半径来进行设置。

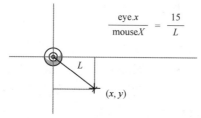

$$\frac{eye.x}{mouseX} = \frac{15}{L}$$

图 5.47　获得眼珠转动的 X 轴和 Y 轴位置

5.5　导入案例：花瓣动画

花瓣动画 1　花瓣动画 2　花瓣动画 3　花瓣动画 4

5.5.1　案例效果

本节讲述"花瓣动画"案例。天空中飞舞着片片花瓣，单击后，花瓣串成一串并跟随鼠标指针运动；再次单击后，花瓣又随机分布在天空中；双击后，花瓣会随机重新分布，效果如图 5.48 所示。

图 5.48　"花瓣动画"效果

5.5.2　重点与难点

循环语句 for 的使用，鼠标控制方法，影片剪辑的事件处理器的使用方法。

5.5.3　操作步骤

1．新建文档并命名

启动 Animate CC，执行"文件"→"新建"菜单命令，在打开的"新建文档"对话框的"常规"选项卡中选择"ActionScript 3.0"选项，新建一个文档，设置背景色为"白色"，文档的大小为 550 像素×400 像素，保存文档，并命名为"花瓣动画"。

2．导入背景图片

执行"文件"→"导入"→"导入到库"菜单命令，在打开的"导入到库"对话框中选择本案例对应的素材文件夹中的图片"背景.jpg"，再单击"打开"按钮，如图 5.49 所示。

图 5.49　导入"背景.jpg"图片

3．制作所需元件

（1）新建图形元件，命名为"花瓣"。使用"线条工具" ，单击工具箱中的"颜色"按钮 ，将"笔触颜色"改为"黑色（#000000）"，绘制出一个如图 5.50 所示的线框。打开"颜色"面板，设置"填充颜色"为"径向渐变"填充，颜色从"粉红色（#F48AC0）"到"淡红色（#F6EBEF）"渐变，填充花瓣，并删除轮廓线，如图 5.51 所示。

（2）将变形中心点的位置移到中心，旋转复制出一个圆的形状，填充颜色同步骤（1）中的设置。使用"椭圆工具" ，按住【Shift】键，绘制出正圆。使用"线条工具" ，修改工具箱中的"笔触颜色"为"白色（#FFFFFF）"，在中间绘制几条线并调整形状效果，如图 5.52 所示。

图 5.50　绘制出线框图　　　图 5.51　填充颜色　　　图 5.52　花瓣效果

（3）新建影片剪辑元件，命名为"h1"。将"库"面板中的"花瓣"元件拖入舞台中，在第 10、11、20 帧处插入关键帧。确定第 10 帧处舞台上的花瓣被选中，打开"属性"面板，在"色彩效果"一栏的"样式"下拉列表框中选择"色调"选项，将"色调"调成"#FFFF33"，如图 5.53 所示。用同样的方法将第 11 帧处的"色调"调成"#999933"，将第 20 帧处的"色调"调成"#0000FF"。

（4）在第 1～10 帧、第 11～20 帧之间创建传统补间动画。选中第 1～10 帧之间的任意一帧，打开"属性"面板，单击"补间"按钮，在弹出"补间"面板中设置"顺时针"旋转"10"次，如图 5.54 所示。

图 5.53　色调调节　　　　　　　图 5.54　旋转调节

（5）设置"h1"元件的导出类名。用鼠标右键单击"库"面板中的"h1"元件，在弹出的快捷菜单中选择"属性"命令，打开"元件属性"面板，在"类"文本框中输入"flowerMc"，如图 5.55 所示。

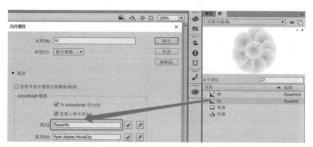

图 5.55　设置"h1"元件的导出类名为"flowerMc"

（6）新建影片剪辑元件，命名为"h0"。将"库"面板中的"花瓣"元件拖入舞台中。

（7）同步骤（5）的操作，将"h0"元件的类名设置为"flowerMc0"。

4．布置主场景

单击 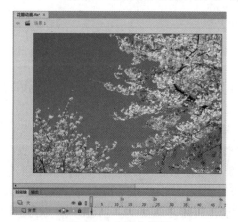 场景 1 按钮返回场景 1，双击"图层 1"的名称处，将其改为"背景"。将"库"面板中的"背景.jpg"图片拖入舞台中，调整它的位置到舞台中央，如图 5.56 所示。

图 5.56　布置主场景

5．定义动作脚本

在场景 1 中新建"AS"图层，在第 1 帧处输入如下代码，如图 5.57 所示。

```
1   /*---------------全局变量初始化----------------*/
2   //要显示的影片剪辑总数
3   var num = 33;
4   //状态字段，0表示默认随机显示，1表示默认跟随显示
5   var n = 0;
6
7   /*----------------添加花瓣影片剪辑到舞台---------*/
8   //初始化，将花贴到舞台上来，依次命名为flower1,flower2...
9   for (var i = 1; i <= num; i++) {
10      var flower = new flowerMc();
11      flower.name = "flower" + i
12      flower.alpha = 100 - 3 * i;
13      flower.scaleX = (100 - 3 * i) / 100;
14      flower.scaleY = (100 - 3 * i) / 100;
15      stage.addChild(flower);
16  }
17  //将不会闪烁的那朵花也添加到舞台上来，命名为flower0
18  var flower0 = new flowerMc0();
19  flower0.name = "flower0"
20  flower0.scaleX = 0.5;
21  flower0.scaleY = 0.5;
22  stage.addChild(flower0);
23
24  /*----------------花瓣两种状态显示的函数定义-------*/
25  //定义花瓣随机显示的函数
26  var flowerRandom = function () {
27      for (i = 1; i <= num; i++) {
28          var flower = stage.getChildByName("flower" + i);
29          flower.x = Math.random() * 550;
30          flower.y = Math.random() * 350;
31      }
32  }
33
34  //定义花瓣跟随鼠标指针运动的函数
35  var flowerMove = function () {
36      for (i = 1; i <= num; i++) { //在for循环中，反复设置花的坐标
37          flower0.rotation += 1; //使带头的大花不停地旋转
38          var flower = stage.getChildByName("flower" + i);
39          var flowerPre = stage.getChildByName("flower" + (i - 1));
40
41          //计算主时间轴中两相邻影片剪辑的横/纵坐标之差后除以3
42          //将得到的结果增加4,或者不增加,赋值给变量"x0""y0"
43          var x0 = (flowerPre.x - flower.x) / 3 + 4;
44          var y0 = (flowerPre.y - flower.y) / 3 + 4;
45
46          //把影片在循环中的前一次的坐标加上增量作为这一次的坐标
47          flower.x = flower.x + x0;
48          flower.y = flower.y + y0;
49      }
50  };
51
52  /*--------------舞台单击事件所执行的函数定义---------*/
53  var stageClick = function () {
54      if (n == 0) {
55          Mouse.show();
56          //先清除flower0的帧循环事件，因为动画是以flower0的帧循环来实现的
57          flower0.stopDrag();
58          flower0.visible = false;
59          flower0.removeEventListener(Event.ENTER_FRAME, flowerMove);
60          flowerRandom();
61      }
62      if (n == 1) {
63          Mouse.hide();
64          flower0.visible = true;
65          //开始拖动影片剪辑
66          flower0.startDrag(true);
67          flower0.addEventListener(Event.ENTER_FRAME, flowerMove);
68      }
69      //切换状态，0变1,1变0
70      n = (n + 1) % 2;
71
72  };
73  //添加舞台单击事件
74  stage.addEventListener(MouseEvent.CLICK, stageClick);
75
76  //执行显示
77  stageClick();
```

图 5.57 "花瓣动画"的代码

代码说明如下。

第 1～5 行：一些全局变量的初始化工作，如舞台上要显示的花瓣数（num），默认显示效果（n 为 0 时表示默认随机显示，为 1 时表示默认跟随显示）。

第 7～22 行：通过 addChild() 将库中的两个元件"h0"和"h1"分别添加到舞台中。在添加"h1"元件的过程中，进行循环添加，而且设置元件的透明度和大小逐步减小。

第 24～50 行：定义花瓣在两种状态（随机、跟随）显示时的处理函数。随机状态主要用到了 Math.random()。跟随效果实现原理："flower0"这个元件启动拖放并隐藏鼠标，因此第一朵花就自动跟随鼠标指针运动，后续"flower1""flower2"等元件坐标位置根据前一个实例进行递增。

第 52～74 行：添加舞台单击事件（MouseEvent.CLICK）侦听，并在该侦听的函数中添加"flower0"这个元件的帧动画事件（Event.ENTER_FRAME）侦听。

第 77 行：第一次手动执行 stageClick()，之后每次单击舞台都会执行这个函数。

6．测试并保存动画

按【Ctrl+Enter】组合键打开播放器窗口，即可看到"花瓣动画"效果。按【Ctrl+S】组合键保存动画。

5.5.4　技术拓展

1．循环语句 for 的使用

与条件判断语句一样，循环语句也是极具实用性的语句。在满足条件时，程序会不断地重复执行，直到设置的条件不成立时才结束循环，继续执行下面的语句，其基本结构如下：

```
for(初始值;循环条件;循环值变化方式) {循环条件为真时执行的语句}
```

例如，计算式子 sum=1+2+…+100 的值的循环语句可写成如下形式：

```
for(i=1;i<=100;i++) {sum=sum+i;}
```

解释：设定循环变量 i 的初始值为 1，设定循环条件为 i<=100，循环值变化方式是变量 i 自动加 1（i++）。当满足循环条件 i<=100 时，执行 sum=sum+I;，直到 i>100 时结束循环。

在本案例中，"动作"图层的第 2 帧用到了该语句，其中的 i=1 是为 i 这个变量设置的初始值，i<=shu 是执行循环的条件，即当 i<=shu 变量的值时执行循环；i++表示每执行一次循环给 i 的值加 1；循环的具体内容就是花括号中的执行语句。

> **提示** 在设置循环语句的条件时，必须注意条件的逻辑性和合理性，特别要避免程序陷入死循环。例如，若将以上 for 循环的参数设置为 for(i=1; i>0; i++)，那么这个条件就会永久成立，从而导致程序陷入死循环。

2．鼠标控制方法

在本案例中用到了两个函数 Mouse.hide()和 Mouse.show()，它们的作用分别为使鼠标指针隐藏和显示，在括号中没有任何参数。

5.6　综合项目：打飞机游戏

打飞机游戏 1　打飞机游戏 2　打飞机游戏 3　打飞机游戏 4　打飞机游戏 5　打飞机游戏 6

5.6.1　项目概述

Animate CC 游戏因简单、操作方便、绿色、无须安装、文件体积小等优点而深受广大网友喜爱。Animate CC 游戏又叫 Animate CC 小游戏，因为它主要应用于一些趣味化的、小型的游戏之上，以完全发挥它基于矢量图的优势。Animate CC 游戏发展迅速，许多年轻人投身其中，并在整个 Animate CC 行业中发挥了重要作用。Flash Player 占据了 90%互联网用户的浏览器，所以它的发展空间十分巨大，前途不可估量。

打飞机是"射击类"系列中的一个平面动画小游戏。它是一种通过 Animate CC 软件结合编程语言 ActionScript 制作而成的 SWF 格式的小游戏，只要能上网，打开网页 15～30 秒即可进入游戏；也可以下载游戏文件到本地，安装一个 Flash Player 播放器，打开即玩。

5.6.2 项目效果

本项目效果如图 5.58 所示，包括右下角的计时器功能，当剩余时间为 0 时游戏结束，飞机全部消失；左下角的分数即为打下一架飞机得一分；跟随鼠标指针移动的不是箭头，而是一个靶子；当单击靶子打中一架飞机时，飞机爆炸坠落，飞机数量减少一架；舞台上的飞机总数维持在一定的数量。

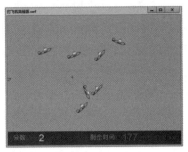

图 5.58　项目效果

5.6.3 重点与难点

（1）掌握用脚本的方式添加影片剪辑（addChild()）和删除影片剪辑（removeChild()）的方法，会使用动作脚本进行简单游戏的开发。

（2）学会批量删除影片剪辑的方法，并按深度删除影片剪辑（removeChildAt()）。

（3）掌握在影片剪辑动画播放结束后，删除自身（removeChild(this)）的操作。

（4）掌握影片剪辑子对象和父对象之间的坐标转换函数 localToGlobal() 的使用。

（5）了解事件回调参数的目标属性 target 和 currentTarget 的区别。

5.6.4 操作步骤

1. 制作界面和文字动画

（1）新建一个 Animate CC（ActionScript 3.0）文件，设置文件的大小为 550 像素×400 像素，帧频为 20 帧/秒，背景颜色为"淡紫色（#CC99CC）"。保存文件，并命名为"打飞机游戏"。

（2）将"图层 1"改名为"分数和时间"，然后在第 1 帧处使用"矩形工具"绘制深紫色（#663366）的矩形条，使用静态文本工具输入"分数"和"剩余时间"（字号为"20"，颜色为"#CC6699"），使用动态文本工具分别在其后面输入"000"（字号为"30"，颜色为"#FF0000"及"#00CC00"），并设置"分数"后的动态文本的变量名为"scoreTxt"，"剩余时间"后的动态文本的变量名为"timeTxt"，如图 5.59 所示。

图 5.59　"分数和时间"图层界面和文字设置

（3）将"分数和时间"图层延伸到第 30 帧。新建"图层 2"并改名为"时间到"，在第 30 帧处插入关键帧，输入静态文本"时间到！"（字号为"30"，颜色为"#FFFFFF"），效果如图 5.60 所示。

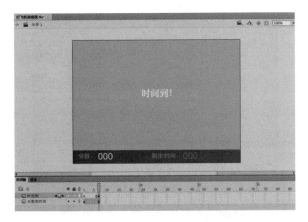

图 5.60　"时间到"图层设置

2. 制作飞机、靶子等相关元件

（1）新建一个"靶"影片剪辑元件，在"库"面板中用鼠标右键单击该元件，在弹出的快捷菜单中选择"属性"命令，在打开的"元件属性"面板中设置类名为"mP"，如图 5.61 所示。

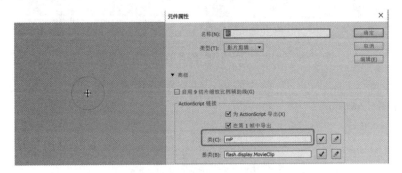

图 5.61　"靶"影片剪辑元件的制作效果和设置

（2）新建"飞机"和"人"图形元件，效果如图 5.62 所示。

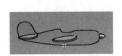

图 5.62　"飞机"和"人"图形元件

（3）新建"人坐飞机"按钮元件，效果如图 5.63 所示。

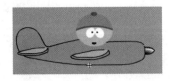

图 5.63　"人坐飞机"按钮元件

（4）新建"飞机飞行"影片剪辑元件，把"人坐飞机"按钮元件拖入舞台中央。

（5）新建"飞1"影片剪辑元件，将"飞机飞行"影片剪辑元件拖到舞台中，并适当调整大小，在第 120 帧处插入关键帧；添加引导层，绘制一条引导线，在"图层 1"的末帧将飞机移到引导线的终端，在首尾两帧之间创建补间动画，适当调整"飞机飞行"影片剪辑元件的角度，效果如图 5.64 所示。

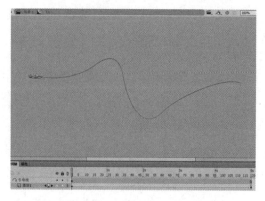

图 5.64   "飞 1"影片剪辑元件帧效果

（6）在"库"面板中用鼠标右键单击"飞 1"影片剪辑元件，在弹出的快捷菜单中选择"复制"命令，复制"飞 1"影片剪辑元件为"飞 2""飞 3"影片剪辑元件。分别进入这两个影片剪辑元件，将引导线修改成如图 5.65 所示的效果。

图 5.65   "飞 2""飞 3"影片剪辑元件中的引导线

（7）参考步骤（1），为 3 个影片剪辑元件分别设置属性类名为"mPlane1""mPlane2""mPlane3"，如图 5.66 所示。

图 5.66   "飞 1""飞 2""飞 3"影片剪辑元件属性中的类名设置

3．制作"飞机被击中"元件

（1）新建"爆炸"和"坠落"两个图形元件，效果如图 5.67 所示。

图 5.67   "爆炸"和"坠落"图形元件

（2）导入声音文件"Sound2"。新建一个影片剪辑元件，命名为"飞机被击中"。

在"声音"图层上添加声音"Sound2"，延伸到第 10 帧，声音为事件模式。

在"坠落"图层的第 4 帧处插入关键帧，拖入"坠落"图形元件；在第 10 帧处插入关键帧，拉长该元件，并修改其 Alpha 值为"21%"。在"爆炸"图层的第 1 帧处插入关键帧，拖入"爆炸"图形元件；在第 3 帧处插入关键帧，调整 Alpha 值为"15%"，效果如图 5.68 所示。

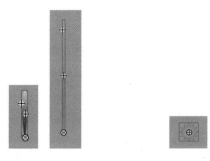

图 5.68　"坠落"和"爆炸"图形元件调整 Alpha 值后的效果

（3）新建"Actions"图层，在第 10 帧处添加如图 5.69 所示的脚本，并命名"飞机被击中"元件属性中的"类"为"mExp"。

图 5.69　第 10 帧脚本

"飞机被击中"元件的图层和帧效果如图 5.70 所示。

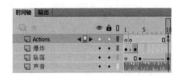

图 5.70　"飞机被击中"元件的图层和帧效果

4．布置主场景

（1）新建图层，命名为"AS"。在"AS"图层的第 1、7 帧处分别命名帧为"Start""ReStart"。在第 1 帧处添加如图 5.71 所示的脚本。

代码说明如下。

第 1～12 行：一些全局变量的初始化工作，如剩余时间、舞台上的飞机数量、飞机生成速度等，这些变量在接下来的代码中都可以使用。

第 15～22 行：通过 addChild() 将库中的两个元件添到舞台中。添加靶子到舞台中，并且隐藏鼠标指针，同时开始设置靶子的拖动函数，这样就形成了鼠标指针形状为靶子的效果。

第 23～37 行：主要是时间和分数更新函数的编写，这两个函数每次执行只更新分数和时间为最新的数据，它们能够持续刷新得益于舞台的 Event.ENTER_FRAME 事件，该事件能够按帧频的速度来循环执行代码。

第 38～77 行：根据随机数，随机将库中的 3 个飞机影片剪辑元件附加到舞台中，并随机设置附加到舞台中的飞机坐标。添加飞机的鼠标单击事件。当单击该飞机时，附加库中的"飞机被击中"影片剪辑元件到舞台中，而且坐标就是当前单击的位置，同时立即删除飞机影片剪辑元件，这样就形成了飞机被击中的效果。

第 79～87 行：编写屏幕刷新函数，每次刷新时更新剩余时间，同时根据飞机生成速率来生成飞机。

第 88 行：让舞台按帧频来执行这个刷新函数。

```
AS:1                                                              ←⊕ ♀ 🔍 昌 ⟨⟩ ❶ ❷  代码片断
 1  stop();
 2  /*--------初始化全局变量--------------*/
 3  var playTime = 10; //剩余时间
 4  var score = 0; //得分
 5  var numPlane = 0; //舞台飞机数当前数量
 6  var numPlaneTotal = 10; //表示舞台上的飞机总量
 7
 8  var count = 1; //飞机生成函数的计数器
 9  var genPlaneInterval = 20; //控制一下生成速度，执行多少次就生成一驾飞机
10
11  var now: Date = new Date(); //定义now为日期类对象
12  var startTime = now.getTime(); /*定义startTime变量等于now开始的时间（以毫秒为单位）*/
13
14  /*--------初始化靶子--------------*/
15  /*把库中标识符为"mP"的影片剪辑放一个在主场景的时间轴上实例化,
16   命名为"pointer", 深度为300*/
17  var pointer = new mP();
18  stage.addChild(pointer);
19  stage.setChildIndex(pointer, stage.numChildren - 1);
20  pointer.startDrag(true);
21  Mouse.hide();
22  /*--------刷新分数和剩余时间------*/
23  var freshScore = function () {
24      scoreTxt.text = score;
25  }
26  var freshTime = function () {
27      var now = new Date();
28      var currentTime = now.getTime();
29      var rTime = playTime - int((currentTime - startTime) / 1000);
30      //剩余时间等于游戏总时间 - (当前时间-开始时间)
31      if (rTime <= 0) { //如果剩余时间小于或等于0
32          gotoAndStop("ReStart");
33          //跳转到主场景的"reStart"帧播放
34      }
35      timeTxt.text = rTime;
36  }
37  /*--------制造飞机函数--------------*/
38  var generatePlane = function () {
39      if (numPlane < numPlaneTotal) { //舞台上飞机的数量
40          //随机把库中的3架飞行的飞机加载到舞台上
41          var plane;
42          var n = Math.ceil(Math.random() * 3);
43          if (n == 1) {
44              plane = new mPlane1();
45          } else if (n == 2) {
46              plane = new mPlane2();
47          } else {
48              plane = new mPlane3();
49          }
50
51          numPlane++; //增加一架飞机数量加一
52          plane.x = -20 - Math.random() * 120; //-20至-140
53          plane.y = 150 + Math.random() * 60; //150至210
54          //plane.name = "plane" + numPlane;
55          plane.addEventListener(MouseEvent.CLICK, function (e) {
56              //注意, 因为飞机动画里包含按钮, 所以单击事件被按钮捕获.
57              //如果写target需表示按钮,currentTarget表示飞机动画影片剪辑
58              var p: Point = e.target.localToGlobal(new Point());
59              var mexp = new mExp();
60              mexp.x = p.x;
61              mexp.y = p.y;
62              //添加爆炸效果
63              stage.addChild(mexp);
64              //立马删除飞机
65              stage.removeChild(e.currentTarget);
66              //舞台上飞机数减少
67              numPlane--;
68              //分数增加
69              score++;
70              //刷新分数显示
71              freshScore();
72          });
73          stage.addChild(plane);
74      }
75  }
76
77  /*--------屏幕刷新时执行的函数--------------*/
78  var fresh = function () {
79      //刷新剩余时间
80      freshTime();
81      if (count == 1) {
82          generatePlane();
83      }
84      count = (count + 1) % genPlaneInterval;
85  }
86  stage.addEventListener(Event.ENTER_FRAME, fresh);
```

图 5.71　第 1 帧脚本

（2）第 7 帧（ReStart）脚本如图 5.72 所示。

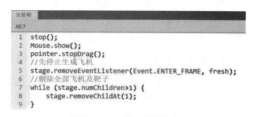

```
当前帧
AS:7
 1  stop();
 2  Mouse.show();
 3  pointer.stopDrag();
 4  //先停止生成飞机
 5  stage.removeEventListener(Event.ENTER_FRAME, fresh);
 6  //删除全部飞机及靶子
 7  while (stage.numChildren>1) {
 8      stage.removeChildAt(1);
 9  }
```

图 5.72　第 7 帧脚本

提　示　这里第 7 行的代码用了一个死循环，意思是如果舞台上有多于一个对象，则删除深度为 1 的对象。对象深度是由系统自动管理的，从 0 开始递增。假设舞台上有 3 个对象，则 3 个对象的深度依次为 0、1、2。此时如果删除深度为 1 的对象，那么舞台上将变成两个对象，

深度依次为 0、1。思考一下：为什么这里要保留一个对象，而不是全部删除？

（3）主场景最终效果如图 5.73 所示。

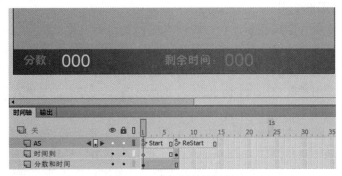

图 5.73　主场景最终效果

5．测试并保存影片

先保存源文件，再执行"控制"→"测试影片"→"在 Animate 中"菜单命令（或按【Ctrl+Enter】组合键），测试影片的动画效果。

5.6.5　技术拓展

1．Animate CC 游戏的制作流程

在制作游戏前，认真思考制作流程是十分必要的，它将使工作更加清晰和顺利。

1）素材的搜集和准备

在游戏中需要用到各种素材，包括图片、声音等。俗话说，巧妇难为无米之炊。要制作完成一个比较成功的 Animate CC 游戏，必须拥有足够丰富的游戏内容和漂亮的游戏画面，所以在进行下一步具体的制作工作前，需要好好地准备游戏素材，其中就包括图形和图像的准备。这里的"图形"一方面指 Animate CC 中应用很广的矢量图，另一方面也指一些外部的位图文件，两者可以进行互补。这是游戏中最基本的素材。虽然 Animate CC 提供了丰富的绘图和造型工具，如贝塞尔曲线工具，它可以完成绝大多数的图形绘制工作，但在 Animate CC 中只能绘制矢量图形，如果需要用到一些位图或用 Animate CC 很难绘制的图形，就需要使用外部的素材了。

2）制作

当所有的素材都准备好后，就可以正式开始游戏的制作了。当然，整个游戏的制作细节也不是三言两语就能说清楚的，关键要靠平时的学习和积累经验，并将其合理地运用到实际的制作工作中。这里仅提供几条游戏制作的建议，相信可以使读者在制作游戏的过程中更加顺利。首先，多学习别人的作品。这当然不是要抄袭别人的作品，而是在平时多注意别人的游戏制作方法。其次，如果遇到好的作品，就要养成研究和分析的习惯，从中找到自己出错的原因。对于那些自己没注意到的技术，应该花一些时间把它学会。

3）测试

游戏制作完成后，还需要进行测试。在测试时，可以利用 Animate CC 的"测试影片"（或按【Ctrl+Enter】组合键）命令来测试游戏的执行情况。进入测试模式后，还可以通过监视对象（Objects）和值（Variables）的方式，找出程序中的问题。除此之外，为了避免测试时的盲点，一定要在多台计算机上进行测试，而且参与的人数最好多一点，这样就有可能发现游戏中存在的问题，使游戏更加完善。

上面就是一般游戏的制作流程。如果在制作游戏的过程中遵照这样的程序和步骤，那么制

作过程就会相对顺利一些。不过，上面的步骤也不是一成不变的，可以根据实际情况来更改，只要不造成游戏制作上的困难就可以。

2．全局变量与局部变量

定义在帧上的变量为全局变量，可以在所有的帧上调用，或者在函数中调用。

定义在自定义函数或匿名函数中的变量为局部变量，只在该函数体内有效。

3．事件调用者对象 target 和 currentTarget 属性的区别

target 是事件的调用对象（Event Dispatcher），currentTarget 是事件的处理对象（Event Processor）。

（1）target 处在事件流的目标阶段；currentTarget 处在事件流的捕获、目标及冒泡阶段。只有当事件流处在目标阶段的时候，两者的指向才是一样的；而当事件流处在捕获和冒泡阶段的时候，target 指向被单击的对象，而 currentTarget 指向当前事件活动的对象（一般为父级）。

（2）currentTarget 属性应具备两个条件：注册了侦听器；正在处理事件。

4．父子对象坐标系统转换函数 localToGlobal()和 globalToLocal()

target.localToGlobal (point)：把 point 看成在 target 内部，计算出该 point 相对于 stage 的坐标。

target.globalToLocal (point)：point 为全局坐标，计算出该 point 相对于 target 的坐标。

5．增量运算符

增量运算符（++）用于将操作数增加 1，它可以出现在操作数之前或之后。

例如，++i 和 i++。第一种形式是前缀增量操作，此操作的结果是操作数加 1 之后的值；第二种形式是后缀增量操作，此操作的结果是操作数加 1 之前的值。

5.7 习题

1．Math.round 的含义是什么？

2．在给影片剪辑元件添加脚本时需要注意什么？

3．navigateToURL 浏览器网络函数有几个参数？各参数的含义是什么？

4．制作下雨效果的动画。

提示 先绘制一滴从下落到散开的雨滴，然后持续不断地将这个雨滴复制到画面上，从而产生下雨的效果。

5．设计一个 loading 动画效果。

6．制作一个满天星星的动画，星星可以跟随鼠标指针移动。天上的星星有 40 颗，分布的坐标范围为横坐标 0～800 像素、纵坐标 0～600 像素，星星的大小和透明度不变。

7．用拖放函数 startDrag()设计并制作一个包含 9 张小图片的"拼图游戏"动画。"拼图游戏"参考效果如图 5.74 所示。

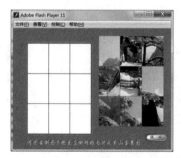 

图 5.74　"拼图游戏"参考效果

8．设计并制作一个"打企鹅"游戏。在动画中包含两个画面：在第一个画面上，制作漂亮的标题，并有企鹅在跳动，再加上一个"PLAY"按钮；在第二个画面上，出现 9 个洞，企鹅从洞中一冒出，就用棒子敲打，屏幕上就会出现相应的得分。规定时间到，屏幕上会出现"PLAY AGAIN"按钮，参考效果如图 5.75 所示。

 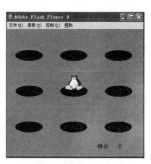

图 5.75　"打企鹅"游戏参考效果

第6章

网站制作

教学目标：

知识目标：了解 ActionScript 3.0 动作脚本在网页设计中的应用，掌握预载动画设置，掌握 Animate CC 组件的使用方法和技巧，掌握 Animate CC 中视频的相关设置，掌握网站中常用的动作脚本和网站动画的创建方法与技巧。

能力目标：能设计制作各类常用的网站动画，会添加和设置网站视频，会设置组件和应用组件。

思政目标：通过本章案例和项目的讲解，导入国家层面安全工作要求，强调网络信息安全的重要性，提高网络信息安全意识。

教学重点与难点：

运用 ActionScript 3.0 动作脚本设计交互式导航及网页，通过按钮及影片剪辑建立网页链接，运用组件设计网页中常见的类似注册类交互式页面，在 Animate CC 中导入、编辑、使用视频等综合建站的相关技术。

6.1 概述

6.1.1 本章导读

先通过 4 个导入案例来讲解网站动画中的主要技术。"预载动画"案例讲解的是动态文本的赋值、预载函数的使用与滤镜的使用；"网站导航"案例讲解的是 URLRequest 对象的使用、按钮和影片剪辑之间的嵌套调用；"会员注册表"案例主要讲解的是 RadioButton、CheckBox、Button、ComboBox 和 TextArea 5 个常用组件的创建及使用方法；"洗衣机广告视频"案例主要讲解的是导入、编辑与使用视频的方法，以及动画作品的输出与发布知识。

综合项目"旅行者网站"讲解用 Animate CC 设计网站的关键知识，包括网站动画中常用的 URLRequest 类、Loader 类同 load()方法和 addChild()方法的综合使用，以及网站结构设计与分析等。

6.1.2 组件概述

组件是带有预定义参数的影片剪辑，通过这些参数，可以个性化地修改组件的外观和行为。使用组件并对其参数进行简单的设置，再编写简单的脚本，就能完成只有专业人员才能实现的交互动画。

6.1.3　Animate CC 组件简介

1．组件类型

Animate CC 中的 ActionScript 3.0 内置了两种组件类型。

（1）用户界面（User Interface，UI）组件：利用 UI 组件可与应用程序进行交互，创建功能强大、效果丰富的程序界面。

（2）视频（Video）组件：利用 Video 组件可以轻松地将视频播放器包括在 Animate CC 应用程序中。

2．打开"组件"面板

执行"窗口"→"组件"菜单命令，即可打开"组件"面板，如图 6.1 所示。

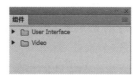

图 6.1　"组件"面板

3．UI 组件介绍

在 Animate CC 中，常用的组件是 User Interface（UI），它包括 17 个组件，如图 6.2 所示。

图 6.2　UI 组件

6.1.4　Animate CC 中的视频

1．视频文件

在 Animate CC 中可以导入的视频格式有 FLV、F4V 等。F4V 是 Adobe 公司为了迎接高清时代而推出的、继 FLV 格式后支持 H.264 编码的流媒体格式。它和 FLV 的主要区别在于，FLV 采用 H.263 编码，而 F4V 则是支持 H.264 编码的高清晰视频，码率最高可达 50 Mbit/s。在 Animate CC 中，引用视频文件要先执行"文件"→"导入"→"导入视频"菜单命令，并用软件自带的组件来控制视频的"暂停""播放""停止""快进""后退"操作。本章将通过"洗衣机广告视频"案例，介绍在 Animate CC 中编辑与使用视频文件的方法。

2．Animate CC 动画的优化与输出

当 Animate CC 动画制作完成后，为了取得更好的播放效果，往往要对动画进行优化。优化方法有优化动画、优化动画元素和优化文本 3 种。当 Animate CC 动画制作完成并优化后，为了更好地供其他程序或软件共享使用，可将动画发布成各种格式。发布 Animate CC 动画的常用方法有 3 种：将动画嵌入网页、在网络上传输和播放、直接使用 Animate CC 制作网站或网页。

6.2 导入案例：预载动画

6.2.1 案例效果

预载动画 1   预载动画 2   预载动画 3   预载动画 4

Animate CC 动画在网页上的应用非常普遍，一般加载网页中的动画都要加入一个小的预载动画，以完成预载过程，保证动画流畅播放。本案例为第 5 章中的"飘雪动画"添加预载动画，案例中提供了下载过程中的详细信息，如下载的百分比、下载速度、已用时间及剩余时间，效果如图 6.3 所示。

图 6.3   "预载动画"效果

6.2.2 重点与难点

动态文本的赋值，元件的命名及引用，预载函数和滤镜的使用。

6.2.3 操作步骤

1．设置背景，添加进度条和动态文本

（1）将 5.3 节中的"飘雪.swf"文件复制到与保存本预载动画源文件的同一路径处。

（2）启动 Animate CC，背景颜色设置为"黑色"，帧频设置为 1 帧/秒。执行"文件"→"另存为"菜单命令，将文档另存为"预载动画.fla"。

（3）新建"loading 背景"图层，绘制一个与舞台相同大小的矩形，并填充从"浅蓝（#2DAAFD）"到"深蓝（#01305C）"的径向渐变，然后将矩形转换为"bg"图形元件。

双击舞台中的图层进入"bg"图形元件进行编辑。新建第 2～5 层，分别使用"钢笔工具"绘制图形，利用"填充工具"和"渐变变形工具"调整图形的填充颜色，如图 6.4 所示，"填充渐变色"为从"白色"（Alpha 值为 62%）到"浅蓝"（#0066CC，Alpha 值为 26%）。

第1层　　　第2层　　　第3层　　　第4层　　　第5层

图 6.4　各层填充后的效果

（4）返回场景 1，新建图层，改名为"预载"。选择"文本工具"，设置文本类型为"静态文本"，字体为"华文仿宋"，字号为"15"，颜色为"白色"，按如图 6.5 所示在舞台左下方输入"正在下载，请稍等……"。

（5）选择"矩形工具"，设置"笔触颜色"为"无"，"填充颜色"为"浅绿色（#99CC66）"，在"正在下载，请稍等……"文本的下方绘制一个长方形，并将它转换为"jdt"影片剪辑元件，在"属性"面板的实例中输入"jdt"（对实例命名是为了在代码中引用）。设置该元件的"发光"滤镜效果，如图 6.6 所示。将"笔触颜色"设为"浅绿色"，"填充颜色"设为"无"，然后在"jdt"影片剪辑元件的外边绘制一个矩形，美化一下进度条。

图 6.5　进度条实例名称的设置及外边框形状　　图 6.6　发光滤镜参数设置

（6）选择"文本工具"，设置文本类型为"动态文本"，字体为"新宋体"，字号为"12"，颜色为"白色"，在"jdt"实例右侧拖出两个字宽度的方框，在"属性"面板的"选项"栏中将变量命名为"per"。单击舞台空白处，再在实例"jdt"的下方添加两个动态文本框，分别取变量名为"sd"和"mt"，效果如图 6.7 所示。

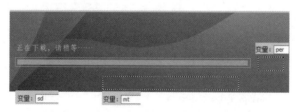

图 6.7　3 个动态文本的位置和变量名设置

2．创建动画和标题

动画的创建不是预载动画所必需的，只是为了让用户在等待下载的过程中不觉得乏味而已，所以这个动画最好做得有观赏性。

（1）新建名为"banhuan"的影片剪辑元件，绘制宽为 150 像素、高为 75 像素的半圆环，填充从"白色"到"白色"（透明度为 0%）的线性渐变，并调整渐变范围。新建名为"huan"的影片剪辑元件，拖入两个"banhuan"元件，拼成一个圆环形状，如图 6.8 所示。

图 6.8　"banhuan"和"huan"元件效果

（2）新建名为"tubiao"的影片剪辑元件，将"huan"元件拖入其中，在第 15 帧处插入关键帧，创建第 1～15 帧之间的传统补间动画，并设置"逆时针"旋转。

（3）新建名为"biaoti"的图形元件，设置文字参数为"黑体、35 号、颜色为#CC9900"，输入"预载动画"。新建一层，将第 1 层的第 1 帧复制到当前层的第 1 帧，并将该对象向左、向上各移动两下，修改其颜色为"#FFFF99"。

再新建一层，设置文字参数为"华文宋体、12 号、颜色为#006699"，输入"飘雪动画 loading"，效果如图 6.9 所示。

图 6.9　"biaoti"图形元件设置

（4）回到主场景，新建"图标效果"和"标题"两个图层，从库中将"tubiao"元件和"biaoti"元件分别拖到舞台的适当位置，并调整其大小，效果如图 6.10 所示。

图 6.10　"图标效果"和"标题"位置

3．添加动作脚本

（1）新建一个图层，将图层的名称改为"Actions"。选中第 1 帧，在其"动作"面板中输入脚本，如图 6.11 所示。

```
1  var request:URLRequest = new URLRequest("飘雪.swf");
2  var myloader:Loader = new Loader();
3  var t=0,pern=0,mbt=0,mbl=0;
4  myloader.contentLoaderInfo.addEventListener(ProgressEvent.PROGRESS, loadProgress);
5  function loadProgress(event:ProgressEvent):void
6  {
7      mbt=event.bytesTotal;
8      mbl=event.bytesLoaded;
9      t=getTimer();
10     pern=Math.round(mbl/mbt*100);
11     jdt.scaleX=mbl/mbt;
12     per.text=pern+"%";
13     sd.text="下载速度："+Math.round(mbl/t*100)/100+"k/s";
14     t=Math.round(t/1000);
15     mt.text="已用时间："+ t +"秒　" + "剩余时间：" + Math.round(t*(mbt-mbl)/mbl)+"秒";
16  }
17  myloader.contentLoaderInfo.addEventListener(Event.COMPLETE, loadComplete);
18  function loadComplete(event:Event):void
19  {
20      trace("Complete");
21  }
22  myloader.load(request);
23  addChild(myloader);
24
25
```

图 6.11　"Actions"图层第 1 帧的脚本

代码说明如下。

第 1 行：定义 URLRequest 对象 request，用于存放需要载入文件的路径。

第 2 行：定义一个 loader 加载对象 myloader。

第 3 行：定义 4 个变量，分别为 t、pern、mbt、mbl。

第 4 行：定义 myloader 进程侦听器。

第 7 行：获取影片的总字节数并赋值给变量 mbt。

第 8 行：获取影片已下载的字节数并赋值给变量 mbl。

第 9 行：用 getTimer()获取下载已用的时间（单位为毫秒），并赋值给变量 t。

第 10 行：计算已下载的百分比，四舍五入后赋值给变量 pern。

第 11 行：设置实例 jdt（进度条）的宽度随下载百分比动态增大。

第 12 行：在动态文本框 per 中显示已下载的百分比。

第 13 行：计算下载速度，并赋值给动态文本框的变量 sd，在 sd 中显示下载速度。

第 14 行：将 t 的单位转换为"秒"并四舍五入。

第 15 行：在动态文本框 mt 中显示"已用时间"和"剩余时间"。

第 17～21 行：定义 myloader 进程结束侦听处理函数 loadComplete()。

第 22 行：利用 load()载入"飘雪.swf"。

第 23 行：将"飘雪.swf"加载到当前场景中展示。

（2）保存文件并观看效果。

至此，为"飘雪动画"添加"预载动画"制作完成，主场景时间轴如图 6.12 所示，按【Ctrl+Enter】组合键观看效果。

图 6.12　主场景时间轴

提 示　按【Ctrl+Enter】组合键之后往往看不到 loading 效果就开始播放主体动画了。要想清楚地预览到 loading 效果，可以按【Ctrl+Enter】组合键后，在测试动画播放状态下再按一次【Ctrl+Enter】组合键，就可以清楚地看到 loading 效果了。

6.2.4　技术拓展

1．Animate CC 中的文本

在 Animate CC 中，文本工具提供了 3 种文本类型，分别是静态文本、动态文本和输入文本。静态文本是只能通过 Animate CC 文本工具来创建的一般显示文字。

对于动态文本，可以在动画播放过程中用 ActionScript 对它赋值，也可以从外部源（如文本文件）加载内容。

输入文本是指在动画播放过程中允许用户输入内容的任何文本或用户可以编辑的动态文本。

在 Animate CC 中创建动态文本，其实例名为"per"。使用实例名对动态文本赋值，格式为 per.text="动态文本的值"。

2．元件实例的命名与引用

元件是一种可重复使用的对象，而实例是元件在舞台上的一次具体使用。

元件有两个名称：元件名和实例名。元件名是指元件在"库"面板中的名称；实例名是指元件在舞台中的名称。

为了在动作脚本中引用实例，并且作为一种良好的编程习惯，应始终为按钮、影片剪辑元件和文本对象分配实例名（不能为图形元件分配实例名称）。

元件实例的命名规则如下。

（1）实例名必须以字母或下画线开头，其中可以包括"$"、数字、字母或下画线。如_1、per$dcup 都是有效的实例名，但是 1、$food 就不是有效的实例名了（要注意实例名的首字符和中间字符）。

（2）实例名不能和保留关键字同名，也不能用 true、false 作为实例名。

（3）实例名在自己的有效区域内必须唯一。

另外，在对实例进行命名时，要考虑名称有一定的意义且方便调用与记忆。例如，本案例中的实例名 jdt 就是进度条的拼音缩写；mbt 与 bytesTotal、mbl 与 bytesLoaded 都有一定的关联，以方便记忆与书写。

3．函数和类的使用

本案例中用到的函数介绍如下。

（1）event.bytesTotal;：读取主时间轴存在的所有元素的总字节数。

（2）event.bytesLoaded;：读取主时间轴存在的所有元素已加载的字节数。

（3）getTimer();：获取从影片开始播放到现在的总播放时间（毫秒数）。

（4）Math.round();：对数值进行四舍五入。

（5）load()方法：要加载某个.swf 文件到自己的安全域内，就需要给 Loader.load()方法指定一个 LoaderContext 对象。

（6）addChild()方法：添加一个子元件到父元件中，且添加的元件深度逐层递增。当除去某个深度的元件时，该深度后的元件深度依次减 1；当在某个深度中间插入一个元件时，该深度后的元件深度依次加 1。

本案例中用到的两个类介绍如下。

（1）URLRequest 类：用于传递变量到服务器，以及 URLLoader 对象要加载文件的目标路径。

（2）Loader 类：用于加载 SWF 文件或图像（JPG、PNG 或静态 GIF）文件。使用 load()方法来启动加载。被加载的显示对象将作为 Loader 对象的子级添加。

4．滤镜的使用

使用滤镜可以方便地对 Animate CC 对象（文本、影片剪辑、按钮）添加特殊效果。但要注意，在 Animate CC 中添加滤镜会影响播放速度。

滤镜包含投影、模糊、发光、斜角、渐变发光、渐变斜角和调整颜色 7 种。

- 投影滤镜：模拟对象投影到一个表面的效果。
- 模糊滤镜：柔化对象的边缘和细节。
- 发光滤镜：为对象的周边应用颜色，产生一种对象周围发光的效果。
- 斜角滤镜：向对象应用加亮效果，使其看起来突出于背景表面。
- 渐变发光滤镜：在发光表面产生带渐变颜色的发光效果。渐变发光要求渐变开始处颜色的 Alpha 值为 0%。不能移动此颜色的位置，但可以改变该颜色。
- 渐变斜角滤镜：产生一种凸起效果，使对象看起来好像从背景上凸起，且斜角表面有渐变颜色。渐变斜角要求渐变的中间有一种颜色的 Alpha 值为 0%。
- 调整颜色滤镜：可以很好地控制所选对象的颜色属性，包括对比度、亮度、饱和度和色相。

在本案例中对"jdt"影片剪辑元件添加了发光滤镜效果，添加滤镜效果的步骤如下。

（1）在舞台上输入文字，或者选中舞台上的影片剪辑元件。

（2）打开"滤镜"面板，单击 按钮，从弹出的下拉菜单中选择一种滤镜效果即可。选择"发光"选项，各参数的设置如图 6.6 所示，各项含义如下所述。

① 模糊：用于指定发光的模糊程度，可分别对 X 轴和 Y 轴两个方向设定。取值范围为 0～100 像素。如果单击"模糊 X 或模糊 Y"后的"锁定"按钮，则可以解除 X 轴、Y 轴方向的比例锁定，再次单击可以锁定比例。值越大越模糊。

② 强度：设定发光的强烈程度，取值范围为 0%～100%。数值越大，发光越清晰、强烈。

③ 品质：设置发光的品质高低，可以选择"高""中""低" 3 个选项。品质越高，发光越清晰。

④ 颜色：设置发光的颜色。

⑤ 挖空：将发光效果作为背景，然后挖空对象进行显示。

⑥ 内发光：设置发光的生成方向指向对象内侧。

其他滤镜的添加操作与此类似，在这里不再一一叙述了，请读者在 Animate CC 中进行操作实践。

> **提示** 在使用"缩放工具" 🔍 时，如果选项区为放大模式，那么按住【Alt】键单击将缩小舞台；同样，在缩小模式下，按住【Alt】键单击将放大舞台。

6.3 导入案例：网站导航

6.3.1 案例效果

网站导航 1　　　　网站导航 2　　　　网站导航 3　　　　网站导航 4

在本案例中首先显示一级导航栏目，将鼠标指针移到某个导航栏目上就会显示它的二级导航栏目，单击其中的栏目，可以进入相对应的网页，效果如图 6.13 所示。

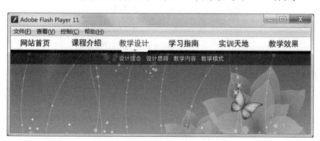

图 6.13　"网站导航"效果

6.3.2 重点与难点

URLRequest 对象的使用，按钮和影片剪辑之间的嵌套调用。

6.3.3 操作步骤

1. 界面的制作

（1）启动 Animate CC，新建一个 ActionScript 3.0 文档，设置文档的大小为 800 像素×250 像素，帧频为 24 帧/秒。将新文档保存，命名为"网站导航.fla"。

（2）新建如图 6.14 所示的图层。

图 6.14　图层结构

（3）选择"bg"图层的第 1 帧，导入素材文件夹中的"背景.jpg"图片，对齐到舞台中央，效果如图 6.15 所示。

图 6.15　导航背景效果

（4）在"menubg"图层上绘制一个白色矩形，大小为 800 像素×35 像素，效果如图 6.16 所示。

图 6.16　绘制白色矩形效果

（5）在"black"图层上绘制一个黑色半透明矩形，大小为 800 像素×20 像素，选中矩形，将其转换为影片剪辑元件"sbar"，效果如图 6.17 所示。

图 6.17　绘制黑色半透明矩形效果

2．制作一级菜单

（1）在舞台上添加 5 条辅助线，将舞台分成 6 等份。在"menu"图层上输入菜单文字"网站首页"，设置文字参数为"黑体、20 号、黑色"，效果如图 6.18 所示。

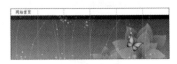

图 6.18　用辅助线等分舞台并输入文字"网站首页"

（2）选中文字"网站首页"，按【F8】键，打开"转换为元件"对话框，将文字转换为影片剪辑元件"menu1"，如图 6.19 所示。

图 6.19　将文字转换为影片剪辑元件"menu1"

（3）双击"menu1"影片剪辑元件，进入该元件内部进行编辑。

（4）选中文字"网站首页"，按【F8】键，打开"转换为元件"对话框，将文字转换为影片剪辑元件"mt1"，如图 6.20 所示。

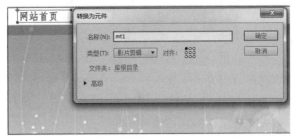

图 6.20　将文字转换为影片剪辑元件"mt1"

（5）在第 15 帧处按【F6】键插入关键帧。选中第 15 帧的"mt1"影片剪辑元件，设置"色彩效果"中的"样式"为"色调"，红色为"255"，如图 6.21 所示。

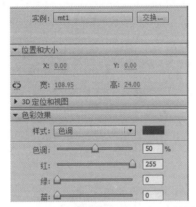

图 6.21　设置影片剪辑元件"mt1"的属性

（6）在第 1～15 帧之间创建传统补间动画。

（7）新建图层"背景"，绘制一个白色矩形，大小为 100 像素×30 像素，如图 6.22 所示。将矩形转换为影片剪辑元件"矩形"，并将"背景"图层拖到最下方。新建图层"AS"，在第 1 帧处按【F9】键，添加动作脚本"stop();"。此时的时间轴如图 6.23 所示。此步的目的在于加大菜单接收鼠标事件的反应区。

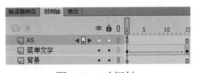

图 6.22　绘制白色矩形　　　　　图 6.23　时间轴

（8）单击"场景 1"按钮，如图 6.24 所示，返回主场景。选择"menu"图层，在第 1、2 条辅助线中间输入菜单文字"课程介绍"，其参数为"黑体、20 号、黑色"，效果如图 6.25 所示。

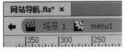

图 6.24　"场景 1"按钮　　　　图 6.25　菜单文字"课程介绍"

（9）选中文字"课程介绍"，按【F8】键，打开"转换为元件"对话框，将名称转换为影片剪辑元件"menu2"，如图 6.26 所示。

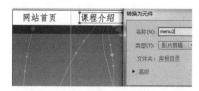

图 6.26　将名称转换为影片剪辑元件"menu2"

（10）双击"menu2"影片剪辑元件，进入该元件内部进行编辑。

（11）选中文字"课程介绍"，按【F8】键，打开"转换为元件"对话框，将名称转换为影片剪辑元件"mt2"，如图 6.27 所示。

图 6.27　将名称转换为影片剪辑元件"mt2"

（12）在第 15 帧处按【F6】键插入关键帧。选中第 15 帧的"mt2"影片剪辑元件，设置"色彩效果"中的"样式"为"色调"，红色为"255"，如图 6.28 所示。

图 6.28　设置影片剪辑元件"mt2"的属性

（13）在第 1～15 帧之间创建传统补间动画。

（14）新建图层"背景"，从"库"面板中拖入"矩形"元件，并将"背景"图层拖到"菜单"图层的下方。此步的目的在于加大菜单接收鼠标事件的反应区。

（15）新建图层"箭头"，锁定除"箭头"图层之外的其他所有图层（为了方便编辑）。在"箭头"图层的第 2 帧处按【F6】键插入关键帧，绘制一个矩形和一个小三角形，并进行调整，效果如图 6.29 所示。

课程介绍

图 6.29　绘制菜单指示图形

（16）选择"箭头"图形，按【F8】键将它转换为影片剪辑元件"箭头"。

（17）在"箭头"图层的第 15 帧处按【F6】键插入关键帧，将第 2 帧的"箭头"元件垂直向上移动到菜单背景的下方，直至看不见为止。在第 1～15 帧之间创建传统补间动画。

（18）新建图层"AS"，在第 15 帧处按【F6】键插入关键帧；在第 1、15 帧处按【F9】键，分别添加动作脚本"stop();"。"箭头"元件最终时间轴效果如图 6.30 所示。

图 6.30 "箭头"元件最终时间轴效果

（19）重复步骤（8）～步骤（18），完成一级菜单元件"menu3""menu4""menu5""menu6"的制作。

其实，也可以用直接复制"menu2"为"menu3"，再修改菜单名称的方法来制作。

（20）将一级菜单元件"menu3""menu4""menu5""menu6"从"库"面板中拖到舞台中，效果如图 6.31 所示。

图 6.31 一级菜单排列效果

（21）选择菜单元件"menu1"，在"属性"面板中将其命名为"m1"，如图 6.32 所示。采用同样的方法，将"menu2""menu3""menu4""menu5""menu6"分别命名为"m2""m3""m4""m5""m6"。

图 6.32 命名"m1"

3．制作二级菜单

（1）在舞台上选择"sm"图层，从"库"面板中拖出影片剪辑元件"sbar"，放在一级菜单的上方，效果如图 6.33 所示。

图 6.33 放置影片剪辑元件"sbar"

（2）选中影片剪辑元件"sbar"，按【F8】键再将其转换为影片剪辑元件"sm2"，双击进入该元件内部。将图层重命名为"black"。

（3）新建图层"二级菜单"，输入"课程介绍"菜单的二级菜单"课程定位""课程沿革"，大小设置得比一级菜单小一些，位置对齐一级菜单，如图 6.34 所示。

图 6.34 制作二级菜单

（4）选中文字"课程定位"，按【F8】键将其转换为影片剪辑元件"sm21"，如图 6.35 所示。

图 6.35　将文字转换为影片剪辑元件"sm21"

（5）双击"sm21"进入元件内部。选择文字"课程定位"，按【F8】键将其转换为影片剪辑元件"菜单 21"。

（6）在"指针经过"帧处按【F6】键插入关键帧，再选择影片剪辑元件"菜单 21"，按【F8】键将其转换为影片剪辑元件"sb21"。

（7）双击"sb21"进入元件内部，在第 15 帧处按【F6】键插入关键帧。在"属性"面板中设置影片剪辑元件"菜单 21"的"色彩效果"为"黄色"（可以设置为自己喜欢的任何颜色），如图 6.36 所示。在第 1～15 帧之间创建传统补间动画。

图 6.36　设置色彩效果

（8）选中第 15 帧，按【F9】键打开"动作"面板，添加动作脚本"stop();"。

现在所建立的各元件的层级关系如图 6.37 所示。

图 6.37　元件的层级关系

（9）单击编辑栏中的"sm21"按钮返回"sm21"元件内部，在"点击"帧处插入关键帧，绘制一个与文字大小一样的矩形，结果如图 6.38 所示。

图 6.38　在"点击"帧处绘制矩形

（10）单击编辑栏中的"sm2"按钮返回"sm2"元件内部，重复步骤（4）～步骤（9），完成另一个二级菜单元件"sm22"的制作。

（11）返回"sm2"元件内部，在"属性"面板中将元件"sm21"命名为"sb1"，将元件"sm22"命名为"sb2"，如图 6.39 所示。

图 6.39　命名实例

（12）返回"sm2"元件内部，在"black"图层的上方新建图层"反应区"。从"库"面板中拖入元件"sbar"，调整大小，使其刚好覆盖菜单文字。在"属性"面板中将元件命名为"sbar"，设置"色彩效果"下的"样式"为"Alpha"，其值为"0%"。时间轴及属性设置如图 6.40 所示。

图 6.40　时间轴及属性设置

（13）重复步骤（1）～步骤（12），完成其他二级菜单元件（"sm3""sm4""sm5""sm6"）的制作。

4．完善界面及添加代码

（1）在舞台上选择"sm"图层，从"库"面板中拖出制作的二级菜单元件"sm1""sm2""sm3""sm4""sm5""sm6"，效果如图 6.41 所示。

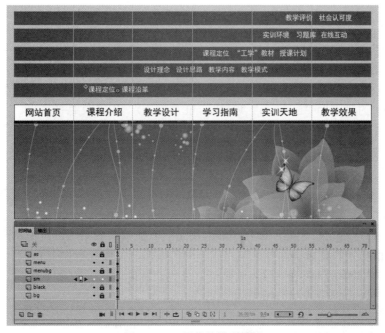

图 6.41　二级菜单排列效果

（2）分别选择舞台上的元件"sm1""sm2""sm3""sm4""sm5""sm6"，在"属性"面板中将其命名为"sm1""sm2""sm3""sm4""sm5""sm6"。

（3）选择"as"图层的第 1 帧，按【F9】键打开"动作"面板，输入代码，如图 6.42～图 6.46 所示。

```
1   stage.scaleMode = StageScaleMode.NO_SCALE;
2   //当stage.scaleMode 的值为"noScale"时，height 属性表示播放器的高度
3   //当stage.scaleMode 的值不为"noScale"时，height属性表示 SWF 文件的高度
4   var btn_count: int = 6;
5   //主菜单按钮数量
6   var btn_index: int = 0;
7   //按钮索引，用于标记当时选择哪个主菜单选项，初始状态按钮均处于弹起状态
8   var subbtn_index: int = 0;
9   //按钮索引，用于标记当时选择哪个子菜单选项
10  var zurl: Array = new Array();
11  zurl[1] = "#";
12  zurl[2] = "#";
13  zurl[3] = "#";
14  zurl[4] = "#";
15  zurl[5] = "#";
16  zurl[6] = "#";
17  //主菜单按钮超链接，目前设置为空链接
18  var submenu: Array = new Array();
19  submenu[1] = [""];
20  submenu[2] = ["", "#", "#"];
21  submenu[3] = ["", "#", "#", "#", "#"];
22  submenu[4] = ["", "#", "#", "#"];
23  submenu[5] = ["", "#", "#", "#"];
24  submenu[6] = ["", "#", "#"];
25  //子菜单按钮超链接，目前设置为空链接
26
27  init(); //初始化程序
28
29  function init(): void {
30      for (var i: int = 1; i <= btn_count; i++) { //遍历主菜单按钮
31          this["m" + i].addEventListener(MouseEvent.CLICK, ClickMenu);
32          //添加侦听哪个主菜单按钮鼠标单击事件
33          this["m" + i].addEventListener(MouseEvent.ROLL_OVER, ShowSubmenu);
34          //添加侦听是否显示下级菜单
35          this["m" + i].addEventListener(MouseEvent.ROLL_OUT, HideSubmenu);
36          //添加侦听是否隐藏下级菜单
37          if (i != 1) {
38              this["sm" + i].addEventListener(MouseEvent.ROLL_OVER, GetParent);
39              this["sm" + i].addEventListener(MouseEvent.ROLL_OUT, GoOut);
40              //添加侦听打开下级菜单
41              for (var j: int = 1; j < submenu[i].length; j++) {
42                  this["sm" + i]["sb" + j].addEventListener(MouseEvent.CLICK, ClickSubBtn);
43              }
44              //添加侦听哪个子菜单按钮鼠标单击事件
45          }
46      }
47  }
48
```

图 6.42　"as"图层第 1 帧的代码（1）

代码说明如下。

第 1 行：设置 stage.scaleMode 的值为"noScale"。

说明：当 stage.scaleMode 的值为"noScale"时，height 属性表示播放器的高度；当 stage.scaleMode 的值不为"noScale"时，height 属性表示 SWF 文件的高度。

第 4～9 行：设置主菜单按钮数量，以及主菜单按钮和子菜单按钮哪个被触发事件的索引。

第 10～16 行：定义一级网址数组 zurl，用于放置一级网址；给数组 zurl 的各个元素赋值，每个"#"符号代表一个具体的网址。

第 18～24 行：定义二级网址二维数组 submenu，用于放置二级菜单的链接网址；给数组 submenu 赋值，每个 submenu 数组元素存放一个二级菜单网址。

第 29～47 行：这是一个循环语句，其作用是随时侦听一级菜单影片剪辑元件 m1～m6 的鼠标事件，根据发生的鼠标事件对菜单完成不同的操作，具体分析如下。

第 30 行：对菜单的顺序变量 snum 赋值 i，i 为菜单的下标，即顺序号。

第 31 行：添加侦听哪个主菜单按钮鼠标单击事件。

第 33 行：添加侦听是否显示下级菜单。

第 35 行：添加侦听是否隐藏下级菜单。

第 37～40 行：添加侦听打开或隐藏二级菜单。

第 41～42 行：添加侦听二级菜单按钮鼠标单击事件。

```
49  ⊟  function ClickMenu(e: MouseEvent): void {//主菜单按钮鼠标单击事件
50          var obj: Object = e.currentTarget;
51          //获取单击对象
52          var t: int = int(obj.name.slice(1));
53          //获取单击对象的索引值
54          btn_index = t;
55          //传递取得主菜单索引值
56          if (btn_index != 0)
57          //如果索引不是-1，即有按钮被单击了
58  ⊟      {
59              this["m" + t].addEventListener(MouseEvent.MOUSE_UP, gotourl);
60              //跳转超链接
61          }
62  ⊟      function gotourl(e) {
63              var myUrl: URLRequest = new URLRequest(zurl[btn_index]);
64              navigateToURL(myUrl, "_blank");
65              //打开超链接
66          }
67      }
68
69
```

图 6.43　"as"图层第 1 帧的代码（2）

第 49～67 行：完成主菜单按钮鼠标单击事件的操作，具体分析如下。

第 50 行：获取被单击主菜单按钮。

第 52 行：获取被单击主菜单按钮索引值，即名字的第 2 个字母。

第 54 行：将被单击主菜单按钮索引值存储在变量 btn_index 中。

第 56～61 行：有按钮被单击了，跳转超链接。

第 62～65 行：打开超链接。

```
69
70  ⊟  function ClickSubBtn(e: MouseEvent): void {//子菜单按钮鼠标单击事件
71          var obj: Object = e.currentTarget;
72          //获取单击对象
73          var t: int = int(obj.name.slice(2));
74          //获取单击对象的索引值
75          subbtn_index = t;
76          //传递取得子菜单索引值
77          if (btn_index != 0)
78          //如果索引不是-1，即有按钮被单击了
79  ⊟      {
80              this["sm" + btn_index]["sb" + subbtn_index].addEventListener(MouseEvent.MOUSE_UP, gotourl);
81              //跳转子菜单按钮超链接
82          }
83  ⊟      function gotourl(e) {
84              var myUrl: URLRequest = new URLRequest(submenu[btn_index][subbtn_index]);
85              navigateToURL(myUrl, "_blank");
86              //打开子菜单按钮超链接
87          }
88
89      }
```

图 6.44　"as"图层第 1 帧的代码（3）

第 70～89 行：完成子菜单按钮鼠标单击事件的操作，具体分析如下。

第 71 行：获取被单击子菜单按钮。

第 73 行：获取被单击子菜单按钮索引值，即名字的第 3 个字母。

第 75 行：将被单击子菜单按钮索引值存储在变量 subbtn_index 中。

第 78～82 行：有按钮被单击，跳转子菜单按钮超链接。

第 83～86 行：打开子菜单按钮超链接。

```
93  ⊟  function ShowSubmenu(e) { //显示二级菜单
94          var obj: Object = e.currentTarget;
95          //获取鼠标对象
96          var t: int = int(obj.name.slice(1));
97          //获取鼠标对象的索引值
98          btn_index = t;
99          //传递取得子菜单索引值
100 ⊟      for (var i: int = 2; i <= btn_count; i++) {//遍历二级菜单
101 ⊟          if (i == btn_index) {
102                 this["sm" + i].y = 45;//显示对应的二级菜单
103                 this["m" + i].play();//播放显示动画
104             } else {
105                 this["sm" + i].y = -45;//隐藏其他二级菜单
106             }
107         }
108     }
109
110 ⊟  function HideSubmenu(e) {//隐藏二级菜单
111         var obj: Object = e.currentTarget;
112         //获取鼠标对象
113         var t: int = int(obj.name.slice(1));
114         //获取鼠标对象的索引值
115         btn_index = 0;
116         //设置当前主菜单按钮为无
117         this["m" + t].gotoAndStop(1);
118         //停止播放显示动画
119     }
120
```

图 6.45　"as"图层第 1 帧的代码（4）

第 93～108 行：完成鼠标覆盖显示二级菜单的操作，具体分析如下。

第 94 行：获取鼠标覆盖主菜单按钮对象。

第 96 行：获取鼠标覆盖主菜单按钮对象索引值，即名字的第 2 个字母。

第 98 行：将鼠标覆盖主菜单按钮索引值存储在变量 btn_index 中。

第 100～106 行：遍历二级菜单，显示鼠标覆盖主菜单按钮对应的二级菜单，并隐藏其他二级菜单。

第 110～118 行：完成鼠标移出隐藏二级菜单的操作，具体分析如下。

第 111 行：获取鼠标移出主菜单按钮对象。

第 113 行：获取鼠标移出主菜单按钮对象索引值，即名字的第 2 个字母。

第 115 行：将主菜单按钮索引值变量 btn_index 设置为无。

第 117 行：停止播放显示动画。

```
120
121
122  function GetParent(e) {
123      var obj: Object = e.currentTarget;
124      //获取鼠标对象
125      var t: int = int(obj.name.slice(2));
126      //获取鼠标对象的索引值
127      btn_index = t;
128      //传递取得子菜单索引值
129      this["sm" + btn_index].y = 45;
130      //显示对应的二级菜单
131  }
132  function GoOut(e) {
133      this["sm" + btn_index].y = -45;
134      //隐藏其他二级菜单
135      btn_index = 0;
136      //设置当前主菜单按钮为无
137  }
```

图 6.46　"as"图层第 1 帧的代码（5）

第 122～135 行：完成鼠标覆盖二级菜单时显示隐藏操作，具体分析如下。

第 122 行：获取鼠标覆盖二级菜单对象。

第 125 行：获取鼠标覆盖二级菜单对象索引值，即名字的第 3 个字母。

第 127 行：将鼠标覆盖二级菜单索引值存储在变量 btn_index 中。

第 129 行：显示二级菜单。

第 133 行：隐藏二级菜单。

第 135 行：将覆盖二级菜单对象索引值变量 btn_index 设置为无。

至此，"网站导航"案例制作完成。按【Ctrl+Enter】组合键观看效果，并保存文档。

6.3.4　技术拓展

URLRequest 类对象

格式：

```
URLRequest 对象.方法或属性
```

构造对象：

```
URLRequest 对象名称 = new URLRequest(目标路径)
var URLRequest 对象名称:URLRequest = new URLRequest(目标路径)
```

功能：URLRequest 类对象用于传递变量到服务器。

各参数的含义如下。

（1）目标路径：URL 用来获得文档的统一定位资源。FTP 地址、CGI 脚本等也可以作为其参数。

① 绝对地址：文件在网络或本地的绝对位置。

在填写时要书写完整，即网址必须以 http://开头。例如，www.sina.com.cn 可以在 IE 地址栏里直接书写，但在这里，必须写为 http://www.sina.com.cn。

② 相对地址：被链接文件相对于当前页面的地址。

如果 SWF 文件与要打开的资源位于同一目录下，则可直接书写要打开的文件名及其扩展名，如 getURL("teach_content_xuanqu.asp")；如果要打开的资源在下一级目录下，则以 "文件夹名/" 开头，如 getURL("文件夹名/teach_content_xuanqu.asp ")；如果要打开的资源在上一级目录下，则以 "../" 开头，如 gerURL("../teach_content_xuanqu.asp")。

注意：两个点（..）代表上一级目录。以上所说的目录以 SWF 文件存放的目录为基准，如果 SWF 文件嵌入某个网页中，那么链接以该网页为基准。

（2）窗口参数：设置所要访问链接的网页窗口打开方式。此项可省略。下面是 4 个选项的含义。

- _self：指定当前窗口框架。
- _blank：打开一个新窗口。
- _parent：当前框架的父级。
- _top：当前窗口中的顶级框架。

（3）变量参数：规定参数的传输方式。在大多数情况下，其默认参数为 Don't Send。如果要将内容提交给服务器的脚本，就要选 Send Using GET 或 Send Using POST。"GET" 表示将参数列表直接添加到 URL 后，与之一起提交，一般适用于参数较少且简单的情况；"POST" 表示将参数列表单独提交，虽然在速度上会慢一些，但不容易丢失数据，适用于参数较多、较复杂的情况。

例如，在某个动画中，用户单击某个按钮就能打开百度网站（www.baidu.com），则可以使用如图 6.47 所示的动作脚本。

```
var myUrl: URLRequest = new URLRequest("Http://www.baidu.com"):
navigateToURL(myUrl, "_blank"):
```

图 6.47　链接到百度网站的脚本

6.4　导入案例：会员注册表

6.4.1　案例效果

会员注册 1　　会员注册 2　　会员注册 3　　会员注册 4

本节将制作一张网页上最常见的 "会员注册表"，最终效果如图 6.48 和图 6.49 所示。在第 1 张表中填写好会员注册信息后，单击 "立即注册" 按钮即可生成注册信息，画面跳转到 "注册信息确认" 页面，单击 "返回" 按钮可回到第 1 张表中。

图 6.48 "注册新用户"页面

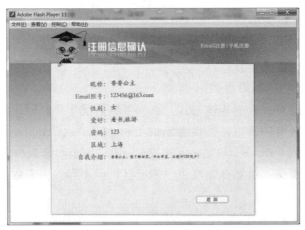

图 6.49 "注册信息确认"页面

6.4.2 重点与难点

组件的使用步骤，RadioButton、CheckBox、Button、ComboBox 和 TextArea 5 个常用组件的创建及使用方法。

6.4.3 操作步骤

1．设计背景

（1）启动 Animate CC，执行"文件"→"新建"菜单命令，在打开的"新建文档"对话框的"常规"选项卡中选择"ActionScript 3.0"选项，新建一个文档，设置文档的大小为 900像素×600 像素。

（2）在时间轴上新建如图 6.50 所示的图层。

图 6.50 新建的图层

（3）选中"背景"图层，绘制一个与舞台大小一样的矩形，填充渐变色，颜色设置顶部为"#3BAC02"；底部为"#FFFFFF"，如图 6.51 所示。

图 6.51　舞台背景效果

（4）在"横条"图层上导入位图，放上横条，定义为影片剪辑元件"横条"，并设置透明度为 40%，如图 6.52 所示。

图 6.52　舞台顶部的装饰

（5）在"卡通"图层上放入卡通人物，可以根据自己的喜好进行绘制，如图 6.53 所示。

图 6.53　绘制卡通图

（6）在"注册框"图层上绘制一个矩形，边框用渐变色，填充用浅黄色，如图 6.54 所示。

图 6.54　在"注册框"图层上绘制一个矩形

（7）在"手"图层上绘制卡通人物的手，将手放在"注册框"图层上，如图 6.55 所示。

图 6.55　绘制卡通人物的手

（8）在"注册新用户"图层上输入文字"注册新用户"，字号为"50"，并做出倒影效果，

如图 6.56 所示。另外，还要添加文字 "Email 注册|手机注册"，字号为 "20"，如图 6.48 所示。

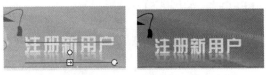

图 6.56　制作 "注册新用户" 文字及倒影

提 示　可用 "从白色到白色透明" 的方法制作文字倒影；要将所有文字用一个渐变颜色填充，可先将文字打散，然后设置渐变填充色，最后用 "颜料桶工具" 填充即可。

2．创建文本

（1）选中 "注册新用户" 图层，选择 "文本工具" **T**，在 "属性" 面板中设置为 "静态文本"，输入如图 6.57 所示的文字，字体为 "微软雅黑"，字号为 "14"。

图 6.57　输入注册页的文字

（2）在 "昵称：" 后绘制一个边角半径为 3 像素的圆角矩形；选择 "文本工具" **T**，在 "属性" 面板的 "文本类型" 下拉列表框中选择 "输入文本" 选项，然后在舞台中 "昵称：" 的旁边拖动鼠标绘制一个与矩形大小一样的文本框，接着在其中输入 "nichen"，将 "消除锯齿" 设为 "使用设备字体"，"行为" 设为 "单行"，如图 6.58 所示，效果如图 6.59 所示。

图 6.58　设置 "属性" 面板

图 6.59　输入信息

（3）同步骤（2），在各选项后加上矩形，然后在 "Email 账号：" 后加上实例名称为 "email" 的文本框，在 "密码：" 后加上实例名称为 "mima" 的文本框，在 "确认密码：" 后加上实例名称为 "mimaqr" 的文本框，密码框的 "行为" 选项设置为 "密码"，如图 6.60 所示。

图 6.60 添加文本框

3. 添加组件

添加组件的方法有两种：①将组件从"组件"面板中拖至舞台相应位置；②直接双击"组件"面板中的组件。

（1）选中"注册新用户"图层的第 1 帧，执行"窗口"→"组件"菜单命令，打开"组件"面板，将"User Interface（用户界面）"组件展开，如图 6.61 所示。

（2）添加"性别："后的单选按钮：选择"组件"面板中的"RadioButton"组件，将它拖入舞台中，拖动两次，放在"性别："的右侧。

（3）添加"爱好："后的复选框：选择"CheckBox"组件，拖动 4 次，将它们放在"爱好："的右侧，利用"对齐"面板将它们底端对齐且间距相等。

（4）添加"区域："后的下拉列表框：双击"ComboBox"组件，它会出现在舞台上，将它移动到"区域："的右侧。

（5）添加"自我介绍："后的文本区域：选择"TextArea"组件，将其拖至"自我介绍："的右侧。

（6）添加"立即注册"按钮：选择"Button"组件，将其拖到舞台的下方。

以上 6 步操作的结果如图 6.62 所示。

图 6.61 UI 组件

图 6.62 组件的位置

（7）使用"选择工具"选中"性别："后的第一个单选按钮，在其"属性"面板中打开"组件参数"延伸面板，将"groupName"的值设为"xbie"，将"label"的值设为"男"，勾选"selected"复选框，如图 6.63 所示。选中"性别："后的第二个单选按钮，将"label"的值设为"女"，取消勾选"selected"复选框，其他设置值相同。

图 6.63　设置单选按钮的参数

提示　在 ActionScript 3.0 中，各组件中的"label"参数都是指显示出来的文字。给各"组件参数"延伸面板中的实例命名是为了方便编程时调用。

（8）单击"区域："后的下拉列表框，在"属性"面板中将其实例命名为"quyu"，然后单击"dataProvider"右侧的　按钮，打开"值"对话框，单击"　"按钮可向"label"中添加项目，单击"　"按钮可删除项目，单击"向上箭头"按钮可在列表中将所选项目上移，单击"向下箭头"按钮可在列表中将所选项目下移。单击　按钮 9 次，按照如图 6.64 所示输入 9 个省市。按照如图 6.65 所示设置下拉列表框参数。

图 6.64　"值"对话框

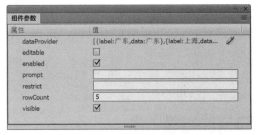

图 6.65　设置下拉列表框参数

（9）单击"爱好："右侧的第一个复选框，在"属性"面板中将其实例命名为"ah1"，将显示文字设为"看书"，如图 6.66 所示。依照此种方法，将其他 3 个复选框分别命名为"ah2""ah3""ah4"，显示文字分别为"音乐""旅游""运动"。

（10）单击"自我介绍："后的文本区域，在"属性"面板中将其实例命名为"zwjs"。

（11）单击舞台最下方的按钮，在"属性"面板中将其实例命名为"zhuce"，将"label"的值设为"立即注册"，如图 6.67 所示。这样就完成了第一个页面的制作。

图 6.66　设置复选框参数

图 6.67　设置"立即注册"按钮参数

4．制作"注册信息确认"页面

（1）在"注册新用户"图层的第 2 帧处按【F6】键插入关键帧，删除组件及文本框，修改上方及左侧的文字。选择其余图层的第 2 帧，按【F5】键插入扩展帧。第 2 帧效果如图 6.68 所示。

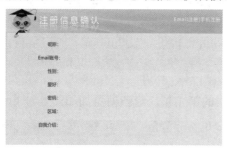

图 6.68 第 2 帧效果

（2）选择"文本工具" T，在"昵称："后面添加一个变量名为"nc"的文本框，"属性"面板中的设置（注意线框中的 3 处设置）如图 6.69 所示。

图 6.69 设置文本框属性

（3）在"Email 账号："后面添加一个变量名为"em"的文本框，在"性别："后面添加一个变量名为"xb"的文本框，在"爱好："后面添加一个变量名为"ah"的文本框，在"密码："后面添加一个变量名为"mm"的文本框，在"区域："后面添加一个变量名为"qy"的文本框，在"自我介绍："后面添加一个变量名为"zw"的文本框，在右下角添加一个"返回"按钮，并将其实例命名为"fh"。结果如图 6.70 所示。

图 6.70 添加动态文本框

（4）在"注册新用户"图层的上方新建一个图层，命名为"Actions"。

5. 编写代码

📖 提 示　在 ActionScript 3.0 版本中不能给按钮组件添加代码，只能添加在帧上。要使用下面的代码实现：

```
按钮实例名.addEventListener(MouseEvent.CLICK, fl_MouseClickHandler);
function fl_MouseClickHandler(event:MouseEvent):void
{…需要执行的代码…}
```

（1）选中"Actions"图层的第 1 帧，给该帧添加如图 6.71 所示的动作脚本。

```
Actions:1
1    stop();
2    //定义用于存放注册新用户界面中的各项值的变量
3    var nichen1:String="";
4    var Email1:String="";
5    var mima1:String="";
6    var xb1:String="";
7    var aihao1:String="";
8    var quyu1:String="";
9    var zwjs1:String="";
10
11   //定义zhuce按钮的CLICK单击侦听事件
12   zhuce.addEventListener(MouseEvent.CLICK, fl_MouseClickHandler);
13
14   function fl_MouseClickHandler(event:MouseEvent):void
15   {
16
17       nichen1=nichen.text;//将nichen文本框的输入值赋给变量nichen1
18       email1=email.text;//将Email文本框的输入值赋给变量Email
19       mima1=mima.text;//将mima文本框的输入值赋给变量mima1
20
21       // 获得性别单选按钮的label值并赋给xb1
22
23       if(nv.selected)
24           {xb1 = nv.label;}
25       else
26           {xb1= nan.label;}
27
28       // 获得爱好各个选中复选框的label值并赋给aihao1变量
29       if(ah1.selected)//判断ah1是否处于选中状态
30           {aihao1=ah1.label;}
31       if(ah2.selected)
32           {aihao1+=","+ah2.label;}
33       if(ah3.selected)
34           {aihao1+=","+ah3.label;}
35       if(ah4.selected)
36           {aihao1+=","+ah4.label;}
37       quyu1=quyu.text;//将quyu文本框的输入值赋给变量quyu1
38       zwjs1=zwjs.text;//将zwjs文本框的输入值赋给变量zwjs1
39
40           gotoAndStop(2);//跳转到时间轴第2帧并停止
41   }
42
```

图 6.71　"Actions"图层第 1 帧的动作脚本

（2）选中"Actions"图层的第 2 帧，打开"动作"面板，输入如图 6.72 所示的动作脚本。

```
当前帧
Actions:2
1    nc.text=nichen1;//将nichen1变量值赋给动态文本框nc
2    em.text=email1;//将Email1变量值赋给动态文本框em
3    xb.text=xb1;    //将xb1变量值赋给动态文本框xb
4    ah.text=aihao1;//将aihao1变量值赋给动态文本框ah
5    mm.text=mima1;//将mima1变量值赋给动态文本框mm
6    qy.text=quyu1;//将quyu1变量值赋给动态文本框qy
7    zw.text=zwjs1;//将zwjs1变量值赋给动态文本框zw
8
9    //定义fh返回按钮的CLICK单击侦听事件
10   fh.addEventListener(MouseEvent.CLICK, fl_MouseClickHandler_4);
11
12   function fl_MouseClickHandler_4(event:MouseEvent):void
13   {
14       gotoAndStop(1);//跳转到时间轴第1帧并停止
15   }
16
```

图 6.72　"Actions"图层第 2 帧的动作脚本

至此，就完成了"会员注册表"案例的制作。

6. 测试影片

在第一个页面中输入相应的信息后，单击"立即注册"按钮，进入第二个页面，就会将用户的注册信息显示出来了。

6.4.4　技术拓展

1．组件的使用

组件的使用步骤如下。

（1）添加组件。

方法 1：双击"组件"面板中的某个组件，它就会出现在舞台的中央。

方法 2：在"组件"面板中将某个组件选中，按住鼠标左键将其拖入舞台适当的位置即可。

（2）在舞台上选择该组件。

（3）在"属性"面板中输入组件实例的名称。

（4）打开"组件参数"延伸面板，然后为实例指定参数。

2．单选按钮组件（RadioButton）的使用

单选按钮是指在一组选项中只能选其一，单选按钮组件通过参数设置来实现分组。

1）单选按钮组件的参数

单选按钮组件的参数面板如图 6.73 所示，其参数含义如下。

- enabled：设置单选按钮的可选和不可选状态。
- groupName：单选按钮的组名称，组名称相同的单选按钮为同一组，默认值为 RadioButtonGroup。
- label：设置单选按钮旁的文本标签，默认值为 Label。
- labelPlacement：确定单选按钮符号◯与文本的位置关系，有左、右、顶、底 4 种。
- selected：指示单选按钮是否被选中，☑表示被选中，☐表示不被选中。
- value：设置单选按钮的值，主要用于代码调用时值的获取。
- visible：设置可见和不可见的状态。

2）获取单选按钮的值

一般使用单选按钮都要获取它旁边的文字，也就是单选按钮的"label"参数值。

命令格式：

```
按钮实例名.label;
```

命令功能：获取被选中的单选按钮的"label"参数值。

groupName 为单选按钮的组名，用户可根据需要随意设置，如设置为"xbie"。

3．复选框组件（CheckBox）的使用

复选框是指在一组选项中可以选取多个值。复选框组件可以通过鼠标单击来更改其状态，即从选中状态变为取消选中状态，或者从取消选中状态变为选中状态。

1）复选框组件的参数

复选框组件的参数面板如图 6.74 所示，其参数含义如下。

图 6.73　RadioButton 参数面板

图 6.74　CheckBox 参数面板

- enabled：设置复选框的可选和不可选状态。
- label：复选框旁边显示的标签文本。
- labelPlacement：确定复选框符号 □ 与文本的位置关系，有左、右、顶、底 4 种。
- selected：指示复选框是否被选中，☑表示被选中，□表示不被选中。
- visible：设置可见和不可见的状态。

2）获取复选框的值

命令格式：

```
CheckBoxName.selected;
```

命令功能：判断复选框是否被选中，为"真"时被选中，为"假"时不被选中。CheckBoxName 是复选框的实例名称。

命令格式：

```
CheckBoxName.label;
```

命令功能：获取复选框的"label"参数值。

4．按钮组件（Button）的使用

按钮组件是一个命令按钮，它的作用是捕捉鼠标事件，根据鼠标事件完成指定的命令操作。具体应用可参考上述案例。

按钮组件的参数面板如图 6.75 所示，其参数含义如下。

图 6.75　Button 参数面板

- emphasized：设置按钮的样式。
- enabled：设置按钮的可用和不可用状态。
- label：设置按钮上显示的标签文本，默认值是"立即注册"。
- labelPlacement：确定按钮上的标签文本相对于图标的方向。此参数可以是以下 4 个值之一：left、right、top 或 bottom，其默认值为 right。
- selected：用来指定该按钮处于按下状态还是释放状态。当值为 true 时表示按下状态。
- toggle：用来确定是否将按钮转换为切换开关。如果值为 true，则按钮在单击后保持按下状态，并在再次单击时返回弹起状态；如果值为 false，则按钮的行为与一般按钮的行为相同。它的默认值为 false。
- visible：它是一个布尔值，用于指示对象是可见的（true）还是不可见的（false）。默认值为 true。

5．下拉列表框组件（ComboBox）的使用

下拉列表框组件用于实现从一组列出的选项中选择一项的功能，可以根据用户的选择来获取一定的值或执行一组程序命令。

1）下拉列表框组件的参数

下拉列表框组件的参数面板如图 6.76 所示，其参数含义如下。

图 6.76　ComboBox 参数面板

- dataProvider：在该选项中输入数据，用于对应 labels 参数中 data 和 label 的设置。
- editable：决定访问者是否可以在下拉列表框中输入文本。true 表示可输入，false 表示不可输入。默认值为 false。
- enabled：设置下拉列表框是否可用。默认为可用。
- prompt：设置下拉列表框中的初始显示项。
- restrict：设置控制数据被其他指针操作。
- rowCount：设置在不使用滚动条时，下拉列表框中可显示的最大行数。如果下拉列表框中的项数超过该值，则会调整下拉列表框的大小，并在必要时显示滚动条；如果下拉列表框中的项数小于该值，则会调整下拉列表框的大小以适应其包含的项数。默认值为 5。
- visible：它是一个布尔值，用于指示对象是可见的（true）还是不可见的（false）。默认值为 true。

2）获取下拉列表框用户选项

命令格式：

```
ComboBoxName.text;
```

命令功能：获取下拉列表框用户所选择的值。ComboBoxName 为下拉列表框的实例名称。

6．文本域组件（TextArea）的使用

需要显示或输入多行文本字段时，就需要使用文本域组件。当文本长度超出文本域时，系统会自动为其添加滚动条。

文本域组件的参数面板如图 6.77 所示，其参数含义如下。

图 6.77　TextArea 参数面板

- condenseWhite：设置是否删除多余空格。
- editable：设置用户能否编辑文本域中的文本。true 表示可以编辑，false 表示不可以编辑。默认值为 true。
- enabled：设置文本框是否可用。默认为可用。
- horizontalScrollPolicy：设置文本框下面滚动条的显示样式。
- htmlText：设置 HTML 文本。
- maxChars：设置允许用户输入的最多字符数。
- restrict：限制用户输入的文字内容。例如，如果在此处输入了"ab"，那么在文本区域内只能输入这两种字符。

6.5 导入案例：洗衣机广告视频

洗衣机广告 1　　洗衣机广告 2

6.5.1 案例效果

本案例可以通过按钮来控制影片的"播放""暂停""停止"等操作。该视频的整体效果如图 6.78 所示。

图 6.78　"洗衣机广告视频"的整体效果

6.5.2 重点与难点

如何在 Animate CC 中导入及编辑视频文件，如何利用时间轴控制视频的回放，以及动画的输出与发布。

6.5.3 操作步骤

1．新建文档并命名

启动 Animate CC，新建一个 ActionScript 3.0 文档，舞台大小设置为 835 像素×550 像素，背景颜色使用默认值，保存文档，命名为"洗衣机中的海底世界"。

2．导入视频

（1）执行"文件"→"导入"→"导入视频"菜单命令，打开"导入视频"对话框，如图 6.79 所示。单击 浏览... 按钮，确定要导入视频的具体位置，可以选择本案例对应的素材文件夹中的视频文件"广告.flv"。

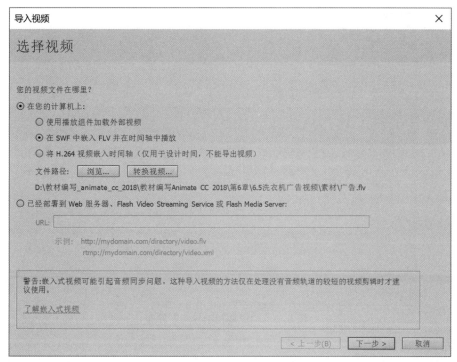

图 6.79　"导入视频"对话框

提 示　在 Animate CC 中，导入的视频格式为 FLV 或 F4V。利用一些格式转换软件可以将其他视频格式转换为这两种格式。在文件大小相同的情况下，F4V 格式的视频效果会更清楚。

（2）选中"在 SWF 中嵌入 FLV 并在时间轴中播放"单选按钮，单击 下一步> 按钮，打开"嵌入"界面，如图 6.80 所示。单击 下一步> 按钮，打开"完成视频导入"界面，如图 6.81 所示。单击"完成"按钮，将视频导入舞台中。

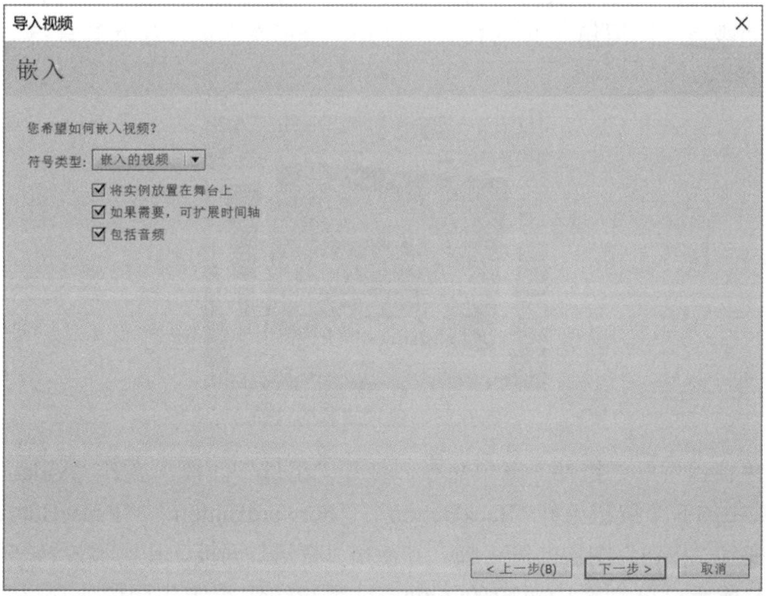

图 6.80　"嵌入"界面

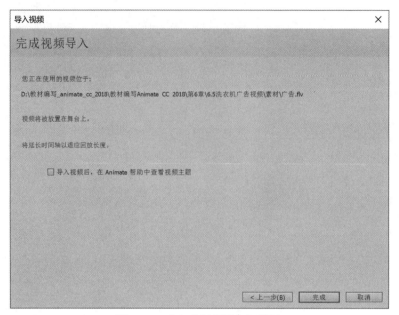

图 6.81 "完成视频导入"界面

3．布置主场景

（1）新建两个图层，分别修改图层的名称，如图 6.82 所示。将"背景"图层的摆放位置放至 3 个图层的底端。

图 6.82 主场景图层

（2）导入图片元件"大海.jpg"，将其拖到"背景"图层的第 1 帧，并对齐到舞台的正中央。

（3）选中"视频"图层第 1 帧的视频，打开"变形"面板，使其旋转-5°，调整视频的位置，如图 6.83 所示。

图 6.83 视频放置的位置

（4）执行"窗口"→"组件"菜单命令，打开"组件"面板，展开"Video"文件夹，如图 6.84 所示，将其中的 5 个按钮组件"BackButton""ForwardButton""PauseButton""PlayButton" "StopButton"拖到"按钮"图层的第 1 帧，并使用"变形"面板，让它们旋转-5°，调整其位置，效果如图 6.85 所示。分别选中对应的按钮，设置与按钮实例相同的实例名称"backButton" "forwardButton""pauseButton""playButton""stopButton"，设置参考如图 6.86 所示。

图 6.84　"组件"面板

图 6.85　按钮在舞台上放置的位置

图 6.86　"pauseButton"实例名称的设置

4．添加动作脚本

选择"Actions"图层的第 1 帧，单击鼠标右键，在弹出的快捷菜单中选择"动作"命令，打开"动作"面板，输入如图 6.87 所示的脚本。

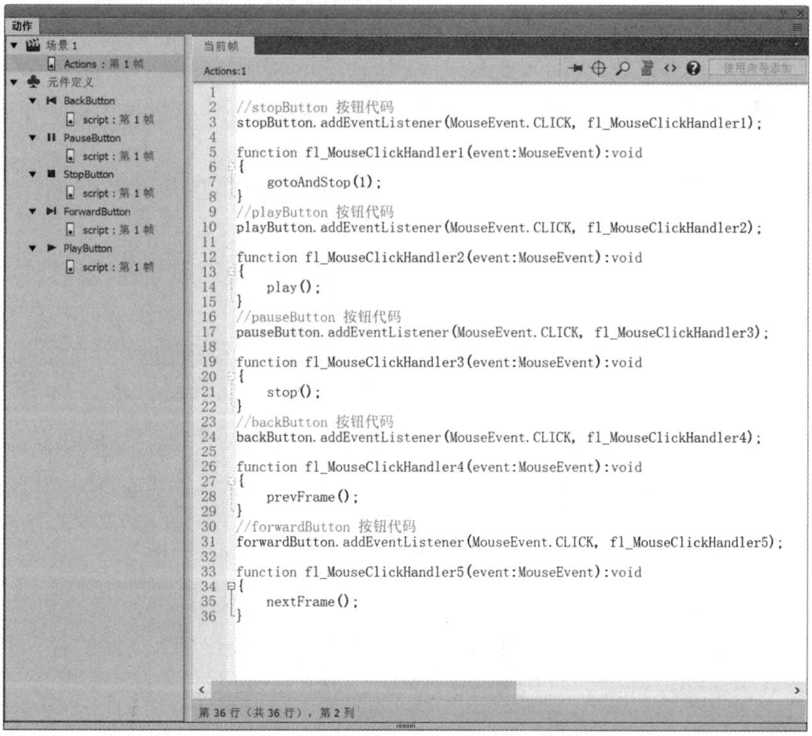

```
1
2    //stopButton 按钮代码
3    stopButton.addEventListener(MouseEvent.CLICK, fl_MouseClickHandler1);
4
5    function fl_MouseClickHandler1(event:MouseEvent):void
6    {
7        gotoAndStop(1);
8    }
9    //playButton 按钮代码
10   playButton.addEventListener(MouseEvent.CLICK, fl_MouseClickHandler2);
11
12   function fl_MouseClickHandler2(event:MouseEvent):void
13   {
14       play();
15   }
16   //pauseButton 按钮代码
17   pauseButton.addEventListener(MouseEvent.CLICK, fl_MouseClickHandler3);
18
19   function fl_MouseClickHandler3(event:MouseEvent):void
20   {
21       stop();
22   }
23   //backButton 按钮代码
24   backButton.addEventListener(MouseEvent.CLICK, fl_MouseClickHandler4);
25
26   function fl_MouseClickHandler4(event:MouseEvent):void
27   {
28       prevFrame();
29   }
30   //forwardButton 按钮代码
31   forwardButton.addEventListener(MouseEvent.CLICK, fl_MouseClickHandler5);
32
33   function fl_MouseClickHandler5(event:MouseEvent):void
34   {
35       nextFrame();
36   }
```

图 6.87　"Actions"图层第 1 帧的脚本

5．测试影片

保存源文件，按【Ctrl+Enter】组合键测试影片。

6.5.4 技术拓展

1．导入视频的方式

在 Animate CC 中，除"将 H.264 视频嵌入时间轴（仅用于设计时间，不能导出视频）"选项外，还有"使用播放组件加载外部视频"和"在 SWF 中嵌入 FLV 并在时间轴中播放"两种导入视频的方法，本案例采用的是"在 SWF 中嵌入 FLV 并在时间轴中播放"的导入方式。采用"使用播放组件加载外部视频"这种方式导入的视频，并未真正导入 Animate CC 源文件中，导入之后"库"面板中只有一个视频控制组件，FLV 格式的视频仍在外部，所以测试起来速度很快，视频的播放通过组件来控制。如果采用本案例中导入视频的方式，那么视频素材就真正导入了 Animate CC 源文件中，每次测试速度很慢，这种方式也不适合对比较长的视频进行编辑，但是可以通过动作脚本来控制视频的播放。

2．Animate CC 作品的输出与发布

本案例对 Animate CC 影片进行了测试，主要目的是查看在木地计算机和网络上的播放效果，如查看在本地计算机上的播放效果与预期的是否一样、动画的尺寸是否可以更小、能否在网络环境下顺畅地观看等。测试完成后，如果测试结果不是很理想，可以在输出 Animate CC 影片前做进一步优化。优化方法有优化动画、优化动画元素和优化文本 3 种。

1）优化动画

（1）多次使用元件。一个元件可以多次使用，而不会增加文件的存储尺寸。

（2）尽量使用补间动画。补间动画的过渡帧是计算机自动生成的，其数据量小；逐帧动画需要记录每一帧的变化，其数据量大，文件尺寸也大。

（3）优化帧。避免在同一个关键帧处放置多个对象，否则会增加 Animate CC 的处理时间。

（4）优化图层。静态对象与动态对象要分图层放置，否则会增加 Animate CC 的处理时间。

（5）少用位图制作动作。位图一般作为静态元素或背景，Animate CC 并不擅长用位图制作动作。

（6）文档尺寸要尽量小。文档尺寸越小，Animate CC 文件的尺寸就越小。

2）优化动画元素

（1）位图导入优化。尽量少用位图。如果不得不用，则要先用其他软件把位图尺寸修改小一些，并使用 JPEG 格式。

（2）声音导入优化。导入的声音最好使用 MP3 格式，这样既保证了音质，文件尺寸也相对较小。

（3）多用结构简单的矢量图形。矢量图形的结构越简单，存储尺寸就越小。

（4）少用虚线。虚线会增加存储尺寸。另外，线条的线段数要尽量少，可使用"优化"或"平滑"来达到减少线段数的目的。

（5）少用渐变色。使用渐变色会增加矢量图形的存储尺寸。

3）优化文本

（1）不要使用太多字体和样式。字体和样式越多，Animate CC 文件的存储尺寸就越大。

（2）尽量不要将文字打散。打散文字会增加文件的存储尺寸。

提 示　优化是相对的，有时优化会使动画效果有所减弱。所以，要在保证动画效果的

基础上尽量优化。

在对一部 Animate CC 影片进行测试和优化后，为了能够为其他程序所用，可以将其导出为.swf、.gif、.avi 格式的动画影片或各种静态图像。在本案例中将其导出为常用的.swf 格式文件。网络上许多漂亮的.gif 动态图像也是从 Animate CC 中导出的。需要注意的是，在导出为.gif 格式时，在 Animate CC 文件中不能包含影片剪辑和动作脚本，因为 Animate CC 只能导出主时间轴上的动画。导出.gif 格式的操作比较简单，只要把导出类型选择为".gif 动画"并进行相关参数的设置即可，这里不再赘述。

在制作出 Animate CC 影片后，还需要在传输媒体上可用，即发布。发布 Animate CC 影片的常用方法有 3 种：将动画嵌入网页、在网络上传输和播放、直接使用 Animate CC 制作网站或网页。

（1）将动画嵌入网页：先将动画导出或发布为.swf 或.html 格式，然后在制作网页时，使用 Dreamweaver 或其他网页编辑工具将动画嵌入网页中。

（2）在网络上传输和播放：先将动画导出或发布为.swf 格式，再上传到网络上。

（3）直接使用 Animate CC 制作网站或网页：将动画发布为.html 格式的网页。

提示：".swf"和".html"是常用的两种格式。".swf"格式可以通过按【Ctrl+Enter】组合键在与源文件相同的位置产生一个同名的 SWF 文件获得，而".html"格式只能通过发布获得。执行"文件"→"发布设置"菜单命令可以进行发布的参数设置，如图 6.88 所示。设置完成后，执行"文件"→"发布"菜单命令，可以将 Animate CC 动画发布为需要的格式，存放在与 Animate CC 源文件相同的文件夹下。

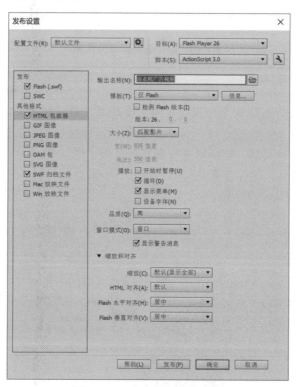

图 6.88 "发布设置"对话框

6.6 综合项目：旅行者网站

6.6.1 项目概述

Animate CC 网站主要以动画为主要展示手段，在视觉效果、互动效果等多方面具有很强的优势，被广泛地应用在房地产行业、汽车行业和奢侈品行业等展示性很强的行业。在一般的动画酷站中包括预加载效果动画、导航动画、Banner 动画和一些页面特效动画的制作，视频的添加和一些用户注册界面的制作，这些知识已经在本章的导入案例中做了相应的介绍。

在旅行者网站中收录了 8 个精彩特色旅游景点和网站（其中束河为一个外部网址链接），提供各地风情、照片、游记、美食、购物等旅游信息，为喜欢旅行的人们展现一些地方风貌，提供旅游攻略。本项目网站的导航效果如图 6.89 所示。

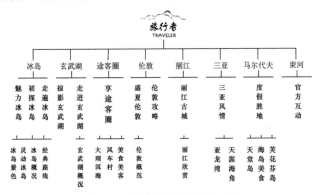

图 6.89 旅行者网站导航效果

6.6.2 项目效果

旅行者网站的导入动画是 4 个经典景点的切换动画，效果如图 6.90 所示。动画播放完毕后，进入首页。首页效果图如图 6.91 所示。首页鼠标指针经过效果如图 6.92 所示。首页利用旅游景点的拼音作为设计灵感，把字母进行旋转后排版。通过 Photoshop 里面的蒙版把字母和景点风景图进行镂空设计，这样首页又可作为进入一个景点的导航，这里提供前 7 个景点（网站）的效果如图 6.93～图 6.99 所示。

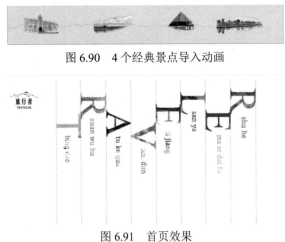

图 6.90 4 个经典景点导入动画

图 6.91 首页效果

图 6.92　首页鼠标指针经过效果

图 6.93　冰岛页

图 6.94　玄武湖页

图 6.95　途客圈页

图 6.96　伦敦页

图 6.97　丽江页

图 6.98　三亚页

图 6.99　马尔代夫页

6.6.3　重点与难点

网站的结构设计，Animate CC 网站中常用的动作脚本，网站的导航。

6.6.4　操作步骤

旅行者 1　　旅行者 2　　旅行者 3　　旅行者 4　　旅行者 5　　旅行者 6

旅行者 7　　旅行者 8　　旅行者 9　　旅行者 10　　旅行者 11

由于本项目网站中的多个景点的动画是类似的，所以在操作步骤中重点讲解"导入页"和"首页"中动画的制作，其他类似页动画仅做简要介绍。

1．"导入页"制作

"导入页"是 4 个经典景点的切换效果，整体效果见图 6.90。这些设计稿需要先在 Photoshop 中处理好，进行恰当的图层合并，以方便动画的制作。"导入页"的图层结构如图 6.100 所示。

图 6.100　"导入页"的图层结构

下面讲解动画制作的过程。

（1）启动 Animate CC，新建一个文档，设置文档的大小为 1382 像素×681 像素，帧频为 30 帧/秒，将新文档保存，命名为"index.fla"。

（2）执行"文件"→"导入"→"导入到舞台"菜单命令，先导入本节素材文件夹中的"导入页背景.psd"，然后导入"导入页.psd"，如图 6.101 所示。依次从上到下选择左侧的图层，然后设置其图层导入为，这样每个图层中的元素就自动成为一个影片剪辑，制作动画就会比较方便了。

📖 **提　示**　在 Animate CC 中是可以直接导入 PSD 图的，而且可以很好地保留在 Photoshop 中设置的图层名称和图层关系，所以在使用 Photoshop 完成一个设计稿后，要根据动画制作的需要进行图层的合并重命名和素材的再处理。另外，通过选中或取消选中图层，可以有选择地导入需要的图层。这样做的好处就是不需要一次导入所有图层，可在需要时再导入。

（3）将"图层 1"重命名为"背景"，并将该图层延伸至第 580 帧。

（4）选中"线"图层，按两次【Ctrl+B】组合键，将"线"图层的影片剪辑元件打散，用"选择工具"分别选中线条框，存为 4 个影片剪辑，并删除多余的空白处，效果如图 6.102 所示。然后选中 4 个线条框，单击鼠标右键，在弹出的快捷菜单中选择"分散到图层"命令，这样 4 个元件就分别放置到 4 个图层上了，最后删除清空的"线"图层，效果如图 6.103 所示。

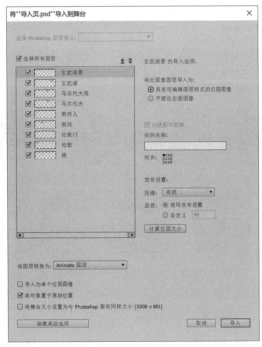

图 6.101　导入素材

图 6.102　4 个线条框

图 6.103　删除清空的"线"图层后的图层结构

（5）选中"线1"图层的第1帧，按【F8】键，将该元件再次转换为影片剪辑元件并命名为"线1动画"，然后双击进入该元件内部。新建一个"图层_2"，在该图层的第1～15帧之间创建一个矩形从左至右扩大的形状补间动画，并设置该层为遮罩层，"图层_1"为被遮罩层。新建一个"图层_3"，在第15帧处插入关键帧，添加动作脚本"stop();"，其截图如图6.104所示。

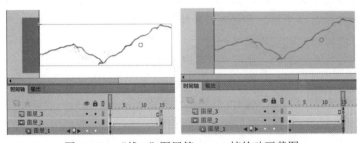

图 6.104　"线1"图层第1、15帧的动画截图

（6）回到"场景 1"，在"线 1"图层的第 22 帧处插入关键帧，将第 1 帧的元件水平向右移动 200 像素，然后在第 1～22 帧之间创建传统补间动画。

（7）选中"伦敦"图层的第 1 帧，然后移动到第 23 帧。双击舞台上的"伦敦"图层的元件，进入该元件内部，新建一个图层，在该图层上用"画笔工具"画一个小黑点，然后选中小黑点，按【F8】键将其转换为一个元件，并将该图层设置为遮罩层。双击进入元件内部，制作逐帧动画。逐帧动画的效果如图 6.105 所示。图 6.106 为伦敦建筑遮罩层图层结构。在第 80 帧处添加动作脚本"stop();"。

图 6.105　逐帧动画的效果

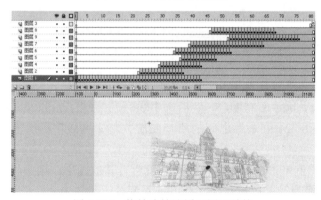

图 6.106　伦敦建筑遮罩层图层结构

（8）回到"场景 1"，将"伦敦门"图层拖到该图层的第 108 帧，双击进入该元件，在该元件内部第 1～20 帧之间制作一个遮罩动画。"伦敦门"的遮罩动画图层效果如图 6.107 所示。"遮罩矩形"图层形状补间第 1、10、15 帧截图如图 6.108 所示。"as"图层第 20 帧的动作脚本为"stop();"。

图 6.107　"伦敦门"的遮罩动画图层效果

图 6.108　"遮罩矩形"图层形状补间第 1、10、15 帧截图

（9）将"伦敦""伦敦门"图层拖动到"线 1"图层的上方，并在 3 个图层的第 142、171 帧处插入关键帧，将第 171 帧的对象一起水平向左移出舞台，然后创建传统补间动画。

（10）将"线 2"图层的第 1 帧拖动到第 128 帧。在"线 2"图层的上方新建一个图层，在该图层的第 128～141 帧之间制作一个矩形从左往右展开的形状补间动画，效果如图 6.109 所示，并把该图层设置为遮罩层。

图 6.109　"线 2"图层的上方遮罩层的形状补间动画

（11）第一段山脉展开，经典景点展现，然后移出舞台；第二段山脉展开，经典景点展现，然后移出舞台。这样的动画移动 4 段。后面 3 个场景的展现和移出舞台的效果不再详细描述，细节可以参考该项目的源文件"index.fla"。当 4 个景点都展现完毕后，新建一个"as"图层，在该图层的第 580 帧处插入关键帧，添加如下动作脚本：

```
var request:URLRequest = new URLRequest("D航.swf");  //加载请求载入文件的路径
var myloader:Loader = new Loader();  //定义一个loader加载对象myloader
myloader.load(request);             //利用load()载入"D航.swf"
addChild(myloader);                 //将"D航.swf"加载到当前场景展示
stop();
```

2．"首页"制作

（1）启动 Animate CC，新建一个文档，设置文档的大小为 1382 像素×681 像素，帧频为 30 帧/秒，将新文档保存，命名为"D航.fla"。

（2）执行"文件"→"导入"→"导入到舞台"命令，选择本节素材文件夹中的"首页.psd"文件，按住【Shift】键，选中所有图层，然后选中 ⊙具有可编辑图层样式的位图图像 单选项，删除"图层 1"和"图层 13"至"图层 24 副本"之间的所有图层。将"虚线"图层拖动到"背景"图层的上方。

（3）在"T"图层上单击鼠标右键，选择隐藏所有其他图层。选中"T"图层的第 1 帧，按【F8】键，将其转换为一个按钮元件。双击进入该按钮元件内部，在"指针经过"帧处插入关键帧。然后单击舞台上的图片，并单击"属性"面板中的"交换"按钮，如图 6.110 所示，图片交换为"图层 13"元件。

图 6.110　单击"属性"面板中的"交换"按钮

（4）使用步骤（3）中的方法制作其他按钮。为了显示出底层的虚线，将每个按钮的宽度修改为 116 像素，并分别给各按钮元件定义实例名称如下：bingdao、xuanwuhu、tukequan、lundun、lijiang、sanya、maerdaifu、shuhe。所有按钮的效果如图 6.111 所示。

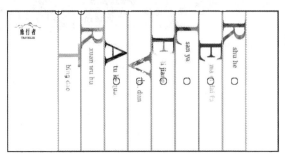

图 6.111　"首页"上的按钮效果

（5）回到"主场景"，选中所有图层，单击鼠标右键，复制帧，然后新建一个影片剪辑元件，命名为"主菜单"，粘贴帧。回到"主场景"，把除"背景"图层以外的其他图层删除。在"背景"图层的上方新建一个"主菜单"图层，把"主菜单"影片剪辑元件放置在新建的图层上，使用对齐工具让其与舞台完全对齐，并将该影片剪辑实例命名为"menuMc"。

（6）在"主菜单"图层的下方新建一个"加载页面"图层，新建一个空白的影片剪辑，将其拖到舞台的左上角，取实例名为"containerMc"。

（7）在"主菜单"图层的上方新建一个"加载菜单"图层，新建一个空白的影片剪辑，将其拖到舞台的左下角，取实例名为"navMc"。

（8）双击进入"navMc"实例内部，执行"文件"→"导入"→"导入到舞台"命令，导入本节素材文件夹中的"导航菜单.psd"文件。选中所有文本图层，然后选中 ⊙矢量轮廓 单选项，图片图层选中 ⊙具有可编辑图层样式的位图图像 单选项，删除"图层 1"和"选择状态"图层。navMc的位置和效果如图 6.112 所示。

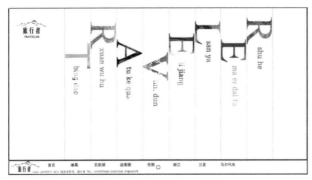

图 6.112　navMc 的位置和效果

（9）选中"首页"图层的第 1 帧，按【F8】键，将其转换为一个影片剪辑元件"首页"。再选中"首页"影片剪辑元件，按【F8】键，将其转换为一个影片剪辑元件"butt1"，并取实例名为"homeBtn"。

（10）双击进入"butt1"影片剪辑元件内部，在第 7、14 帧处分别插入关键帧，修改第 7帧文字的"色调"为白色，在第 1～7 帧、第 7～14 帧之间分别创建传统补间动画。修改该图层的名称为"文字"，在该图层的下方新建一个"选中状态"图层，从库中拖入"选择状态"影片剪辑（如果此影片剪辑不存在，则需要自行新建矩形块"选择状态"影片剪辑），将其放置在如图 6.113 所示的位置上。调整元件中心点的位置，将第 1 帧拖到第 2 帧，在第 7、13 帧处分别插入关键帧，把第 2、13 帧的图片大小调整成如图 6.114 所示。然后在第 2～7 帧、第 7～13 帧之间分别创建传统补间动画。

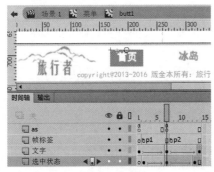

图 6.113　butt1 的内部图层结构

图 6.114　第 2、13 帧图片大小调整效果

（11）新建一个"帧标签"图层，在第2、8帧处分别插入关键帧，命名帧标签为"p1"和"p2"。新建一个"as"图层，在第1、7帧处分别插入关键帧，添加动作脚本"stop();"。

（12）参照步骤（9）～步骤（11）制作其他7个底部的导航菜单项，这7个菜单项实例名分别为bingdaoBtn、xuanwuhuBtn、tukequanBtn、lundunBtn、lijiangBtn、sanyaBtn和maerdaifuBtn。这7个菜单项元件的内部图层结构和"butt1"的内部图层结构完全相同。

提示 另外7个菜单项的脚本和"butt1"的脚本基本相似，这里不再做详细解释。

（13）回到"主场景"，在最上方新建一个"遮罩层"图层，在上面绘制一个和舞台大小相同的无边框矩形，设置该图层为遮罩层，所有其他图层都被其遮罩。

（14）在"遮罩层"图层的上方新建"AS"图层，给第1帧添加如下动作代码：

```
/*
程序命名约定：
1.主菜单叫 menuMc，这个影片剪辑里有页面的菜单，实例名分别叫 bingdao、xuanwuhu 等
2.底部菜单叫 navMc，这个影片剪辑里有页面的按钮，实例名分别叫 bingdaoBtn、xuanwuhuBtn 等，就是
如下数组的内容+Btn 后缀
3.所有对应页面加载的 SWF 文件统一叫 bingdaoBtn.swf、xuanwuhuBtn.swf 等
*/
 import flash.display.MovieClip;
//定义程序中涉及的页面
var pages = ["home", "bingdao", "xuanwuhu", "tukequan", "lundun", "lijiang", "sanya",
"maerdaifu"];
//底部导航显示时的 Y 轴坐标
var navShowY = "627";
//底部导航隐藏时的 Y 轴坐标
var navHideY = "685";
//当前选中的底部导航按钮，默认为空
var currentBtn = null;

//底部导航逐渐上升
function navFadeIn(e) {
 e.target.y += (navShowY - e.target.y) * 0.15;
 if (Math.round(e.target.y) <= navShowY) {
  e.target.y = navShowY;
  e.target.removeEventListener(Event.ENTER_FRAME, navFadeIn);
 }
}

//底部导航逐渐下降
function navFadeOut(e) {
 e.target.y += (navHideY - e.target.y) * 0.15;
 if (Math.round(e.target.y) >= navHideY) {
  e.target.y = navHideY;
  e.target.removeEventListener(Event.ENTER_FRAME, navFadeOut);
 }
}

//底部导航按钮移进时底色添加的效果
function btnSlideIn(mc) {
 mc.gotoAndPlay("p1");
}
```

```
function btnSlideOut(mc) {
 mc.gotoAndPlay(mc.totalFrames - mc.currentFrame);
}


//按钮被单击时执行的操作，参数名是按钮的名称
function btnClick(btnName) {
 //单击时，如果不是当前已经选中的按钮，则当前的按钮退出
 if (currentBtn != btnName) {
  if (navMc[currentBtn]) {
   navMc[currentBtn].gotoAndPlay("p2");
  }
  //更新当前选中的按钮为新的按钮
  currentBtn = btnName;
 }
 //首页菜单另做处理
 if (btnName == "homeBtn") {
  //中间主菜单隐藏
  menuMc.visible = true;
  //底部导航菜单退出
  navMc.addEventListener(Event.ENTER_FRAME, navFadeOut);
 } else {
  //新建一个加载器
  var loader = new Loader();
  //加载按钮名称对应的 SWF 文件，参考最上面的约定
  loader.load(new URLRequest(btnName + ".swf"));
  loader.contentLoaderInfo.addEventListener(Event.COMPLETE, function () {
   //如果是 AS3 加载 AS2/AS1 的 SWF 文件，则要注意，只能加载 loader，而不能加载 loader.content,
因为虚拟机不兼容
   containerMc.addChild(loader);
  });
 }
}


//最后一个菜单另做处理，跳转网页
menuMc.shuhe.addEventListener(MouseEvent.CLICK, function () {
 var shuheUrl = new URLRequest("http://www.ljshuhe.com/");
 navigateToURL(shuheUrl, "_blank");
});


//循环所有的页面并处理
for (var i = 0; i <8; i++) {
 //如果不是首页，则添加主菜单中的每个菜单单击事件（因为主菜单没有首页）
 if (pages[i] != "home") {
  this.menuMc[pages[i]].addEventListener(MouseEvent.CLICK, function (e) {
   //主菜单隐藏
   menuMc.visible = false;
   //底部导航按钮上升
   navMc.addEventListener(Event.ENTER_FRAME, navFadeIn);
   //根据规则，这里 e 是回调事件，e.currentTarget.name 表示单击谁，就是谁的名称
   //如果单击的是 xuanwuhu 主菜单，那么 e.currentTarget.name 就是 xuanwuhu
   var btnName = e.currentTarget.name + "Btn";
   //执行主菜单对应的按钮单击函数
   btnClick(btnName);
```

```
    //底部导航对应的按钮底部颜色加量
    navMc[btnName].gotoAndPlay("p1");
   });
 }
 //为了方便后续的事件添加，这里定义一个临时变量，表示底部导航按钮
 //如 "bingdaoBtn" "xuanwuhuBtn" 等
 var obj = navMc[pages[i] + "Btn"];

 //绑定单击事件
 obj.addEventListener(MouseEvent.CLICK, function (e) {
  //这里 e.currentTarget.name 表示单击对象自身，如 "bingdaoBtn" "xuanwuhuBtn" 等
  btnClick(e.currentTarget.name);
 });

 //绑定鼠标指针滑进事件
 obj.addEventListener(MouseEvent.ROLL_OVER, function (e) {
  if (currentBtn != e.currentTarget.name) {
   btnSlideIn(e.currentTarget);
  }
 });
 //绑定鼠标指针滑出事件
 obj.addEventListener(MouseEvent.ROLL_OUT, function (e) {
  //trace(e.currentTarget.name);
  if (currentBtn != e.currentTarget.name) {
   btnSlideOut(e.currentTarget);
  }
 });
}
```

（15）保存文件，测试影片，首页就制作完成了。

3. "冰岛页"制作

请读者根据本书前面所讲知识点综合设计制作"冰岛页"，效果如图 6.115～图 6.118 所示。

图 6.115　冰岛页效果

图 6.116 瓦特纳冰川效果

图 6.117 冰岛概况效果

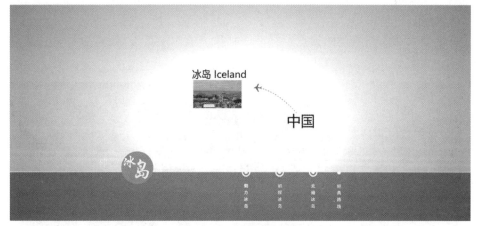

图 6.118 冰岛概况效果

4."玄武湖页"制作

请读者根据本书前面所讲知识点综合设计制作"玄武湖页",效果如图 6.119 和图 6.120 所示。

图 6.119　玄武湖效果

图 6.120　玄武湖概况效果

5."途客圈页"制作

请读者根据本书前面所讲知识点综合设计制作"途客圈页",效果如图 6.121~图 6.124 所示。

图 6.121　途客圈页效果

图 6.122　大理洱海效果

图 6.123　美食美客效果

图 6.124　桑斯安斯效果

6．"伦敦页"制作

请读者根据本书前面所讲知识点综合设计制作"伦敦页"，效果如图 6.125 和图 6.126 所示。

图 6.125　伦敦页效果

图 6.126　伦敦攻略效果

7."丽江页"制作

请读者根据本书前面所讲知识点综合设计制作"丽江页",效果如图 6.127 和图 6.128 所示。

图 6.127　丽江页效果

图 6.128　丽江欣赏效果

8. "三亚页"制作

请读者根据本书前面所讲知识点综合设计制作"三亚页",效果如图 6.129～图 6.131 所示。

图 6.129　三亚页效果

图 6.130　亚龙湾无敌海景效果

图 6.131　天涯海角效果

9. "马尔代夫页"制作

请读者根据本书前面所讲知识点综合设计制作"马尔代夫页",效果如图 6.132~图 6.135 所示。

图 6.132　马尔代夫页效果

图 6.133　海岛美食效果

图 6.134 芙花芬岛效果

图 6.135 天堂岛效果

10．将"导入页"嵌入网页中

测试所有源文件，生成 SWF 文件后，使用 Dreamweaver 软件新建一个 HTML 页面，同 SWF 文件保存在一个文件夹中，命名为"index.html"，然后把"index.swf"嵌入网页中。双击 "index.html"就可以观看整个网站的效果了。

6.6.5 技术拓展

1．加载外部的 SWF 文件

在 Animate CC 中要加载外部的 SWF 文件，需要用到 URLRequest 类和 Loader 类，以及 load() 方法和 addChild() 方法，详见 6.2.4 节。

2．网站的结构设计

由于在 Animate CC 网站中汇集了高清大图、视频、声效等比较大的各类素材，如果将整 个网站做成一个文件，那么网页加载的速度会非常慢，用户不会有耐心去等待，所以 Animate CC 网站常会把一个个页面分别做成不同的源文件，等到需要的时候再加载，每个源文件也相对较 小，运行时速度便可以提高不少。但是，这样做也产生了一个问题，即这些源文件之间到底是一个什么样的关系呢？如果设计不合理，那么在制作动画的时候便会出现一些问题。所以，当把每个页面设计好之后，就要充分考虑这些页面之间的链接和加载关系。

本项目的网站层次结构如图 6.136 所示。在制作一个 Animate CC 酷站时，网站的层次结构不宜超过 3 级。因为如果层次太多，网页之间的关系就会比较复杂，容易混淆。

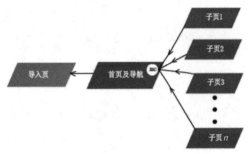

图 6.136　本项目的网站层次结构

3．导航菜单的分析

本项目网站的文字导航如图 6.137 所示，它被做在了首页中，而不是被分别做在某个子页中。一般来说，这种结构是比较方便和清楚的。

图 6.137　本项目网站的文字导航

每个子页的结构看起来是非常复杂的，尤其是它的子导航的效果。冰岛页"导航"元件的内部图层结构如图 6.138 所示，"子导航"元件的图层结构如图 6.139 所示，各元件的包含关系如图 6.140 所示。

图 6.138　冰岛页"导航"元件的内部图层结构

图 6.139　"子导航"元件的图层结构

图 6.140　各元件的包含关系

6.7　习题

1．URLRequest 类对象的定义方法及各参数的含义是什么？

2．设计一个网页导航。

3．制作一个简单的网页，首页按钮包括"公司简介""产品展示""联系方式"等，要求在"产品展示"中放置同样大小的产品图片，单击每张产品图片时会链接到相对应产品的大图片。同时，在每页中都要有"返回"按钮可以返回首页。

4．利用 RadioButton 和 Button 组件制作一道单项选择题。如果用户答对了，则显示"答对了！恭喜你！"；如果用户答错了，则显示"答错了！请继续努力！"。

5．制作一张"个人爱好选择"界面，自己设置背景，画面中包括对水果、肉类、蔬菜的调查。水果用单选按钮组件制作，肉类用复选框组件制作，蔬菜用下拉列表框组件制作，显示内容用文本域组件制作，"选择"按钮用按钮组件制作，参考效果如图 6.141 所示。

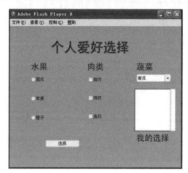

图 6.141　"个人爱好选择"界面的参考效果

6．使用截图工具截取一段动态视频，导入 Animate CC 文件，并添加按钮控制其回放。对制作好的影片进行测试，并导出为.swf 格式的文件。

7．拓展题：请制作一个 Animate CC 个人酷站。

第7章

电子杂志制作

教学目标：

知识目标：了解电子杂志的概念，掌握电子杂志内页在 Animate CC 中制作的过程和注意事项。

能力目标：能综合运用多种图形图像处理软件进行素材处理和图标设计制作，能完成电子杂志内页设计与制作，能运用代码进行交互设计，能进行杂志合成。

思政目标：通过本章项目的讲解，允分感受人们美好生活的内涵，树立积极的人生观、价值观，培养社会责任感。

教学重点与难点：

电子杂志素材的处理与导入，动画制作、杂志合成、图标制作等。

7.1 概述

7.1.1 本章导读

本章主要介绍电子杂志的概念与应用，以及电子杂志的制作流程与制作方法，重点讲解电子杂志内页在 Animate CC 中制作的过程和注意事项，演示电子杂志的合成过程和合成软件的设置方法，以及图标的制作等一系列过程。

7.1.2 电子杂志的概念

"电子杂志"又名"网络杂志"，或者叫作"网络多媒体杂志"。在视觉上，它保留了平面杂志的目录，用计算机技术、专业软件营造出翻页的逼真效果。但它比传统的杂志更有冲击力，视觉充满动感和层次感，翻阅时配有背景音乐，将观看者的感官充分调动起来。除此之外，它还能与观看者进行充分的互动，通过动感画面的穿插，让观看者可以像玩游戏一样看杂志，在轻轻的鼠标单击中颇有趣味地进行阅读，使翻阅一本制作优美的"电子杂志"成为一种美妙的享受。更重要的是，"电子杂志"是基于互联网、计算机进行传播阅读的数字化杂志，它彻底改变了传统杂志的阅读模式，可以在世界的任意互联网终端，无数人对同一本杂志进行下载或在线阅读，而不增加任何成本。随着现代社会广告业的日益发达，电子交互杂志成为各类厂商、店家、品牌推销自己的一种极为直观的宣传方式。

电子杂志不同于市场上一般的文本杂志，它更多地被称为网络杂志，是杂志周刊无纸化的一种变现方式。电子杂志的出现充分地体现了内容与观看者之间不再只是阅读与吸取、被阅读与被赏析的关系，更多地，一本好的电子杂志通过观看者本身的单击、通过与 Animate CC 的有力结合，增添了互动功能。

7.1.3　电子杂志的应用

电子杂志以多媒体的形式，融合视频、文字、图片、动画、音乐等元素制作成电子读物形式，可以基于互联网在线阅读，也可以下载到计算机中保存后观看，还可以刻录成光盘。可以把企业产品做成电子杂志的形式放在企业网站上供客户下载，单击相关链接即可进行产品的购买；或者把企业文化和一些企业广告也做成电子杂志的形式，通过电子邮箱发送给企业员工和客户。但是，由于电子杂志中的图片和文字无法被搜索引擎搜索，所以其应用也受到了一定的限制，被较多地应用到动态展示和流程演示方面。

7.2　综合项目：《生活秀》电子杂志

电子杂志 1　　电子杂志 2　　电子杂志 3　　电子杂志 4

电子杂志 5　　电子杂志 6　　电子杂志 7　　电子杂志 8

7.2.1　项目概述

本节的主要内容是制作一本主题为"生活秀"电子杂志的 12 月刊。这是一本反映都市时尚生活、汇聚前沿时尚资讯、引领时尚生活潮流的大型综合类的广告杂志。电子杂志中的动态内页均采用 Animate CC 来制作。杂志的内页需要先在 Photoshop 中设计制作好，再导入 Animate CC 中完成交互动画效果，最后由 Zmaker 软件将所有页面合成一本电子杂志。

7.2.2　项目效果

杂志效果如图 7.1～图 7.3 所示。单击图中右下角的"上一页"按钮、"下一页"按钮或用方向键可以控制杂志的翻页，单击"封面""封底""目录"按钮可以迅速跳转到封面、封底或目录页。

图 7.1　杂志封面

图 7.2　杂志封底

图 7.3　目录效果

7.2.3　重点与难点

了解电子杂志的制作流程，掌握电子杂志合成软件的使用，电子杂志的动画制作技巧，动作脚本在电子杂志制作中的使用，模板的制作，图标的制作，杂志的合成。

7.2.4　操作步骤

1．主题策划

《生活秀》电子杂志来源于企业的真实项目。该杂志的受众人群具有如下特点：

（1）偏好品质生活和时尚生活；

（2）年龄层次主要集中在 25～45 岁；

（3）具有较强的购买能力，且具备明显的消费意识。

针对受众人群的特点，确定该杂志的风格要体现出时尚、高端、精致。分析现有素材并搜集一些可以参考的设计效果，确定文案。

2．搜集素材与平面设计

1）搜集素材

根据已有的主题和文字搜集平面素材，如一些花边、背景图片、照片，也可以是自己拍摄的照片素材。对这些素材分辨率的要求是，放在杂志中以 100%大小显示时，图片仍非常清晰。如果图片最终的显示效果很差，就会大大地影响电子杂志的观赏质量。

2）平面设计

对搜集的素材使用图形处理软件如 Photoshop 进行处理。需要注意的是，每个素材都要分层放置，且在保持质量清晰的同时尽量减小图片的大小，这样做是为了将来在 Animate CC 中制作动画效果后,动画仍可以保持较小尺寸。处理完的素材以.psd 格式保存,平面中的每个元素都处理成最终需要的大小。图 7.4 和图 7.5 就是一个内页动画的.psd 图。

图 7.4 内页平面效果图 1

图 7.5 内页平面效果图 2

整本杂志中的每个主题都可以制作若干个内页,每个内页一张.psd 图,另外,还要设计封面、封底和目录,其大小是由杂志合成软件模板的大小来决定的。本杂志的封面和封底的大小为 488 像素×650 像素,目录和内页的大小为 950 像素×650 像素。封面和封底如图 7.6 和图 7.7 所示,目录如图 7.8 所示。

图 7.6 封面

图 7.7 封底

图 7.8 目录

在进行平面设计时，要符合平面构图的原理，颜色的搭配也很重要，整本杂志的风格要统一。如果平面设计者能设计出非常有创意的平面效果图，那么后续的动画制作也就有了更多的发挥空间；如果平面作品很呆板，那么也不可能做好最终的动画效果。在进行平面设计时，从形式到内容可以参考网络上的电子杂志和出版发行的纸质杂志，如每个内页的左、右页角，可以像纸质杂志一样，标出该内页的主题、发行的时间、版本号等。杂志的封面和封底因为最终不需要设计动画，所以可以保存为.png 或.jpg 格式的图片。为了防止以后还要修改，原来的.psd 图也要保留。

3．动画制作

每个内页的平面设计图和目录都需要构思一个动画制作方案，封面和封底不需要设计动画效果，并且要在每个链接的按钮上写入如下的动作脚本，其中的"页码"要写上将来内页的实际页码数，目录页为 1。

```
var rootmain;
rootmain["gotopage"](页码);
```

📖 提 示 杂志的封面为第一页，封底为最后一页。

动画效果的设计也是很有讲究的，不是随意设计一个动画效果就可以的，而是先为该主题选择一首和主题和谐一致的音乐，这些音乐最好是 MP3 格式的。如果不是 MP3 格式的，则可以借助 4.5 节中介绍的 GoldWave 软件对音乐的格式进行转换。有了音乐之后，再根据音乐的节奏为平面中的每个元素都设置一个动画效果，要符合重点突出的原则，也就是图片和文字中要引起观看者注意的部分，动画的效果要突出，但千万不可喧宾夺主。

在制作动画之前，可能还需要对动画中用到的一些视频或特效素材进行处理。这就需要使用一些简单的辅助工具。例如，将视频素材转换为.flv 格式，可以使用 WinAVI 软件。

有时候，为了实现一些特殊的动画效果，在制作动画前要对平面设计图中的部分元素进行处理。例如，要实现山水画的效果，可以使用 Photoshop 中的滤镜对某个图层进行预处理。

动画制作的最后一个环节就是用 Animate CC 的动画制作技术来完成动画。一般在进行电子杂志动画制作时，舞台大小要设为与内页大小相同，即 950 像素×650 像素，帧频为 30 帧/秒。动画的节奏要和音乐有效配合，每个内页动画中的图片和文字的出现要有层次感，而不是杂乱无章地随意出现，要有主次，要能有效地传达主要信息，并且动画效果要能吸引读者的眼球，具有一定的观赏性。

下面就以一个内页动画（图 7.4 和图 7.5）和目录动画（图 7.8）的制作为例来说明制作过程。

1）内页动画的制作

（1）启动 Animate CC，新建一个文档，设置文档的大小为 950 像素×650 像素，帧频为 30 帧/秒，背景颜色为"黑色"。将新文档保存，命名为"magzine1.fla"。

（2）执行"文件"→"导入"→"导入到舞台"菜单命令，打开"导入"对话框，导入"内页 1.psd"文件，如图 7.9 所示。

提示　在打开的对话框中，设置将图层转换为"Animate 图层"，并勾选"将对象置于原始位置"复选框。这两项内容也是导入.psd 图的默认设置。选择这两项的目的在于使平面处理软件中的图层直接转换为 Animate CC 中的图层，且按照处理好的效果图来分层放置每个元素。由于 Animate CC 文件的舞台大小已经按照要求修改好了，所以是否勾选"将舞台大小设置为与 Photoshop 画布同样大小（950×650）"复选框均可。在默认情况下，被导入的每个元素是一张位图。如果想方便地制作动画，则将导入的图片素材保存为影片剪辑。可以先选中要调整的图层，如选中"人像 1"，因为该图层是一个图片图层，所以导入选项的设置如图 7.10（a）所示，在默认情况下导入的是"平面化位图图像"，这里修改为"具有可编辑图层样式的位图图像"，这样导入的素材就会自动放在一个影片剪辑里面了。而且，如果有透明或半透明效果，则也可以很好地保持。图层的名称就是 Photoshop 中图层的名称。如果当前图层中放置的是文本，就会出现如图 7.10（b）所示的选项。一般会选中"矢量轮廓"单选按钮，这样文字也会被放到一个影片剪辑里面。如果选中"可编辑文本"单选按钮，那么可使用 Animate CC 中的文本工具对文字进行修改，但是一般不推荐选择该单选按钮，因为可能会因字体不兼容而造成一些麻烦。除此之外，还可以设置发布时压缩采用的是"有损"还是"无损"，以及发布的品质。有时会遇到图片在 Photoshop 中很清晰，而导入 Animate CC 中则不清晰的情况，这是因为 Animate CC 对图片进行了压缩，品质受损。把品质提高到 100 或改为"无损"压缩都可以让这种情况得到改善。

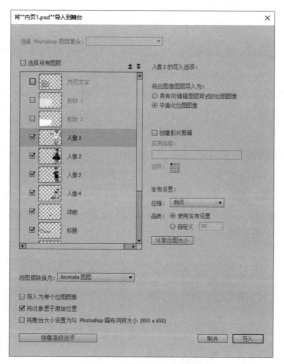

图 7.9　"导入"对话框

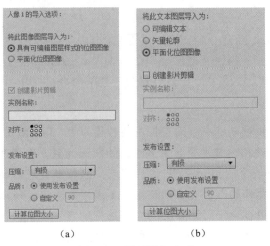

（a）　　　　　　　（b）

图 7.10　图层导入选项

依次从上到下选择左侧的每个可见图层（或者按住【Shift】键选中连续的若干图层，按住【Ctrl】键选中多个不连续的图层），然后设置其图层导入为"具有可编辑图层样式的位图图像"，"背景"图层除外。导入后删除时间轴中的"图层 1"，此时的图层结构如图 7.11 所示。

图 7.11　删除"图层 1"后的图层结构

（3）在源文件的主场景中新建一个"音乐"图层，导入"wind.mp3"，设置"同步"模式为"开始"。

提示　"wind.mp3"是一个经过 GoldWave 软件处理的声音文件，对源音乐的长短进行了剪辑，音乐长度为 49 秒。之所以选择这段音乐，是因为它给人一种清新、舒适的感觉。将音乐放在源文件中，就会增大杂志的大小，不利于传播和下载。在进行杂志合成时会再次讲解有关音乐的添加，在这里添加的目的是测试动画和音乐的节奏配合，制作完成后就要删掉此"音乐"图层。

（4）将"背景"图层延伸至第 105 帧。

（5）使用任意变形工具，将横线的变形点调整到矩形中心的底端。在"横线"图层的第 25、35 帧处分别插入关键帧，然后单击第 25 帧，使用任意变形工具把横线压扁，效果如图 7.12 所示。复制该帧，粘贴到该图层的第 1 帧，然后将横线完全移出舞台。在第 1~25 帧、第 25~35 帧之间分别创建传统补间动画。

图 7.12　调整"横线"的变形中心并压缩

提示　制作过程基本是按照每个元素出现的先后顺序来排列的。按照重点突出的原则，像主题这样的元素，动画时间可以设计得短一点。

（6）按住【Shift】键选中从"图标"到"人像 4"图层，一起拖动到第 15 帧。单击"图标"图层的第 25 帧，插入关键帧，然后将第 15 帧的图标水平向右移动一定的距离，在"属性"面板中设置"色彩效果"下的"样式"为"Alpha"，其值为 0%。在第 15～25 帧之间创建传统补间动画。

（7）按住【Shift】键选中从"标题"到"人像 4"图层，一起拖动到第 35 帧。单击"标题"图层的第 35 帧，按【F8】键，将其再转换为影片剪辑元件，并选中舞台上的该影片剪辑，在"属性"面板中设置"显示"的"混合"模式为"图层"，如图 7.13 所示。双击进入该影片剪辑内部，新建一个"图层 2"，在"图层 2"上绘制一个无边框矩形，该矩形的填充效果为线性填充，颜色为从黑色到白色透明，矩形大小刚好盖住标题文字，"颜色"面板的设置如图 7.14 所示，效果如图 7.15 所示。使用选择工具选中矩形，按【F8】键，将其转换为影片剪辑元件，并在"属性"面板中设置"显示"的"混合"模式为"Alpha"。双击进入该影片剪辑内部，在第 20 帧处插入关键帧，然后使用"渐变变形工具"分别调整第 1、20 帧的渐变效果，如图 7.16 所示。在第 1～20 帧之间创建补间形状动画，并在第 20 帧处加入动作脚本"stop();"。

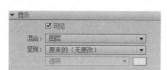

图 7.13　图层混合模式

📖 提 示　这里的"混合"模式指的是图层上影片剪辑的混合模式，与 Photoshop 中的图层模式类似。在步骤（7）中，使用了两种影片剪辑图层混合模式：①在"Alpha"模式中，被黑色覆盖的文字可以全部显示，透明的地方就什么都看不到；②外部的影片剪辑使用"图层"模式。

图 7.14　"颜色"面板的设置

图 7.15　矩形效果

图 7.16　第 1、20 帧的渐变变形设置

（8）回到"场景 1"，按住【Shift】键选中从"详细"到"人像 4"图层，一起拖到第 40 帧。单击"详细"图层的第 40 帧，按【F8】键，将其转换为按钮元件，然后在第 50 帧处插入关键帧。再将第 40 帧的按钮水平拖到舞台左侧，设置 Alpha 值为 0%，并在第 40～50 帧之间创建传统补间动画。选中第 50 帧的按钮，打开"属性"面板，将其实例名称设为"button_1"；

再打开"代码片断"面板，依次展开"ActionScript"和"时间轴导航"文件夹，双击"单击以转到帧并播放"，在系统自动为按钮元件实例 button_1 添加的动作脚本中，将"gotoAndPlay(5);"改成"gotoAndPlay(56);"。此时在时间轴上自动增加了一个代码图层"Actions"。

（9）按住【Shift】键选中从"人像 1"到"人像 4"图层的关键帧，按【F8】键一起转换为影片剪辑元件，这时"图像 1"至"图像 3"图层就空了，删除多余的图层。双击进入"人像 4"图层新转换好的元件内部，单击鼠标右键，在弹出的快捷菜单中选择"分散到图层"命令，将 4 个人像又分别放到了不同的图层上，删除清空的图层。在 4 个图层的第 20、50、70帧处分别插入关键帧。将 4 个图层第 1 帧的影片剪辑设置 Alpha 值为 57%，并一起向左水平移动一定的距离；将第 70 帧的影片剪辑设置 Alpha 值为 0%，并一起向右水平移动一定的距离。在第 1～20 帧、第 50～70 帧之间分别创建传统补间动画，然后依次把每个图层相对前一个图层往后拖动 65 帧左右，效果如图 7.17 所示。

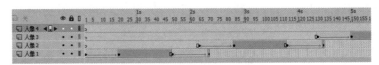

图 7.17　人像切换图层效果

（10）回到主场景，让所有图层延伸至第 55 帧。选择代码图层"Actions"，在第 55 帧处插入关键帧，添加动作脚本"stop();"。

（11）执行"文件"→"导入"→"导入到舞台"菜单命令，打开"导入"对话框，选择"内页 1.psd"中那些不可见的图层导入，并导入为"具有可编辑图层样式的位图图像"，同时选中"具有可编辑图层样式的位图图像"单选按钮，使其自动转换为影片剪辑元件，这时的图层结构如图 7.18 所示。

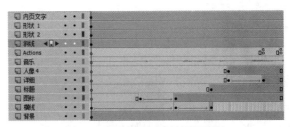

图 7.18　再次导入后的图层结构

（12）按住【Shift】键将新导入的 4 个图层的第 1 帧选中，一起拖到第 80 帧，在第 90 帧处一起插入关键帧。一起选中 4 个图层的第 80 帧，选中舞台上的对象，一起设置 4 个图层对象的 Alpha 值为 0%。把"形状 1"和"形状 2"图层上的图形水平移出舞台，把"内页文字"图层第 80 帧的图形稍微往上移动一些像素，然后在 4 个图层的第 80～90 帧之间一起创建传统补间动画。把 4 个图层中的每个图层稍微错开 5 个关键帧，并延伸至第 105 帧，效果如图 7.19 所示。

图 7.19　内页 4 个图层错开效果

（13）按住【Shift】键选中"横线"图层的第 1～35 帧，复制帧，在第 60 帧处粘贴帧。然后按住【Shift】键选中刚粘贴的这一段，翻转帧。把该图层延伸至第 105 帧。

（14）在"标题"图层的第 56、65 帧处分别插入关键帧，调整第 65 帧影片剪辑的 Alpha

值为 0%，在第 56～65 帧之间创建传统补间动画，然后把该图层延伸至第 105 帧。

（15）把"人像 4"图层拖到最上方并延伸至第 105 帧。在"Actions"图层的第 105 帧处插入关键帧，添加动作脚本"stop();"。

（16）在"内页文字"图层的上方新建一个图层，创建一个按钮，效果如图 7.20 所示。注意要给这个按钮的"点击"帧绘制一个小矩形，以方便按钮的点选。选中按钮，打开"代码片断"面板，依次展开"ActionScript"和"时间轴导航"文件夹，双击"单击以转到帧并播放"，系统自动为按钮元件实例取名为"button_2"，并添加动作脚本，将脚本"gotoAndPlay(5);"改成"gotoAndPlay(55);"。除"图标"和"详细"图层外，其余图层都延伸到第 105 帧。按【Ctrl+Enter】组合键测试影片，这个内页的动画效果就做好了。这时可以删除"音乐"图层后再重新测试影片，并保存源文件。

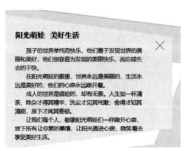

图 7.20　"关闭"按钮的位置与外观

提示　制作内页动画的过程是一个反复测试、不断修改的过程，即使对动画的效果有了一个初步的设计，在制作的过程中也可能需要不断地修改，直到满意为止。

2）目录动画的制作

（1）启动 Animate CC，新建一个文档，设置文档的大小为 950 像素×650 像素，帧频为 30 帧/秒。将新文档保存，命名为"mulu.fla"。

（2）执行"文件"→"导入"→"导入到舞台"菜单命令，打开"导入"对话框，选择"目录.psd"文件，单击"确定"按钮，将所有图像图层以"具有可编辑图层样式的位图图像"的方式导入，文字图层以"矢量轮廓"的方式导入舞台中，并删除"图层 1"。

提示　在使用平面设计工具进行设计时，是以平面构图方便和分类管理为原则来为图层和图层文件夹命名的，而在进行动画制作时，不同的动画效果要放在不同的图层上进行动画设计。所以，当把平面图导入后，图层之间的关系和图层上的元素可以根据动画效果进行重新调整。

（3）一起选中"线""图块""粗线"图层的第 15 帧插入关键帧，然后分别调整 3 个图层的第 1 帧，使其第 1 帧的影片剪辑的 Alpha 值均为 0%，并把"线"图层第 1 帧的影片剪辑垂直移出舞台，把另外两个图层第 1 帧的影片剪辑水平向右移出舞台。在 3 个图层的第 1～15 帧之间创建传统补间动画，并把"图块"和"粗线"图层的传统补间动画依次往后拖动 12 帧，此时的图层效果如图 7.21 所示。

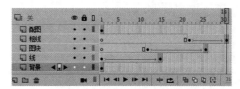

图 7.21　3 个图层的帧效果

（4）按住【Shift】键将从"配图"到"04 时尚味蕾"的所有图层的第 1 帧选中，拖到第 30 帧，然后在第 45 帧处一起插入关键帧。把第 30 帧的所有影片剪辑一起调整为 Alpha 值为 0%，并一起往上移动 10 像素，然后为这些图层一起创建传统补间动画。

（5）新建一个代码图层"Actions"，在该图层的第 45 帧处插入关键帧，添加动作脚本"stop();"，并把其他图层延伸至第 45 帧，效果如图 7.22 所示。

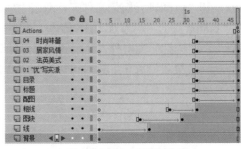

图 7.22　目录的图层效果

（6）在"04 时尚味蕾"图层的上方新建一个"按钮"图层，在该图层的第 45 帧处插入关键帧。使用"矩形工具"绘制一个矩形，设置轮廓线的颜色为"#999999"，填充颜色为"#DDDDDD"，矩形的大小如图 7.23 所示，长度刚好盖住目录中最长的文字。

按【F8】键将该矩形转换为按钮元件，命名为"按钮"。双击进入该按钮元件内部，选中"弹起"帧的矩形，按【F8】键将其转换为图形元件，命名为"矩形条"。在"指针经过"帧和"点击"帧处分别插入关键帧，删除"弹起"帧的矩形，导入音乐"sound2.mp3"，在"指针经过"帧处加入该音乐，设置"同步模式"为"事件"。回到"场景 1"，复制按钮元件，使其覆盖所有目录文字，效果如图 7.24 所示。

图 7.23　矩形的大小　　　　　图 7.24　按钮元件的位置

分别为这些按钮设置实例名称，从上到下依次为 button_1～button_4。在"Actions"图层的第 45 帧处为所有按钮添加动作脚本，依次为：

```
var rootmain;
button_1.addEventListener(MouseEvent.CLICK, fl_ClickToGoToPage);
function fl_ClickToGoToPage(event:MouseEvent):void
{ rootmain["gotopage"](2);  }
button_2.addEventListener(MouseEvent.CLICK, f2_ClickToGoToPage);
function f2_ClickToGoToPage(event:MouseEvent):void
{ rootmain["gotopage"](3);  }
button_3.addEventListener(MouseEvent.CLICK, f3_ClickToGoToPage);
function f3_ClickToGoToPage(event:MouseEvent):void
{ rootmain["gotopage"](4);  }
button_4.addEventListener(MouseEvent.CLICK, f4_ClickToGoToPage);
function f4_ClickToGoToPage(event:MouseEvent):void
{ rootmain["gotopage"](5);  }
```

（7）测试影片，看是否达到了设计效果。

4．杂志合成与图标制作

（1）安装杂志合成软件 Zmaker 电子杂志制作大师 2.0（以下简称 Zmaker），软件界面如图 7.25 所示。

图 7.25　Zmaker 软件界面

（2）单击"创建一本新杂志"按钮新建杂志，在"选择模板"对话框中选择"取消选择"选项，进入制作杂志界面，如图 7.26 所示。

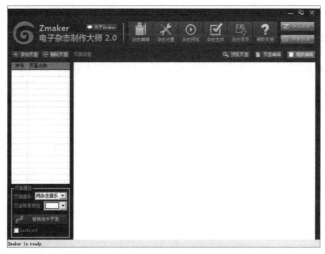

图 7.26　新建杂志

提　示　支持 AS3 的电子杂志合成软件不多，Zmaker 软件也是从 2018 年才开始支持 AS3 的，其自带的电子杂志模板不适用于 AS3 版杂志，所以在这里不选择模板。

（3）单击"杂志设置"按钮，设置杂志类型为"AS3 版杂志"，如图 7.27 所示。

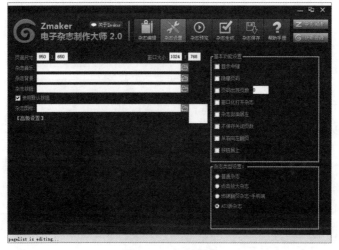

图 7.27　杂志设置

提 示 "AS3 版杂志"支持 AS3 制作的 SWF 文件,"普通杂志"支持 AS2 制作的 SWF 文件。一定要做好对应的设置,否则动画和交互效果都将失效。

(4)添加音乐和背景。在"杂志设置"页面中单击"杂志音乐"后面的 按钮,打开如图 7.28 所示的"打开"对话框,找到需要的音乐"wind.mp3",单击"打开"按钮,音乐就被成功导入了。

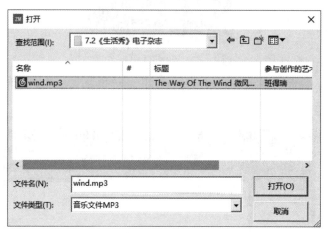

图 7.28　添加音乐

单击"杂志背景"后面的 按钮,打开如图 7.29 所示的"打开"对话框,找到需要的背景文件,单击"打开"按钮,杂志背景就设置好了。

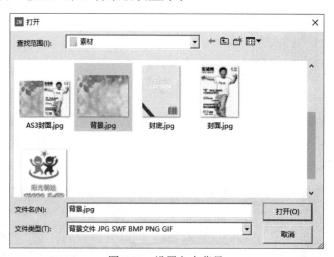

图 7.29　设置杂志背景

(5)添加页面。

① 添加图片页面,包括封面和封底。单击 添加页面 按钮,弹出如图 7.30 所示的下拉列表,选择"添加图片"选项,打开如图 7.31 所示的"选择图片文件"对话框,选择制作好的封面图片,单击"打开"按钮即可。用同样的方法添加封底图片。

② 添加 SWF 页面,包括目录和内页。单击 添加页面 按钮,在弹出的下拉列表中选择"添加 swf"选项,同样打开"选择图片文件"对话框,选择"mulu.swf"选项,单击"打开"按钮。其他 SWF 页面的添加方法是一样的,添加的顺序就是杂志的目录顺序。

图 7.30　添加页面下拉列表

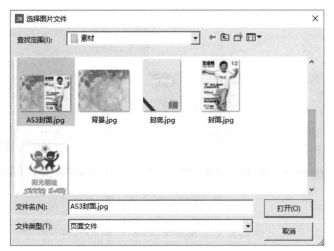

图 7.31　"选择图片文件"对话框

提　示　如果添加的各页面顺序需要调整，则可以在页面列表中直接拖动来调整顺序，也可以单击 ⊖ 删除页面 按钮来删除不需要的页面。

（6）保存、预览杂志。第一次单击"杂志保存"按钮 ，打开"另存为"对话框，如图 7.32 所示，可以修改项目文件的保存目录。单击"杂志预览"按钮 ，就可以预览到电子杂志的整体效果了，见图 7.1。

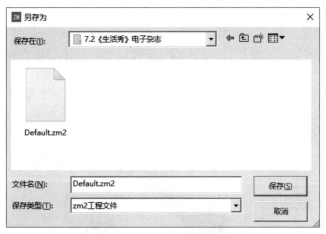

图 7.32　"另存为"对话框

（7）生成杂志。如果预览后没有问题，则单击"杂志生成"按钮 ，切换到"杂志生成"页面，如图 7.33 所示，在其中分别设置"杂志文件名"和"生成路径"，单击"生成 EXE 本地阅读版"按钮 生成EXE本地阅读版 ，生成的 magzine.exe 文件就是电子杂志。

图 7.33　杂志生成设置

提 示　这时生成文件的图标是 magzine.exe 。如果想制作一个个性化的图标，则可以使用各种图标制作工具来完成，如 IconWorkshop 软件。先使用 Photoshop 软件制作图像，再使用 IconWorkshop 软件进行转换，然后在图 7.27 所示的"杂志设置"页面中，将"杂志图标"的路径设置成图标文件，再生成杂志，就可以制作出具有个性化图标的电子杂志.exe 文件了。Zmaker 2.0 支持的图标不再限于 16 像素×16 像素、32 像素×32 像素、48 像素×48 像素的小图标了，只要是.ico 文件，都可以作为图标使用。

7.2.5　技术拓展

1．电子杂志的制作流程介绍

制作电子杂志可以分成 4 个步骤，如图 7.34 所示。策划阶段以平面设计、动画制作等理论知识为指导，选择确定的主题项目；平面设计阶段以平面设计工具 Photoshop 的学习为基础，进行电子杂志页面平面效果图的设计，从而掌握电子杂志的工作流程和常用编辑工具的使用；动画制作阶段要求熟练操作动画制作工具 Animate CC、平面设计工具 Photoshop，了解动画设计和制作的过程，作品要以创意为基础，灵活运用各种技术进行动画的制作；杂志合成阶段使用 Zmaker 软件合成杂志，使用图标工具制作杂志图标。

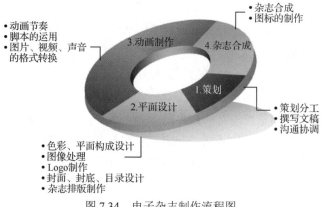

图 7.34　电子杂志制作流程图

2. 影片剪辑混合模式的使用

在本项目中用到了影片剪辑的"属性"面板"显示"项中的"混合"模式，它共有 14 种模式，如图 7.35 所示。这 14 种混合模式和 Photoshop 中的图层模式类似，在 Photoshop 中通过对前后两个图层设置图层模式可以实现一定的效果，而在 Animate CC 中通过两次影片剪辑的嵌套可以实现一些独特的效果。"一般"是指没有任何特殊效果；如果想要实现一些特殊的效果，则可以将外层的影片剪辑设置为"图层"模式，将内部嵌套的影片剪辑设置为其他 12 种混合模式；"变暗"模式和"正片叠底"模式实现的效果是将两个嵌套影片剪辑中较暗的一个作为显示效果；"变亮"模式和"滤色"模式会使整体效果变亮；"叠加"模式和"强光"模式改变反差部分内容；其他几组的生成原理也和 Photoshop 中的图层模式很相似，可根据一定的计算公式生成多个影片剪辑嵌套的混合效果。

图 7.35 影片剪辑的 14 种混合模式

3. 电子杂志中比较常用的动画效果介绍

如果要做出一些比较自然流畅的动画效果，则借助动作脚本会更加方便。如图 7.36 所示，当鼠标指针滑入右侧的 3 个按钮时，对应的大图片会从左侧慢慢地移动出来，这个移动过程不是匀速的，而是一个减速运动。这个效果是如何实现的呢？下面分析一下原理。大图片本来是被放置在舞台外的左侧的，刚开始不可见，当鼠标指针滑入或滑出按钮时，就给大图片设置一个目标 x 坐标。添加如下脚本（"**yuan**"是大图片的实例名）：

图 7.36 缓动效果

```
var endX = 70;
var startX = -650;
```

```
Button1.addEventListener(MouseEvent.MOUSE_OVER, f1_MouseOverHandler);
function f1_MouseOverHandler(event:MouseEvent):void
{ yuan.x=70;   }

button1.addEventListener(MouseEvent.MOUSE_OUT, f1_MouseOutHandler);
function f1_MouseOutHandler(event:MouseEvent):void
{ yuan.x=-650;   }
```

要想实现缓动效果，需在影片剪辑执行 ENTER_FRAME 事件时，为其 x 坐标增加一个增量，增量值为（目标 x 坐标-当前 x 坐标）的 **20%**。添加如下脚本：

```
var endX = 70;
var startX = -650;

function fadeIn(e) {
 e.target.x += (endX - e.target.x) * 0.2;
 if (Math.round(e.target.x) >= endX) {
  e.target.x = endX;
  e.target.removeEventListener(Event.ENTER_FRAME, fadeIn);
 }
}

function fadeOut(e) {
 e.target.x += (startX - e.target.x) * 0.2;
 if (Math.round(e.target.x) <= startX) {
  e.target.x = startX;
  e.target.removeEventListener(Event.ENTER_FRAME, fadeOut);
 }
}

button1.addEventListener(MouseEvent.MOUSE_OVER, f1_MouseOverHandler);
function f1_MouseOverHandler(event: MouseEvent): void {
 yuan.removeEventListener(Event.ENTER_FRAME, fadeOut);
 yuan.addEventListener(Event.ENTER_FRAME, fadeIn);
}

button1.addEventListener(MouseEvent.MOUSE_OUT, f1_MouseOutHandler);
function f1_MouseOutHandler(event: MouseEvent): void {
 yuan.removeEventListener(Event.ENTER_FRAME, fadeIn);
 yuan.addEventListener(Event.ENTER_FRAME, fadeOut);
}
```

提示　在本书资源中，在本节的文件夹中添加了"缓动.fla"文件，来帮助读者理解缓动的实现。另外，在该文件夹内还放置了一些用 ActionScript 实现的电子杂志常用的动画效果，如"图片左右移动效果.fla""文本遮罩.fla""滚动条效果.fla"，感兴趣的读者可以研究一下，借助本书中关于动作脚本的知识，完全可以理解这些动画的设计原理。

4. 电子杂志图标的制作

先在 Photoshop 里制作好需要的图像，然后打开 IconWorkshop 软件，界面如图 7.37 所示。

执行"文件"→"打开"菜单命令，打开做好的图标，如图 7.38 所示。单击"由图像创建 Windows®图标"按钮，然后单击 其他图像格式(F)... 按钮，打开如图 7.39 所示的对话框，设置好图标大小后单击"确定"按钮。回到主界面后，单击 按钮，将图标保存好。

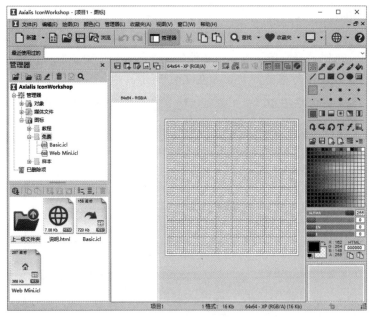

图 7.37　IconWorkshop 软件界面

图 7.38　打开图标

图 7.39　Windows 图标方案

在做好的第一个图标方案上单击鼠标右键，在弹出的快捷菜单中选择"新建图像格式"命令 ![新建图像格式(N)...]，打开"添加一个新的图片格式"对话框，如图 7.40 所示，设置新的像素大小，单击"确定"按钮。回到主界面后，执行"文件"→"另存为"菜单命令，将新的图标保存好。可以根据需要多设置几种图片格式，效果如图 7.41 所示。

图 7.40　添加新的图片格式

分辨率为 32 像素×32 像素　　分辨率为 64 像素×64 像素　　分辨率为 96 像素×96 像素

图 7.41　多种图片格式

在合成杂志时，只要在图 7.27 所示的"杂志设置"页面中，将"杂志图标"的路径设置成图标文件，再生成杂志就可以了。

提示　可以为 Photoshop 安装 ICO 插件，将图像直接存储成 ICO 图片格式文件。

7.3　习题

1．什么是电子杂志？
2．使用 Animate CC 软件制作电子杂志的目录页，目录上链接到相关页的脚本是什么？
3．利用本章所学的知识制作一个文字和图片可以替换的动画模板。
4．拓展题：制作一本关于大学生活的电子杂志。

高等职业教育 计算机系列教材

软件技术

◎ Visual C#程序设计（第2版）（李毅 曾文权）
◎ Visual Studio 2019（C#）Windows数据库项目开发（曾建华）
◎ Visual Studio 2010（C#）Web数据库项目开发（曾建华）
◎ Java EE Spring MVC与MyBatis企业开发实战
　（彭之军 刘波）
◎ Java EE SSH框架应用开发项目教程（第2版）（彭之军）
◎ 基于SSH框架的Web应用开发案例教程
　（范新灿 秦高德 孙志伟）
◎ Java EE软件开发案例教程（Spring+Spring MVC+MyBatis）
　（熊君丽）
◎ 软件测试技术教程（赵丙秀 罗保山）
◎ 软件项目开发与管理案例教程（第2版）（牛德雄 龙立功）
◎ 软件设计原则与模式——基于Java/Python语言实现（微课版）
　（郭双宙 李凯）
◎ 网页设计项目教程（HTML5+CSS3+JavaScript）
　（罗保山 孙琳）
◎ 网页设计与制作（HTML5+CSS3+JavaScript）
　（陈惠红 胡耀民 刘世明）
◎ C语言程序设计项目式教程（在线实验+在线自测）
　（匡泰 朱莉莉）
◎ PHP网站开发实例教程（微课版）（胡玮芳）
◎ Python程序设计项目化教程（微课版）（宋雯斐 毛颉）
◎ 微信小程序开发——从入门到项目实战（微课版）（熊海东）

移动互联软件开发

◎ Android Studio移动应用开发基础（第2版）（吴绍根 罗佳）
◎ Android Studio移动应用开发高级进阶（罗佳 吴绍根）

数据库

◎ 数据库应用设计基础（SQL Server 2017）（沈才樑 方杰）
◎ SQL Server 2014数据库设计开发及应用（曾建华 梁雪平）
◎ Oracle 18c数据库实用教程（施郁文 陈清华）
◎ 关系数据库设计与应用（工作手册式）（田启明 施莉莉）

操作系统

◎ Linux服务与安全管理（第2版）（张迎春等）
◎ 用微课学计算机组装与维护教程（工作手册式）（邹承俊等）
◎ 现代办公设备使用与维护（第3版）（童华 童建中）

区块链技术

◎ 区块链应用技术（武春岭 袁煜明 卢建云）

公共基础

◎ 计算机专业英语（张雅洁）
◎ 信息检索教程（杨兆辉 明丽宏）

网络技术与应用

◎ Internet应用（第3版）（程书红 何娇）
◎ 网络故障诊断与排除（H3C）（肖文红）
◎ 用微课学路由交换技术（H3C）（张厚君 肖文红）
◎ H3C高级路由与交换技术（史振华）
◎ 用微课学局域网组网技术项目教程（邵云娜 叶伟）
◎ 用微课学网络组建与维护（工作手册式）（第3版）
　（陈晴 李露）
◎ 用微课学网络综合布线与施工项目教程（第2版）
　（於晓兰 陈晴）
◎ 网络系统集成（第2版）（微课版）（唐继勇 孙梦娜）
◎ 网络设备配置与管理（第2版）（邱洋 计大威）
◎ 计算机网络基础（第2版）（微课版）（黄林国）
◎ 计算机网络技术基础（第2版）（微课版）（程书红 于兴艳）
◎ 计算机网络基础（微课版）（陈良维 申巧俐）

网络安全

◎ 信息安全基础（第2版）（胡国胜 张迎春 宋国徽）
◎ Web渗透与防御（第2版）（微课版）（宣乐飞 陈云志 郝阜）
◎ 网络安全管理与技术防护（吴培飞 陈云志）
◎ 信息安全技术与实施（第4版）（武春岭 胡兵）
◎ 数据恢复技术（微课版）（武春岭 何倩）
◎ 计算机病毒与恶意代码（武春岭 李治国）
◎ Web安全与防护（武春岭）
◎ 信息安全产品配置与应用（武春岭）
◎ 网络安全管控与运维（武春岭 王文）

图形图像 / 多媒体

◎ Photoshop CC平面设计项目教程（微课版）（第2版）
　（姚争儿 芧舒青）
◎ Photoshop CC图像处理项目教程（第2版）
　（明丽宏 杨兆辉 李蕊）
◎ Photoshop CC实例教程（林朝荣 蒋斌）
● Animate CC平面动画设计与制作案例教程（田启明）
◎ 微课学·Flash CS6平面动画设计与制作案例教程（第3版）
　（田启明）
◎ 产品包装设计案例教程（第3版）（黄毅英 桂恬）

计算机辅助设计

◎ Altium Designer 14电路设计与仿真案例教程（郑梦泽）
◎ 电子CAD技术（姚四改）

ISBN 978-7-121-44858-4

责任编辑：徐建军
封面设计：孙焱津

定价：59.00 元